U0382375

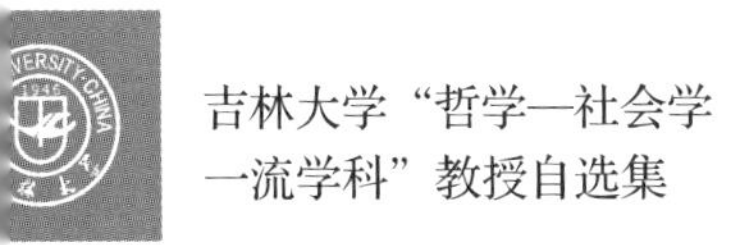

环境社会学探究

林兵 著

Research on Environmental Sociology

中国社会科学出版社

图书在版编目（CIP）数据

环境社会学探究/林兵著．—北京：中国社会科学出版社，2021.12
（吉林大学“哲学—社会学一流学科”教授自选集）
ISBN 978-7-5203-9022-4

Ⅰ.①环…　Ⅱ.①林…　Ⅲ.①环境社会学—中国—文集
Ⅳ.①X2-53

中国版本图书馆 CIP 数据核字(2021)第 179898 号

出 版 人　赵剑英
责任编辑　朱华彬
责任校对　谢　静
责任印制　张雪娇

出　　版　中国社会科学出版社
社　　址　北京鼓楼西大街甲 158 号
邮　　编　100720
网　　址　http：//www.csspw.cn
发 行 部　010-84083685
门 市 部　010-84029450
经　　销　新华书店及其他书店

印刷装订　北京明恒达印务有限公司
版　　次　2021 年 12 月第 1 版
印　　次　2021 年 12 月第 1 次印刷

开　　本　710×1000　1/16
印　　张　20
插　　页　2
字　　数　317 千字
定　　价　119.00 元

凡购买中国社会科学出版社图书，如有质量问题请与本社营销中心联系调换
电话：010-84083683

目　录

第二编　环境社会学理论与实证研究

第三编　制度与组织研究

导论：对环境与社会关系的思考

20 世纪以来，随着人类实践活动的深入与发展，人类正在面对一个日益严峻的现实问题，即：环境污染与资源枯竭问题。环境问题产生的原因较为复杂，它同人类自身的社会结构、社会行动及人类对自身本性与地位的意识和态度有着直接的关系。可以说，环境问题是当代人类面临的最为艰难的理论与实践的挑战，也是亟待解决的生存现实问题。这其中既涉及自然科学与人文社会科学的学科交汇问题，也是理论、实践及政策需要加以应对的综合性问题。

20 世纪 70 年代以来，对于环境问题的理论研究，国外学者率先走出了一步，使得人文社会科学开始进入这一领域。哲学、社会学、经济学等学科的学者都从各自的理论视角出发，力求解释环境问题的成因，反思人类的环境行为与态度，并从理论与实践上去寻求解决环境问题的出路。这其中，既有伦理学从“伦理性”关怀的角度，试图为人类确立一种关爱“自然”的道德基础；也有社会学从社会关系、社会结构、社会意识及社会行动等视角对环境问题成因的探讨，以及经济学依据利益分析的解释框架而对经济与环境关系的思索。这些不同的学科共同聚焦于环境问题研究，拓展了人文社会科学的研究视野，注重从制度、伦理、意识、行动等维度来反思人类的环境行为，探寻环境问题何以可能解决，以及在应用方面的对策性探讨。

我国学者从 20 世纪八九十年代开始关注环境问题。80 年代初期发轫于“伦理性”的学理反思，90 年代之后立足于“社会事实”对成因的分析在理论与经验两个维度上逐步展开。历经 30 多年的发展，对于环境问题的研究愈加受到相关学科的重视，尤其是受到一些学科的主流学者的关注。他们围绕着“伦理性”的价值基础、环境问题的社会影响因素、人类环境行为的限度等研究主题展开广泛与深入的研讨。

我是从 1994 年读哲学博士时开始关注环境问题的，当时考虑可以结合我的生物物理本科专业的知识，这些知识也确实有助于我对环境问题的事实判断。我所做的工作就是如何将环境伦理性问题与人文社会科学的价值判断结合起来。从 1994 年到 2000 年中期，我的研究主要是对“环境”的“伦理性”问题进行了一些建设性的思考。2000 年之后，研究重心逐渐转到社会学领域，以环境社会学理论研究作为主要的学术阵地，同时也参与一些田野工作。而且，在坚持“教学相长”理念的基础上，我也将研究领域进一步拓展到经济与社会关系等方面。

从 1994 年至今，我陆续发表了一些与环境问题、单位制度、社会组织等相关领域的学术论文，这些论文大体上可以分为以下三个专题。第一编：对环境“伦理性”的理论探究；第二编：环境社会学理论与实证研究；第三编：制度与组织研究。

一　对环境“伦理性”的理论探究

20 世纪 70 年代，人文社会科学领域对于环境问题的理论思考发端于美国，思考的核心问题是人类为何要对自然有“伦理性”的关怀。显然，这是对于环境问题较为深刻的学理性思考，把对环境问题的研究提升到了一定的理论高度。这一思考的基本主题是：我们倡导环境保护的“伦理性”根据是什么？是出于人类自身的利益考虑，还是人类伦理内涵的拓展？或者说，是功利主义还是道义主义？由此引发了一些研究主题的探讨，如对于“自然”的“伦理性”研究的基础在于什么？自然界有其内在的价值吗？如何理解环境理论视野中的“人”与“环境”的含义？

（一）对“自然”的“伦理性”的基础

如何从理论上理解人对“自然”的“伦理性”基础问题，这应当是环境理论中最为根本的问题。从国外学界来看，当代许多思想家都从各自不同的理论视角表达了其“伦理性”的思想观点。我把他们的观点分为三种理论形态，即：道义主义环境伦理观、环境价值伦理观、技术环境伦理观。道义主义环境伦理观主张人对“自然”的“伦理性”并非出于人的功利主义的动机，而是发自人性本身，即：所谓“善”的观念应涵括于一切生命形态之中。环境价值伦理观反对道义主义环境伦理观，认为人对“自然”的“伦理性”的基础在于自然界所具有的“内在价值”，而不是发自于人类的同情心和善良意愿。技术生态伦理观则另辟蹊径，主张“伦理性”应当从反思技术的本质入手。三种伦理观表达的思想实质在于：“伦理性”的基础究竟是在于人自身还是自然界，或者说是自然主义还是人类中心主义？究其实质，还是聚焦于如何理解“人”与“自然”的含义。

（二）如何理解“人”与“自然”的含义

首先，对于理解“人”的含义，以往的研究多纠缠于人类中心主义与非人类中心主义的争论，但是对于“人”自身的含义探讨不多。问题的实质在于：我们是把“人”理解为生物学意义上的本能生命的存在物，还是理解为“超生命”意义上的存在物，这是两种不同的理解方式，理解方式的不同也决定了“人”对“自然”的“伦理性”基础的不同。依据马克思的实践观点，人类实践活动具有二重性属性，使得人是一种集“自然性”与“超自然性”于一身的特殊的生命存在物，人的实践活动就是一个由人的“自然性”走向“超自然性”的过程。人的“超自然性”体现的是人抗争“自然”，超越于“自然”的本性所在。这样理解“人”的含义才是合理的理论态度，也就是我提出的“实践伦理观”，人通过其实践活动超越了“自然”的生命限定，创造了人自身的生命价值。在这一过程中，人又在实践着“生命类化”的过程，创造“自然”的生命意识与生命价值，这也就是人对“自然”的“伦理性”的实质。

其次，如何理解“自然”的含义问题，这并不是一个孤立的问题，而是与对“人”的理解是相互关联的问题。显然，对“自然”采取自然主义的理解道路是行不通的，而是应当坚持马克思的“自然”的“人化”思想，把“自然”理解为“活的”存在物的观点，即：“生命类化”的过程，这里所谓“过程”意指与人自身的发展是同一的。在此，马克思给我们的启示是人的发展的“三形态”思想。

二　环境社会学理论与实证研究

环境社会学学科产生于20世纪70年代，虽然这一学科也是对于环境问题的学理探究，但是不同于前一编之处在于：环境社会学侧重于探讨环境与社会的关系，具有三个学科特征。第一，侧重于理论的解释性，其解释的基础在于“社会事实”。也就是说，解释环境问题产生的原因在于社会层面。第二，具有较强的经验研究特征。依据社会学方法论的原则，在环境与社会的关系研究中注重“关系”的性质。第三，环境问题作为研究对象的复杂性。其复杂性在于，由于环境问题的类型与成因的复杂性，使得环境社会学的研究领域及主题呈现为多元化的特征。

（一）国外环境社会学的理论发展与借鉴

环境社会学作为一门舶来品，有其自身发展的内在逻辑，如何合理地理解其发展的内在逻辑，把握其方法论原则及学科的理论边界，对于中国环境社会学的学科建设有着一定的借鉴意义。一方面，国外环境社会学历经40余年的发展，其理论自身在不断地自我完善和发展，形成了不同的理论流派，如美国的“经验主义”和以欧陆学者为主的“社会建构主义”关于生态环境问题的“事实性”和“建构性”的争论；在“经验主义”内部也存在着“环境问题的社会学”与“环境的社会学”之间的理论分歧。这些争论背后反映的是方法论原则的差异，即：经验研究与理论研究，以及如何理解“环境”与“社会”的含义。另一方面，在方法论原则方面，虽然不讨论功利主义还是道义主义问题，但是在自然主义的倾向上仍然语焉不详。所以，如何合理地借鉴国外环境社会学的理论与方法论，要持一种审慎的、理性的学术态度。

（二）中国环境社会学的学科建设

目前，中国环境社会学还是一门发展及建设中的学科，许多理论与实践问题有待进一步明晰，尤其是方法论原则、学科的理论边界、理论的本土化、研究的主题与内容等都是至关重要的问题。

首先，如何理解国外环境社会学的“生态学法则”问题，这个问题是与如何理解“环境”与“社会”的含义相关联的。尤其是对“环境”概念的理解，究竟将其理解为自在的、物理的“自然环境”，还是非自在的已经“社会化的环境”，意见尚不统一，这种理解上的差异在一定程度上也决定着我们如何理解环境与社会的关系性质。但是，社会科学能否理解和解释作为客体的“自然环境”还是一个较为存疑的问题，对此我们应当持一种谨慎的理论态度。

其次，在经验研究方面，如何把握好中国环境问题的现实与环境社会学的学科建设的关系也是探讨的重点。就中国环境问题的总体状况而言，应当说是一种发展中的环境退化的趋势，或者说中国的环境问题也是社会发展进程中的伴生物。因此，要理解中国环境问题的现状与成因就应当从国情本身入手，就是从社会发展进程、相关环境政策的演化，以及社会（生活生产方式、社团组织、社会行动）等维度去思考。尤其是对中国环境问题的类型学研究比较重要，所谓“本土化”首要的是对中国环境问题现实的把握，否则，理论的本体化无从谈起。

三 制度与组织研究

从学科角度看，对于经济与社会关系的思考，与经济社会学、组织社会学等学科内容较为相近。而且，关于“单位制度”研究、“市场社会”研究等领域也与我国“转型社会”的背景与现实相伴而行。因此，这方面研究的现实性和实践性不言而喻。

（一）“单位制度”研究

“单位制度”作为我国计划经济的主要制度结构，曾经承载了政治、经济和社会等多元化的功能与价值，它的运行方式是一定时期的制度运行的缩影，至今已经走过了50多年的历程。伴随着我国“社会转型”的历史进程，“单位制度”的功能也在发生着变迁与转换，如何理解“单位制度”历史与现实意义就显得尤为重要，可以说对“单位制度”的研究内蕴着深厚的历史、学术及社会意义。

在“社会转型”的宏观背景下，“市场转型”应当说是具有引领性的制度变迁过程，而其中产权的明晰对于“市场转型”的效率至关重要。但是产权的明晰并非经济学理论本身所能完全解释的。正如科斯等学者认为，被完全界定的产权是不可能的，高效率的经济体制也从来没有实现过完善的制度，产权的界定及功能的实现还要受到非经济因素的影响。鉴于此，当我们重新审视自新中国成立以来至90年代初期国企改制前的“传统单位制”的产权性质时，可以将其理解为：一种为本土文化所接受的支配意义上的复合式的“国有产权模式”，并内在地附着了独特的关系网络。进一步说，“单位制度”在社会功能上并没有完全超出“传统文化”的范畴，近代工业化对“传统文化”的改造并非十分完善。而复合式的“国有产权模式”则源于“象征性偏好”的复合性支配特征。这种理解是从产权的社会形态学视角入手，力求解读产权的社会属性。

（二）组织研究

中国改革开放 40 年以来，社会管理的制度路径经历了从“总体支配型”的管控模式到“技术治理型”的共治模式。也就是说，政府在处理与社会组织的关系时，面临着如何解决好“市场逻辑”与“科层制逻辑”的位置问题。但是一般性的研究难以触及政府与社会组织关系的实质。因此，应当是建基于经验研究基础之上的类型学分析及“嵌入性”研究，才会有助于深化对二者关系问题的深入理解。

第一编　对环境“伦理性”的理论探究

从生态伦理到实践伦理

20世纪以来，随着人类实践活动的发展，人与自然的矛盾冲突日益严重，已发展成为危及当代人类生存的重大理论及现实问题。也引发了关于“环境与发展”、“和平与发展”以及“可持续发展”等与人类生存紧密相关等重要问题的理论思考。其思考的理论焦点在于如何协调人与自然的矛盾，实现人类生存与发展的主题。而理论的视角主要集中在如何从伦理的意义上去关注自然的存在价值及其生存权利。生态伦理学就是面对人与自然的矛盾冲突的现实表现——当代全球性生态危机所产生的理论学说。

一　生态伦理学的理论误区

生态伦理学产生于20世纪20年代，就其理论宗旨来说，它力图通过建立人对自然的伦理意识，从而重新考虑人对自然的实践行为。生态伦理学意在强调“生态伦理”作为一种规范意识限制人对自然的实践行为的程度，使之以不破坏人类生存自然环境的稳定为伦理前提。尽管其理论内部还存在着不同的理论分歧，但它们的总体理论目标是一致的，都主张“人与自然的协同发展”，使人的发展与生态环境的稳定同步化。

在笔者看来，虽然生态伦理学在理论内容上提出了一些有建设性的观点，如关于自然的价值、自然的权利以及人对自然界的责任与义务等思想，但仍然存在着一定的理论误区。具体表现为以下几点。

第一，价值误区。生态伦理学肯定自然的价值本性。尽管其理论内部还存在着内在价值与外在价值的争论。内在价值论者坚持认为自然的价值是由其内在结构及因素所决定的，如自然界的价值、生态价值都是由其内在的自然界结构及生态系统的结构和因素所决定的，与人的评价与否无关。简而言之，自然的价值是客观存在的。外在价值论者一般也承认自然的内在价值，但同时也承认了自然对人而言的“使用价值”，即外在价值。也就是说，外在价值的存在与否与人的选择即价值评价有关。但其基础仍在于人的需求与利益的满足。我认为，生态伦理学的价值观忽视了价值的属人本质。离开人的主体性、人的选择性，自然无所谓具有价值与否。内在价值论者否认人的评价作用而坚持价值的自在性，实则混淆了价值与事实的关系。也就是说，内在价值论者所主张的生态价值、自然界的价值实际上指的是生态事实、自然界的实在性，而不是价值性。或者说，价值不能由事实来支撑。自然更不能“自我评价”，也就无所谓具有价值与否。外在价值论者尽管也承认价值的属人性质，但却归之于人的需要，似乎自然的价值就是为满足人的生存需要，仅此而已。问题在于，人的生存与发展需要自然的支撑，但自然仅仅限定人的生存而不能限定人的发展。如果以人的需求作为自然的价值存在的尺度，其实只是表达了人对自然的依赖性。动物也有生存的需要，意在使物种得以保存，但与价值无关。也就是说，价值的含义表达的是人的本性，人不断地超越自然的限定，从而使人走向自为性，自在的自然无所谓价值与否。只有通过人的实践活动，人在实现自身本质的过程中，不断超越自然的限定，升华人性，这就是人的价值追求。如果说自然有价值的话，也只是作为实现人的价值。归根结底，人是从人的意义而不是从人的需求出发去肯定自然的价值与否。

第二，人的误区。所谓人的误区指的是无论是人类中心主义的观点还是非人类中心主义的观点实际上都没有走出“人”的悖论。非人类中心论者批评人类中心论观点导致了今天人与自然的紧张关系。在他们看来，正是由于人是宇宙万物的主宰的观念的作祟，使得人类只关心人自身的利益，而无视自然的存在与价值，仅把自然作为满足人类生存需求及欲望的占有物。这必然导致了人类实践行为的无度性和破坏性，瓦解了人与自然的原初的“天人合一”的境地。所以，他们主张，只有走出人类中心主义，才会有可能确立起人对自然的“人道主义”精神。而当代人类中心论者则坚持认为，人类对非人类的动物，有感知能力的生命体，以及对自然界的道德关切，最终还是为了人类自己，为了人类生存及其人类社会的发展。坚持人类中心主义，承认自然的工具价值，照样可以建立“生态伦理观”。可以说，两种伦理观虽然在坚持还是摒弃“人类中心主义”的观点上存在分歧，但在“人与自然的协同进化”的总体观点上还是统一的。只不过非人类中心论认为“人道主义”的尺度应兼顾人与自然双重利益，而人类中心论则认为“人道主义”的尺度只有一个，即人类的生存与发展。

可以说，就生态伦理学理论内部这两派争论的实质来看，并没有走出“人的困境”。他们的观点还只是停留在一般意义上抽象地谈论“人”。其理论缺陷在于他们是在“人”的存在形态不变的情况下，只是通过改变“人”对人与自然关系的看法，以期获得解决人与自然的矛盾冲突的良方。问题在于，人的存在形态不变，人自身不改变，而仅仅依赖改变对人与自然关系的观念的转变，而不是在实践中转变人自身，也就不可能“走出”所谓“人类中心主义”。至多也就是观念上的变化，不具有实践意义。

无疑，人作为自然的存在物，首先是一个“自我中心主义者”。人的尺度是首要的存在尺度。但人又不限于此，否则人便与动物同日而语了。人的实践本性决定了人的发展又是一种开放性的、创造性的过程。人的实践本性决定了人的发展要不断超越自然存在的限定，创造出“人的自然”的存在形态，这有待于人自身的发展。超越自然存在的限定，就必然要将人的尺度融入自然（物）的尺度中，以升华人性的内涵。这也就是“人的自然”的生成。同时，“人的自然”的生成又不是单一的过程，也表达了自然的存在意义。自然通过人的实践过程，又表达了其存在的意义与价值。这也正是人类实践本性的真谛。而生态伦理学理论失误也正在于此，他们只是看到人类“自我中心主义”一面，而没有看到人类还具有“利他主义”与“开放主义”那一面。

第三，逻辑误区。所谓逻辑误区指的是生态伦理学混淆了“是”与“应当”的逻辑悖论。试图以生态自然规律作为承诺“生态伦理”的逻辑前提。英国哲学家乔治·爱德华·摩尔（George Edward Moore）称之为“自然主义谬误”，认为在逻辑上不可能从“是”推论出“应当”。因为“是”是指一种存在事实，而“应当”是一种价值选择。事物的存在只是一种事实判断，就其自在存在而言，不存在价值判断的内涵。“应当”是人的一种主观行为选择，它是人的实践行为的一种价值规范。从逻辑学来看，价值规范只与人的主观性、目的性直接相关，而与客观存在的事实无涉。

生态伦理学的理论失误就在于把事实与价值等同起来，而没有意识到二者不是等价的。按其观点，对自然的描述与把握，也就是对自然的价值评价。“事实上，一旦某处充满了事实，也就有了价值，而且无论是价值还是事实，往往是与系统的性质相同的。”[①] 按照这种理解，既然生态规律（或事实）充满了价值内容，我们就很“容易”地实现了事实与价值的转换，从而也就确立了人类实践行为“应该”的规范领域。也就是说，他们的逻辑推论是，生态规律等于生态价值，所以也就等于人类实践行为的伦理规范。只有人类的实践行为以生态价值为行为规范的限域，人类的实践行为才是“伦理”的，否则就是“非伦理”的。在我看来，人对自然的实践行为“应该”如何，不应只是强调局限于自然存在的限定，这无非是从一个极端走向另一个极端，即从人类中心论走向自然中心论，以自然中心论取代人类中心论，从人的尺度转向物的尺度。如此理解，生态伦理学就成为“限制”“规范”人类实践行为的伦理学。所谓“生态伦理”就等同于“规范伦理”，只不过规范的尺度由人转换成自然。可以说，这种伦理观只是强调自然中心论的主导地位，而忽视了人的实践创造作用。事实上，人对自然的价值选择出发点还在于人，在于人的主体性。是一种超越自然限定的价值选择，而不是受制于自然限定的行为规范。换句话说，只有超越自然限定的人的实践活动才有价值含义，而受制于自然限定的实践活动不具有价值含义，只是一种生存选择而已。

总之，从上述分析来看，生态伦理学的三个理论误区究其根本还在于丢失了人的实践本性。没有认识到是人的实践本性决定了人的实践行为“应该”如何，而不是由外在于“人”的自然生态环境左右人。人类实践本性决定了人类实践行为“应该”的尺度，这种尺度即以“人类中心论”为根本，同时又涵括了外在的物的尺度。是人的尺度与物的尺度的统一。

---

① 〔美〕霍尔姆斯·罗尔斯顿：《环境伦理学：自然界的价值和对自然界的义务》，载中国社会科学院哲学研究所自然辩证法研究室编《国外自然科学哲学问题》，中国社会科学出版社 1994 年版，第 291 页。

二　实践伦理观的理论内涵

实践伦理观是指在人与自然的交往实践活动中所生成的人对自然的伦理品格。

实践伦理观的提出意在表明有别于生态伦理学的理论观点。两种观点存在以下几点理论差异。

第一，对“伦理”含义的理解不同。生态伦理学所主张的“伦理”内涵在于一种规范意义。即“规定”“限制”人类实践行为的尺度于生态环境的限域内，不得超越雷池一步。把生态环境的存在与稳定作为人类实践活动的伦理界限。实践伦理将“实践”理解为人的本性，这就使得人的实践活动是一种超越性活动，不断地从自然世界转化为属人世界。不断地突破自然的生存限定而创造属人的生存环境。所谓“伦理”就意味着超越自然之所是，从而生成自然之所不是。超越不是限定，而是创造对人而言有意义的自然世界。这是实践伦理观与生态伦理学的本质区别。也就是说，生态伦理学重在人对自然世界的“是什么”的把握，而实践伦理观重在人对自然的“应该”的理解。

第二，实践伦理观以“生命价值”作为其伦理的基础。实践伦理观认为，所谓人对自然的伦理是人对自然世界生命价值的创造。自在的自然世界只是一种客观的事实世界，只存在事实关系，不存在价值关系。如果说，羊生存的价值就在于为狼提供生存需要的食物，那也只是人的看法。所以，生态伦理学所承诺的自然的价值并不存在，至多也就称其为环境保护主义。实践伦理观主张，人“应该”对自然有伦理关系。但是，“应该”的承诺不是建立在自然“是”还是“不是”价值存在物，而是建立在自然对人而言是一种意义存在。这种意义存在是人在与自然的交往实践活动中所创造的。表现为人对自然世界生命价值的创造，从而使得自然向人呈现为意义关系。

生命价值的实现是人在实践活动中所创造的。在人的实践活动中，生成人的价值与创造自然的生命价值是一个统一的过程。实践作为人的本性其展开的过程就是人的本质的生成过程，但它又不是一个抽象的过程，而是在人与自然、人与社会的实践活动中生成的。在人与社会的实践活动中，人创造了人的社会价值。而在人与自然的实践活动中，一方面，人将人的本性对象化于自然中，借助自然的本能，不断地生成、改造着人自身。这就是人的发展。另一方面，人的本性投射于自然中，又使自然不断属人化、人性化。也就是说，人在自然属人化的过程中表达了自然的“生命意识”以及存在意义。这就是创造价值的过程，使自然呈现为“生命化”特征。这就是我所理解的创造生命价值的过程。这里所指的“生命”含义是哲学意义上的而非生物学意义的生命观。也可以这样表述，人在实践活动中，既不断地生成着人的价值，也创造着自然的生命价值。而且，只有把生命价值作为人对自然伦理的基础才能在实践意义上解决“是”与“应当”的逻辑悖论。因为生命价值不是授权价值，不是观念意义上的命名，不是人认为自然“是”或不是价值物，它是一种“应然”价值，是人在实践活动中创造的属人价值。这种属人价值既体现了人的目的性要求，也表达了自然的“生命意志”，从而也就消除了“是”与“应当”的理论鸿沟。

第三，实践伦理观坚持“人类中心论”。但在此所指的“人类”与生态伦理学不同，后者只是抽象地谈论“人类”的概念，“人类”就是代表全人类的含义。而实践伦理观则是从人的历史活动中，从人的主体性的发展中去把握真实的“人”。

这样来理解“人”，就可以使我们从人的存在及发展过程中去把握人与自然的关系。古代社会是人与自然天然一体关系的状态。由于自然力量的强大以及人类实践水平低下，社会的群体意识的膨胀以及个体意识的微弱，人对自然的认识或关系只是一种“奴化意识”和顺从关系。人虽然在生存活动中意识到了自然的外在性和强大性，但仍然保持着对自然的依恋之情。尽管在观念上“人”与“自然”有别，但在感情上仍然摆脱不掉向“自然”回归之念。近现代以来，伴随着社会生产力水平的提高，科学理性的不断扩张，增强了人类改造自然的能力，也使得人的主体意识挺立起来。人的发展的这一阶段被马克思称为“以物的依赖性为基础的人的独立性”阶段。人虽然摆脱了群体意识的束缚，但又陷入了“个体本位”的怪圈。人对自然的认识和关系表现为“占有意识”和利益关系。人把自然仅仅作为占有对象，那种人与自然天然一体的统一关系被打破，从而也就瓦解了人对自然的依恋之情。当代人类面临的生态问题就是当下人与自然关系恶化的写照，对人类生存提出严重挑战。人类必须正视和解决社会发展与生态环境关系的问题。

传统的社会发展观是一种无节制的发展观，人类只是关切增长的速度和增长的内容，经济的增长占据了增长的核心地位。而增长的尺度却只是单一化的，即人的利益尺度。人类只是考虑自身如何发展，怎样向自然获取利益，而很少顾及对自然造成的后果，思虑利益的代价。视自然为具有无限容量的人类资源。长此以往，势必最终导致人类生存环境的消亡，而人类也将失去存在的家园。因此，拯救人类生存家园势在必行。从法兰克福学派的“社会批判理论”到罗马俱乐部对“人类困境”的研究报告；从技术哲学到生态哲学；从“持续发展”到“可持续生存”；从生态伦理到地球伦理等思想无一不在寻求拯救之途径。尽管其道路不同，但其理论终点却是同一的，即人与自然的和谐发展。这也是当代社会发展的主线。

社会发展就其本质而言，是人的发展，这是共识之点。而人与自然的和谐与发展是人的发展的必要条件。问题在于：“个体本位”阶段的人分化为不同的利益群体，使得人与人的矛盾实际上就是人与自然的矛盾。人与人的利益冲突就表现为人与自然的利益冲突。这也说明，人与人的矛盾不解决，人与自然的矛盾就不可能有真正的解决。尽管要求拯救的呼声日渐高涨，如《只有一个地球》《人类环境宣言》《世界自然宪章》等文件和报告纷纷出台，都表达了一种强烈的环境保护意识，都透射出一种深沉的“人道主义”的伦理精神。但是，人自身的问题不解决，很难有实践意义上的人与自然关系的解决。按照马克思的看法，人的发展只有达到了“自由人格的联合体”阶段，即达到了“以每个人的全面而自由的发展为基本原则的社会形式”①，才会有人与自然在实践意义上的真正统一。是人向自然的真正回归，人对自然本性真实的占有。在人的本质中蕴含着自然的本性，自然本性通过人的活动展现其生命意义。“人道主义”与“自然主义”殊途同归。人对自然的认识与关系就是伦理意识与同一关系。而实践伦理观的本意也正在于此。

（该文刊于《吉林大学社会科学学报》1998 年第 3 期）

---

① 《马克思恩格斯全集》（第 23 卷），人民出版社 1972 年版，第 649 页。

生态、伦理与社会同一性

20 世纪以来，人类生存状况正经历着深刻的变化。随着人类实践活动的发展，人与自然的矛盾正逐渐凸现出来，已成为当代社会普遍关注的焦点问题。这个问题的实质就是如何协调人与自然的矛盾，反思人类对待自然的态度，这也正是当代人类亟待解决的理论以及实践问题。

一　传统伦理学的理论局限

当代人与自然矛盾的凸现，引发了关于人与自然道德关系的理论思考。这已成为当代人类普遍的共识。人类已经充分意识到，当代人与自然的矛盾，从表面上看似乎是人与自然关系的写照，实则反映的是人与人的矛盾冲突。人类如再不检讨自身的实践行为，反思人类自我对待自然的心态，以及合理地调整人类之间的利益冲突，人类将面临自我毁灭的结局。这并非危言耸听，当代一些思想大师都已深刻地指出了这一点。从法兰克福学派的“社会批判理论”到海德格尔（Martin Heidegger）对技术本质的追问；从“罗马俱乐部”对自然衰退的忧思到“绿党”、生态伦理学家对自然“沉沦”的关切之情，都表达了对人与自然关系恶化的反省。由此可见，问题的焦点在于如何协调人与自然的矛盾关系。无疑，人与自然的矛盾冲突，根源在于人，这已经是一种普遍的共识。人类的实践行为已经超出了自然所能承受的程度。因此，如何规范人类实践行为，确立人类实践行为的伦理尺度，是当代人类面临的迫切问题。

从伦理的视角研究人与自然的关系，或者说，如何确立人与自然的伦理关系，从理论上看无疑拓展了伦理学的视野。传统伦理学原本只是研究人与人以及人与社会的道德规范和道德原则的理论学说。“伦理”

只是意味着对人而言的行为规范和行为原则。当我们把道德范畴扩展于人与自然的关系之中时，就必然会带来伦理学理论观念的突破以及对“伦理”内涵的重新理解。

研究人与自然的伦理关系显然不同于研究人与人的伦理关系。一般认为，人与人的伦理关系是主体间发生的道德关系，它通过确立道德规范以及道德原则来约束人的社会行为，使之符合社会系统允许的道德规范。而人与自然的伦理关系则不是发生于主体之间的过程。自然不具有“主体意识”，不能作为现实的道德主体，这就使得传统伦理学面对当代“人类困境”而无所适从。可以说，无论是研究“最大多数人的幸福”的“功利主义伦理学”，还是抒发“生命冲动”的“生命伦理学”，抑或是高悬“不朽的假设”的“理性主义伦理学”，都只是将伦理学的视野定位于“人伦”之内，所谓“人道”只是对“人”而言，道德只是人类特有的社会现象。可见，传统伦理学在严格意义上，其“伦理”的内涵是不包括自然的。尽管传统伦理学也涉及人与自然道德相通之意，但其“相通”也无非表达了“天”“道”“自然”规定人之道德之意，“天道”“自然”只是作为一种道德的象征、道德楷模或者作为道德的源泉。人要么顺从“自然”，要么心仪“天道”，从而寻求一种现实生活的伦理根据。只不过寻求的方式是体悟的、直觉的、理性的。中国古代朴素的“天人合一”的物我不分的境界就是体悟的、直觉的方式，是人通过体悟或直觉的方式去感受“天道”“自然”的道德恩赐，承受道德的给予。近代西方哲学则以理性主义为根基试图在人的理性基础上实现“人为自然立法”，以期获得人在自然世界中的自由向度。康德（Immanuel Kant）指出，人在“纯粹理性”建构的因果关系的世界中无法获得绝对的自由，只有在“实践理性”建构的道德关系的世界中，通过人所确立的伦理原则从而达到人的自由状态。问题在于，康德的“实践理性”提供的原则只是一种“欲望（意志）的先天原则”，是一种超验的原则。虽然他是以理性作为道德的依据，但却又超出人的理性视域，使道德成为无根之树。“自然”并未在道德的含义上进入伦理学视界，而只是在主客二元论的框架中成为人的客观对象。即便是当代生命哲学家赫伯特·斯宾塞（Herbert Spencer）等人对“自然”的期望也仅限于“生命本体”的水平。“自然”作为“生命本体”的载体传承了道德的内容。人类社会的道德传统秉承于生物世界的利他主义“精神”以及自我牺牲的“情感”，混淆了生物系统与人类社会的本质区别。

总之，在传统伦理学的理论框架中，“自然”没有其道德地位，无论是作为道德主体或道德客体都被排斥于伦理学的视野之外。它或者作为生物学意义上的“生命本性”存在，或者以本体论意义上的“道德本体”面目出现。而从未作为伦理学的研究对象步入伦理学的理论视野。因此，无论是中国古代的传统的“天人合一”思想还是近代的理性主义的“天人合一”思想，都不是真实的“天人合一”的理论及现实的表达。它只是以两极对立的思维方式去寻求统一的意愿，或求助于“天道”“自然”的恩赐，或诉诸人的情感或理性，而没有从人的现实的实践活动中去创造、生成和把握人对自然的伦理品格。

二 生态伦理学的理论困惑

生态伦理学顾名思义是研究人与自然伦理关系的思想观点或理论学说。也就是说，生态伦理学是当代人类面对环境问题所引发的理论思考。20 世纪以来，随着人类科学理性的膨胀，以及在以工业化为目标、市场化为机制的现代化的进程中，人类加快了改造自然的进程，尤其是在以经济利益为追逐目的的全球化的市场经济的浪潮中，人与人之间的利益之争转变为开发、掠夺自然（资源）的竞争。在资源无限的错误观念的误导下，人类对自然的实践行为既是无限度的，深恐其能力不足，同时也是不负责任的，人类以功利主义的心态面对自然。心态的失衡必然带来可怕的后果，即人与自然矛盾冲突的加剧。其表现形态就是 20 世纪中后期逐渐凸现的环境问题。不管人们如何表述它，称之为“生态危机”也好，还是“人类困境”抑或是“自然的沉沦”乃至“自然的衰退”，都在警示人类：必须善待自然，否则人类将自我毁灭。这已成为目前不可忽视的，具有整体性、普遍性的“全球问题”。生态伦理学家也就是在这种历史背景以及人类生存状况恶化的现实下应运而生的理论反思。当代许多思想家都从各自不同的理论视角表达了其生态伦理思想。在我看来，他们的观点可分为以下三种形式。

第一，道义主义生态伦理观。道义主义生态伦理观承认人对自然有伦理关系。但这种伦理关系并非出于人的功利主义的动机，而是发自人性本身。这种观点认为，传统伦理学关于“善”的观念不充分，仅承诺对人而言“善”，对人之外的生命形式或非生命形式无“善”可谈。其代表人物法国哲学家阿尔贝特·史怀泽（Albert Sehweitzer）指出，“善”的观念应扩展于一切生命形态之中。在自然界中，一切生物都是平等的，因此应具有相同的道德权利。它们“应该”享有与人平等的道德权利。他主张一种“崇拜生命”的道德原则，认为这个原则决定了人对自然的态度是人道主义的，还是非人道主义的。也就是说，人对自然的人道主义态度就是保持和促进生命，否则，阻碍生命和毁灭生命就是非人道主义的，就是“恶”。“只有当人们认为所有生命，包括人的生命和一切生物的生命都是神圣的时候，他才是伦理的。”[①] 道义主义生态伦理观将“崇拜生命”的原则看作至高无上的道德原则，其“生命”的含义突破了传统伦理学的限定，扩展到一切生命形态之中，既包含人的生命，也包含自然存在的任何生命。“只有体验到对一切生命负有无限责任的伦理才有思想根据。人对人的行为的伦理决不会独自产生，它产生于人对一切生命的普遍行为。”[②] 生态伦理学的另一位创始人，美国生态学家奥尔多·利奥波德（Aldo Leopold）也是道义主义生态伦理观的倡导者。他批评了人类只顾自身经济利益来利用自然的错误观念和行为，主张应把人类的经济行为和其他一切行为纳入维护自然整体利益的道德规范。他说，“大地伦理学的发展，是人类智力上的发展，也是人类感情方面的新进展。”“如果我们没有对大地的热爱、尊敬和赞扬，以及没有对大地价值的高度重视。伦理学和大地之间的关系就不可能存在。”[③] 他也指出了传统伦理学的理论局限，提出“新的伦理学”应超越传统伦理学的界限，扩大人的善恶行为的界限。只不过他的道义主义生态伦理观更为彻底，从生命形态乃至非生命形态都包容于其道德范畴之中。“大地伦理学扩大社会的边界，包括土壤、水域、

---

① 〔法〕阿尔贝特·史怀泽：《敬畏生命》，陈泽环译，上海社会科学院出版社 1996 年版，第 9 页。

② 〔法〕阿尔贝特·史怀泽：《敬畏生命》，陈泽环译，上海社会科学院出版社 1996 年版，第 9 页。

③ 转引自叶平《生态伦理学》，东北林业大学出版社 1994 年版，第 78 页。

植物和动物或它们的集合：大地。”[①]“当我们把大地看作是我们所归属的共同体时，我们就会开始带着爱和尊敬去利用它。没有别的方法使大地从用机械设备的人的影响下保存下去。”[②] 正是因为人是“大地共同体”的普通一员，与自然的一切存在物是伙伴关系，因此，我们应该尊重它们存在的权利，对它们施以人道主义的关怀，这也正是人类应该具有的义务与责任。可见，道义主义生态伦理观的理论共同点在于“崇拜生命”的道德原则以及生物（包括人）平等主义。所以，他们所理解的“生态伦理”就是“敬畏我自身和我之外的生命意志”（施韦兹），区别仅在于程度和范围不同。

第二，生态价值伦理观。这种观点反对道义主义生态伦理观，承认并坚持人对自然有伦理关系。只是伦理关系的基点建立于自然的价值基础之上，而不是发自于人类的同情心和善良意愿。美国环境哲学家霍尔姆斯·罗尔斯顿坚持这种观点。他认为，“旧伦理学”是人类利己主义的伦理学，它只考虑人类的生存利益，而无视其他物种的存在价值。所以，“新伦理学”必须拓展伦理学的界限，把道德的对象从人扩展到生态系统和整个自然界。罗尔斯顿发展了“大地伦理学”。他也承认“崇拜生命”的原则，认为人类应当对“生物共同体”的所有成员给予尊重。只是他不像道义主义生态伦理观那样回归于“生命意志”，而是建基于自然价值之上。在他看来，自然价值是自然本身所拥有的自在的价值。自然价值的存在与人的评价无关，是由自然本身的进化状态和生态系统所支撑的。自然除了作为人的工具价值，为人类提供生存的必需品之外，还具有其他的存在价值。进一步说，应抛弃那种“人类中心主义”的价值观，即仅把自然看作“经济价值”的错误思想。“环境伦理学”的最终目的是保护地球上的生命，它包括人的生命，也包括有感觉的动物的生命以及植物的生命。因为生命是自然系统得以存在以及正常运作的基础与保证。自然界、生态系统有其内在的存在价值，或者说，自然世界中的任何存在物都对自然世界的存在与演化提供着支撑与维护功能，这也就是它们的价值所在。不论我们人类是否意识到其价值所在，它都是必然存在的。无疑，这种伦理观正如罗尔斯顿本人所认为

---

① 〔美〕奥尔多·利奥波德：《大地伦理学》，叶平译，《自然信息》1990 年第 4 期。
② 〔美〕奥尔多·利奥波德：《大地伦理学》，叶平译，《自然信息》1990 年第 4 期。

的那样，是一种“非人类中心主义”的生态伦理观。这种伦理观也坚持“崇拜生命”的道德原则，只不过其道德原则的基础不在人性之中而存在于自然之中。此外，美国生态伦理学家威廉姆·墨迪（W. H. Murdy）、约翰·亚瑟·帕斯莫尔（John Arthur Passmore）、麦克洛斯基（A. J. Mcclosky）等人也承认自然具有其内在价值，并不仅仅作为人类的工具价值。承认自然具有内在价值与“人类中心主义”的信念并不相互矛盾。任何自然存在的存在物，无论是有生命的，还是无生命的都有其价值。也就是说，任何自然存在物其本身就是目的，承诺这一点不仅不与“人类中心主义”信念发生矛盾，而且这也是完善“人类中心主义”的必要保证。总之，虽然他们与罗尔斯顿存在一定的理论分歧，即“人类中心主义”与“非人类中心主义”的观念差异。但在倡导人与自然协调发展这一点上是相同的，都主张只有建立人与自然协调发展才有人类的出路。区别在于罗尔斯顿认为“人类中心主义”的价值观仅把自然作为开发和利用的资源，除了具有为人类服务的工具价值外，不具有其他价值属性。这种价值观不可能建立起真正的伦理关系。而墨迪等人认为坚持“人类中心论”与承认自然的价值地位并行不悖。也只有承认自然事物的内在价值才能为人类的生存与发展提供现实的生态学的根基，才能使我们最终认识到人类的行为选择的自由度是受自然界的“生态极限”所约束，而不可能是无任何限制条件的选择。所以，人类行为的伦理规范既要保护人类利益，同时也应爱护人类自然环境的利益。

第三，技术生态伦理观。技术生态伦理观是从反思人类技术行为以及技术本质入手切入人与自然的关系，从而寻求人与自然协调之途径。当代许多思想家都对此种伦理观有所阐发。毋庸置疑，当代技术已成为人类社会生活中一种十分重要的力量。诚如海德格尔所言，技术已成为现代人的历史命运。无论我们对“技术”作何理解，是古希腊的原意词 techne（技艺、知识与技能）也好，还是理解为人类改变与控制自然的物质性技术，或者理解为技术工具及至技术理性，都无可厚非。毕竟，技术是人类与自然交往的最基本的、最切近的实践活动方式。技术活动总是意指改造自然与“控制”自然的物质性活动，但技术活动又深蕴人的目的性于其中。无疑，技术作为人与自然交往的中介方式，体现着人类改造与控制自然的主观意愿，对自然产生了重要作用。尤其是随着技术在当代社会中的影响日趋扩大，技术与工业生产的紧密结合，技术也成为人类改造自然强有力的工具。对于当代生态环境问题的出现，技术显然具有不可推脱的责任，因此也就成了众矢之的。从法兰克福学派到海德格尔都是从批判当代技术入手而表达出他们的技术生态伦理思想。法兰克福学派几代学者都意识到技术已然不再扮演工具的角色，而是上升为左右人的存在方式的统治力量。自启蒙以来，人文主义传统的技术正逐渐失去启蒙的原色而成为新的极权力量。赫伯特・马尔库塞（Herbert Marcuse）指出，在当代西方工业社会中，技术已成为控制人以及自然的新的力量。人在工业社会中发生异化，导致了人的“单向度化”，同时，自然也受到“压抑性统治”。也就是说，现代技术在加剧人与自然异化的同时，正在切断人对自然的伦理旨趣，也导致了人的不自由状态。因此，他们强调自然的“解放”与人的自由的实现是同步的过程。自然解放的实质在于“自然固有的有助于解放的力量与质被重新发现和释放”（马尔库塞）。应该允许自然为了“它自己的目的”而存在。自然解放的途径就是技术如何走出极权形态而实现技术的人道化。法兰克福学派学者主张的技术人道化对自然而言是“非暴力的、非毁灭性的”人道占有（马尔库塞），是重生存而不是占有和利用（埃里希・弗洛姆，Erich Fromm），是消解“劳动”对“交往活动”的控制与支配（尤尔根・哈贝马斯，Jürgen Habermas）。总之，一句话，就是要消解技术的“霸权主义”地位，重新归还人以应有的位置以及人的本性。马尔库塞对技术的解放作用持乐观主义的态度，认为只要我们重新确立起人道化的“新技术”，就可以承担起解放的职责。海德格尔则对现代技术是否能承担此责任持反对意见。他认为现代技术已经丧失了“思”的本质，期望于现代技术的想法只是一种技术乌托邦的幻想。既然现代技术已然不“思”，就应该沉思于对技术本质的追问，从对技术的本质追问、沉思、体悟中寻求拯救的力量。只要我们洞识了技术的真谛，真正体察到技术的“展现”之本性，我们就可以获得真实的、合理的存在方式。现代技术不仅没有表现出“展现”的本性，而是成为“遮蔽”自然的工具行为。人迷失于现代技术的“框架”中而无法“展现”自然世界丰富的内涵。可见，他们都指出了在当代工业社会中，技术无限度地膨胀所带来的人的生存状况恶化的现实，以及走出困境的道路，表达了他们对人道主义精神的企盼。

从总体上看，三种伦理观都从不同的理论维度表达了其各自的生态伦理思想，以及面对人类生存困惑和自然日趋“沉沦”的拯救之责任。道义主义生态伦理观将道德建立在人的内在的、先天的同情感之上，显然带有一定的宗教色彩。生态价值伦理观则把道德基础建立在自然价值之上，从自然之中寻求人道的依据。技术生态伦理观视“自然是一个历史实在”（马尔库塞），或者视自然为存在的“天命”（海德格尔）。从他们的生态伦理思想中透射出拯救自然的人道主义精神信念，以及对人类生存危机的深切忧虑。只是他们的拯救方式不同，道义主义生态伦理观寄希望于一种普遍的“生命意志”（史怀泽），这种“生命意志显示在世界中，并在内心中启示着我们”①。只要我们内心感受到“生命意志”的命令，我们就可以真正行使我们的义务。生态价值伦理观意在通过改变人的价值坐标，突破传统价值观即以人的利益为价值确立的尺度，将自然纳入价值论的范畴，以此作为人道的根基。技术生态伦理观的拯救之路或者是“世界的合理重建将导致一个由人的美学感性所构成的现实”（马尔库塞），或者如海德格尔的思路，即通过对技术本质之追问而寻求“人诗意地安居”于“大地”之上的哲学意境。尽管如此，三种伦理观仍然存在着以下几点理论困惑。第一，道义主义生态伦理观实质上只是情感主义伦理观的延续，无论是从人性自身还是从宗教教义中寻求情感的依托，都缺少实践观点。都没有意识到离开人的实践活动，妄谈任何人道，都只能是抽象的人道，毫无现实性可言。也可以说，道义主义生态伦理观失落了人的实践本性，它所能达到的要么是一种抽象的人道主义，要么是一种虚幻的情感乌托邦。第二，生态价值伦理观以承诺自然的价值地位作为重建人道主义的基础。虽然这种观点认同了自然的价值地位，但却把自然理解为“价值物”，拒斥主体（人）的评价作用。这种伦理观并没有意识到“价值”作为人的一种理想追求和目的性指向是一种关系的产物。自然是否具有价值本性与（主体）人的实践活动紧密关联。也可以说，只有在人与自然的交往实践活动中，才会建立起人与自然的价值关系。这种价值关系既承载着人与自然的利益关系，也映射着人与自然的意义关系。真正的“价值物”

① 〔法〕阿尔贝特·史怀泽：《敬畏生命》，陈泽环译，上海社会科学院出版社 1996 年版，第 93 页。

只能是人本身，因为只有人才能把人本身作为追求的目的，而自然却不可能“追求”什么。这种伦理观并不懂得，所谓“价值”只是人的实践活动的目的指向，人把“何物”作为人的追求目的，这个“何物”也就构成了人的价值对象，并与人建立起价值关系。离开人的实践活动，自然本身无所谓具有价值与否。也就是说，自然只存在事实关系，不存在价值关系。所谓“价值”只不过是授权价值而已，没有人的授权活动，自然何以能“知晓”“价值”与否。因此，价值就其本质而言，只是与人的目的性活动紧密关联的，没有人的目的性要求，就没有价值可言。第三，技术生态伦理观指出了现代技术已偏离“启蒙”的本色，超出了工具化的地位，开始充当统治人与自然的新的极权力量。因此，出路在于技术的人道化占有（马尔库塞），或者再“思”技术的本质（海德格尔），以使技术恢复其真正的使命。事实上，从实践的意义上，技术只是人与自然交往活动中的人的实践样式，尽管人的技术活动并不能完全代表人的实践本性，但毕竟具有人的实践活动的特征与属性。因此，人的技术活动无疑是属人的活动而不是非人的活动。技术生态伦理观已经意识到了技术活动的属人特征，强调技术的人道化占有，但没有意识到这种“人道化”占有是与人的主体形态紧密关联的。技术是否人道化不在于技术本身，更不在于“追思”技术的本质，而在于人自身的发展，毕竟技术活动的目的是人赋予的。如果人把技术活动的目的定位于人自身的利益，那么技术活动只是人实现这一目的的手段，或者说只具有工具价值。工具价值意义上的技术活动对自然而言只能是非人道主义的而不是人道主义的。因此说，技术的人道化的最终出路还在于人自身的变化。

三　实践伦理观的提出

在笔者看来，上述三种伦理观尽管都从其不同的理论视角表达了他们的伦理思想，但还都不是真实的人对自然的伦理关系，其根本理论不足在于他们都未能理解这种伦理关系是人通过其生存实践活动而生成的，是人在实践活动中生成的人对自然的伦理品格。

本文提出实践伦理的概念。所谓实践伦理是指在人与自然的交往实践活动中所生成的人对自然的伦理品格。提出实践伦理概念意在表明有别于前几种生态伦理思想。也就是说，人对自然的伦理关系既不是道德情感主义的，也不是生态保护主义的，而是在人的实践活动中所生成的人对自然的一种意义关系。

第一，实践伦理观对“伦理”内涵的理解不同于前文几种观点。传统伦理学所谓的“伦理”没有超出“人伦”的范围，只是表现为协调人与人的利益关系的中介或手段。而生态伦理学所理解的“伦理”尽管超出了“人伦”的界限，但却把“伦理”的内涵规定为“限定”，即所谓的“生态伦理”只是意指人的实践活动不能超出生态环境所能承受的范围，生态环境的存在与稳定构成了人类实践活动的伦理界限。如果人类只顾及自身的利益，而忽视生态环境的利益，人类的实践行为就是非伦理的。因此，所谓的“伦理”行为就是“限定”人类实践活动“应该”以生态环境所能承受的程度为依据。在他们看来，传统伦理学的失误在于仅考虑人类利益而忽视生态环境的利益，因此排斥生态环境于伦理范围之外。而实践伦理则认为，人对自然的伦理品格不是一种“限定”而具有“创造”“超越”的本性。也就是说，实践伦理将“伦理”理解为人的实践本性，作为人的实践本性的表达，实践伦理就不是道义主义式的，尽管道义主义伦理观也具有超越性，但其超越性仅是一种精神性的超越，而不是实践意义上的超越。实践伦理所主张的“超越”实质上就是超越自然之所是，从而“创造”自然之所不是。“创造”就不是“限定”于自然，而是要超越自然的“限定”，从而生成一个对人而言有意义的属人世界。也可以认为，人对自然的伦理品格表现为人对自然世界的意义创造。

第二，实践伦理主张伦理的基础在于生命价值的实现。实践伦理不同意将“生命”概念简单地理解为（自然界的）生命现象（道义主义伦理、生态价值伦理）。如此理解，只是将“生命”归之于生物学意义上的生命现象。所谓“崇拜生命”的原则就是“崇拜”生物学意义上的生命现象，视“生命”为适应性的本能活动，生命属于环境，环境属于自然。这种生命观其实并没有超出生物进化论的观点。实践伦理也不同意将“生命”视为“生命本体”的观点，这只不过是本体论化的生命观。依此观点，“生命本体”无异于万物的源泉，这只不过是“上帝”的代名词而已。在我看来，两种生命观对“生命”的理解虽然不同，但都不能构成生态伦理的基础。以生物学意义上的生命观作为“伦理”的基础虽然具有实践性及其现实性，但只是等同于生态保护主义，至多也就是动物保护主义，而很难称之为“生态伦理”。本体论化的生命观突出了生命的形而上学性，虽然在一定意义上表达了“生命创造生命”的含义，但这种“创造”并不是由人的实践活动来完成的，或因其“本源性”，或因其“遗传性”，无论因其何种性质，都是脱离人的实践本性，因而也很难认同为“生态伦理”。实践伦理主张伦理的基础在于生命价值，就是说，人对自然而言的“人道主义”在于自然世界生命价值的实现。自然世界生命价值的实现是人在实践活动中得以形成的人的实践品格，它与人的价值的实现是一个统一的过程。毋庸置疑，人作为自然的特殊存在物、现实的生命体，无疑具有生物学特征，或者说，具有自然的生命特征。在此意义上，人来自于自然，受制于自然。但如果人仅满足于作为自然附庸的生命存在，就与动物没有区别，而仅仅是自然进化进程中的一个环节，一个部分。这种人与自然的关系只能是人与自然环境的事实关系。在这种关系中，人不存在“应该”如何生存的问题，只要顺其“自然”就是应该如此的生存方式。但问题并非如此，人作为一种有目的性要求的生命存在，其生命存在的展开恰恰体现为人的实践性。也正是由于人的实践本性使得人不断地超越自然的生命存在状态而不断向“超自然”的生命存在状态发展，从而升华人性的内涵。但是，人又不是孤立的生命存在物，而是在与自然的交往生存实践活动中来实现人自身的发展。这也就是人的生命价值的实现过程。

人的生命价值的实现不是一个孤立的过程，而是人更加深入自然，借助自然的内在力量去“帮助”人实现自身的生命价值。在这一过程中，人不仅依赖于人的“自然性”，而且使自然不断“人性化”“属人化”“价值化”。也可以这样说，人在其实现自身生命价值的实践活动中与自然建立起属人的价值关系，通过人的生命价值的生成而创造了自然的生命价值，这也就是自然对人的生命意义，也是人对自然的伦理品格。传统伦理学无视自然的存在，也就不涉及自然的生命价值问题。生态伦理学虽然承认自然的存在，甚至“授权”给自然以价值地位，但却认为人与自然是一种利益关系。似乎认为承诺了自然的价值地位，就等于认同了自然的利益所在。殊不知，人如果以利益作为人的本性而投射于自然，人所获得的只能是成为人的利益对象的自然。人如果要走出利益的悖论，只能“限定”人的利益的无限度膨胀。问题在于，无论我们如何“授权”自然以价值地位，自然本身也无法充当独立的“价值物”。价值只是关系的产物，与人的主体性密切相关。实践伦理主张人与自然是一种价值关系。在这种价值关系中，人是价值主体，自然本身不能作为价值主体，只能充当实现人的价值的价值关系物。人在与自然的交往实践中，不断使人的“自然性”投射于自然之中，借助于自然的内在力量，不断升华人性的内涵。这也就是人的生命价值的生成。同时，人在实现自身价值的过程中，又表达了自然的“价值意识”“生命意识”，使自然“价值化”。这种自然“价值化”过程也就是生命价值“类化”的过程，是人的生命价值的扩张。人在与自然的生存实践交往过程中，既不断地生成人的生命价值，同时也创造了自然的生命价值。也就是说，人在其生存实践活动中，最终目的不是满足生存需求的生命活动，而是一种创造“价值”的“超生命”活动。满足生存需求的生命活动是人的生命本能的活动，而人的“超生命”的活动则是超越生命本能的生命实践活动。也只有超越自然限定的“超生命”活动才具有价值意义。它既表达了自然对人的价值生成作用，也体现了人对自然的伦理意义。

第三，实践伦理对“人”的理解也不同于其他的观点。生态伦理学在批评“传统伦理学”的“人类中心主义”倾向时，其内部关于“人类中心主义”与“非人类中心主义”的争论尽管比较激烈，但其实都无法走出“人”的悖论。两种观点的最终目的是同一的，都强调人与自然的协同发展，只不过一派认为只有抛弃“人类中心主义”才有出路，而另一派则坚持认为肯定“人类中心主义”与协调人与自然的关系并不矛盾，提倡“人类中心主义”的哲学信念与弘扬对自然的“人道主义”并行不悖。可以说，这两种观点的理论缺陷在于都承诺“人”的观念不变，而只是改变对人与自然关系的看法。问题在于：如果“人”的观念不变，不论“人”如何去看待人与自然的关系，是对象关系也好，还是利益关系抑或是价值关系，在实践上仍然很难改变人与自然的关系，至多也就是一种理论观念的视角变化。问题的关键不在于“人”把自然看作为什么，而在于“人”自身发生了何种变化。也只有“人”自身变化了，才会有人对自然的真实的关系变化，而不仅仅是观念的变化。否则的话，无论坚持“人类中心主义”还是“非人类中心主义”，都不可能建立一种真实的人对自然的伦理关系。事实上，在“人”发展的一定阶段，不论是强调关心自然的利益，还是主张承诺自然的价值地位，抑或是考虑人类生存的长远利益，都摆脱不了人类“自我中心主义”的怪圈。任何生命体都首先是“自我中心主义者”，否则生命将无法生存与延续。人也不例外，只有以“自我中心主义”作为其生存的原则，才会有“利他主义”原则的存在。

实践伦理承诺以“生命价值”作为对自然之“人道主义”的基础。这种“人道主义”的实践必然要求“人”自身的改变。而“人”自身的改变是一个实践过程，而不是一个意愿过程。从人与自然关系的历史发展来看，目前已经历了人与自然原始的物我不分的浑然一体状态，以及人类征服自然、占有自然的对象关系两个阶段。人类在原始的“天人合一”阶段，由于自然过于强大而人的能力不够，人类只能以顺从自然的方式谋取自身的生存及其生命的存在。顺从自然就是人“应该如此”的生存方式，也只有如此才会保证人类生命的存在及其延续。自然要么扮演手握生杀大权的主宰，要么充当人类形象的楷模。人在把自然夸大为超人力量的同时，也会把自己贬低到从属的地位。近代以来人类的实践活动随着人类自身能力的提高，强大的自然不仅在人的意识中转化为观念的对象，而且在实践上更成为人类改造的对象。自然一旦失去了威慑人的力量，也就成了人类肆无忌惮掠夺的对象。人类不再担忧能力的缺陷，而是深恐能力发挥得不够。人类不再为生存和生命的延续而忧思，而是尽情地享受生活。对人而言，能做的事情就一定是“应该”可以做的，不必考虑自然是否可以承受。这样，人类“应该”的行为只需视人的意愿而定，而与自然毫无关联。无疑，这一阶段人类实践活动加剧了人与自然的矛盾冲突，也使得生存与生命的延续发生了异化。生存不再完全是为了生命延续而是转向生存本身。伴随着这种异化，也就隔离了人对自然的伦理品格。马克思早就预见到了这一点，称这一阶段为“以物的依赖性为基础的人的独立性”阶段。人通过对物的依赖而摆脱了对（他）人的依赖，从而体现了个体的主体性。罗马俱乐部和法兰克福学派的学者们也敏锐地指出了人与自然的矛盾实则反映出人与人的矛盾冲突。进一步的问题是，如何解决人与人的矛盾冲突。罗马俱乐部、法兰克福学派与生态伦理学家们如出一辙，都是在

“人”的观念不变的前提下提出其解决方案。不论其观点如何“新颖”，都没有超出“个体本位”阶段“人”的观念。“人”的观念不变，人与自然的关系也就不可能有实质的变化。马克思是从“人的发展”的视角去把握人与自然的统一关系，也就是从人的历史生成中去把握人与自然的关系。依照马克思的分析，人与自然“同一性”的实现是一个历史的、辩证的发展过程，它与“人的发展”紧密相联，有机地结合在一起。在马克思看来，人的发展经历了三大社会形态。第一种社会形态是“人的依赖关系”。在这一阶段，人的实践活动以自然生产为主，只是“直接地从自然界再生产自己”，以维系人自身的生命，是人的生命本能的求生存的实践活动。人臣服于自然，以人的自然性向自然索取生命存在的必需物，也就必然受制于自然对人的限定。“以物的依赖性为基础的人的独立性”是马克思所说的第二种社会形态。在这种社会形态中，随着人类物质生产的普遍化和社会化，“人的依赖关系”逐渐瓦解，而个体人的主体性逐步挺立。人通过对“物”的依赖而走出了对“他人”的依赖。这一时期的“人”虽然与第一种社会形态的“人”同属于“人”的概念，但内涵已大不相同。“在前一场合表现为人的限制即个人受他人限制的那种规定性，在后一场合则在发达的形态上表现为物的限制即个人受不以他为转移并独立存在的关系的限制。”[①] 人的实践活动摆脱了外在的自然的限定，但却导致了人与自然间距的扩大以及差异性的增加。人将自然排斥为外在的客观对象，人与人的利益关系就是人与自然的利益关系的写照。生命存在不再只是生存的主题，而上升为如何生存这样迫切的现实问题。一旦人将自然作为利益满足的对象，那种天然的依恋之情结就转化为毫无节制的占有之心。原来那种原始的、天然的人与自然的“同一性”关系无疑会被无情地瓦解。但马克思进一步指出了“同一性”重建的基础，这就是“建立在个人全面发展和他们共同的社会生产能力成为他们的社会财富这一基础上的自由个性”阶段[②]，马克思也称这一阶段为“自由人格的联合体”，也就是他所主张的“共产主义”社会形态。共产主义就是“以每个人的全面而

① 《马克思恩格斯全集》（第46卷）（上），人民出版社1979年版，第170页。
② 《马克思恩格斯全集》（第46卷）（上），人民出版社1979年版，第104页。

自由的发展为基本原则的社会形式”①。在马克思看来，人类是“自由自觉”的存在物。人也只有发展到“自由人格的联合体”形态，才是对人的本质的真正占有，也是人向自身的真正复归。而且，也只有人在真正占有人自身的条件下，才会与自然建立起真实的同一性关系。正如马克思所言，“这种共产主义，作为完成了的自然主义，等于人道主义，而作为完成了的人道主义，等于自然主义”②。马克思是从人的发展的视角出发，或者说从人与社会的发展历程的广阔视野去研究人与自然的关系。人原本与自然有着原始的、天然的同一性关系，从本体论意义上看，人源出于自然。人的本性也就是自然的本性。但人在自身的发展过程中，随着人类劳动生产活动的发展，人不断地生成着人性的内涵，而逐渐地远离自然。那种天然的原始同一性在不断瓦解，而新的同一性在不断生成。这种新的同一性是通过人的实践活动完成的。人的实践活动既是一种分化自然、生成人性的过程，也是在人性发展到一定阶段后人与自然统一的过程。也就是说，人的实践本性使人的活动既是一种本能活动、自然活动、生命活动，是“自然的、肉体的、感性的、对象性的存在物，和动植物一样”③具有自然需要，同时也是一种非本能活动、超自然活动以及超生命活动，即“人把自身当作现有的、有生命的类来对待，当作普遍的因而也是自由的存在物来对待”④。人是“通过改造对象世界，证明人是有意识的类存在物”⑤，使人成为“人的自然存在物”。

马克思的思想实际上也就是一种广义的“类伦理”，一种实践伦理观。人通过其实践活动超越了自然的生命限定，创造了人的生命价值，但人的生命价值的实现又不是一个孤立的过程，是通过借助自然的本能力量而实现人自身的生命本质。人在实现自身的生命价值的过程中，又实践着“生命类化”的过程，即人也表达了自然的生命意识、生命价值，这也就是人对自然的伦理品格。在这个意义上，人对人的本质的占有，也就是人对自然本质的占有。人的“类存在”就不仅是为人的存

① 《马克思恩格斯全集》(第23卷)，人民出版社1972年版，第649页。
② 《马克思恩格斯全集》(第42卷)，人民出版社1979年版，第120页。
③ 《马克思恩格斯全集》(第42卷)，人民出版社1979年版，第167页。
④ 《马克思恩格斯全集》(第42卷)，人民出版社1979年版，第95页。
⑤ 《马克思恩格斯全集》(第42卷)，人民出版社1979年版，第96页。

在，而且是人的尺度与自然的尺度统一的存在方式。这种人与自然新的同一性状态的获得只能是实践的，而不会是其他方式的。

（该文刊于《社会科学战线》1998 年第 3 期）

环境伦理学中的“人”观

——一种马克思主义的“人类中心”观点

所谓环境伦理学中的“人”观，就是指在人与自然的关系中，人类所处的地位、作用及其所扮演的角色。反映在当代环境伦理学的理论内容中，主要表现为人类中心论与非人类中心论的对立。应当指出的是，人类中心论与非人类中心论的对立，是当前环境伦理学理论内部争论较为激烈的问题。其争论的实质在于：环境伦理学理论的出发点究竟是以人为本，还是以自然为本，由此形成了两种对立的观点，即主张以自然为本的“非人类中心论”观点，以及主张以人为本的“人类中心论”观点。如何理解其对立的实质，对于我们把握环境伦理学的理论性质十分重要。

一　人类中心论与非人类中心论的对立

以霍尔姆斯·罗尔斯顿、戴维·艾伦费尔德（David Ehrenfeld）等人为代表的非人类中心论认为，当今生态环境问题的凸现，以及人与自然矛盾冲突的加剧，缘起于人是宇宙万物主宰观念的作祟。它使得人类只关心人自身的存在和利益，而无视自然的存在与利益，仅把自然作为满足人类生存需求及欲望的占有物对待，这就必然在实践上导致了人类实践活动的无限度性和破坏性，瓦解了人与自然本然的“天人合一”的和谐状态，从而产生了当代生态环境问题。在非人类中心论者看来，这正是人类中心论观念导致的人类实践活动所带来的后果。因此，非人类中心论者主张，只有走出人类中心论、超越人类中心论，人类才能够建立起环境道德意识，并在实践上解决、协调人与自然的矛盾。美国生物学家艾伦费尔德就曾指出，以人类为中心的人道主义虽然也提倡保护自然环境，但却主张只保护其中对人类有用的、有利用价值的自然资源部分，而无视自然环境中其他非资源部分的存在。美国哲学家胡克（C. A. Hooker）也指出：“人类没有哲学所封授的特权。科学的最大成就或许就是突破了盛行于我们人类中的无意识的人类中心论，揭示出地球不过是无数行星中的一个，人类不过是许多生物种类中的一种，而我们的社会也不过是许多系统中比较复杂的一个。”① 海德格尔则更是明确地表示要“反对迄今为止的一切人类中心论”的观点。

可见，按照他们的主张，只有抛弃那种以人类利益作为唯一的、终极的价值尺度的人类中心论的观点，才有可能建立起新的价值尺度，即以人与自然界的和谐作为最高价值尺度的非人类中心论的观点。说得明确些，既要尊重人类自身的利益，也要承认自然界、生态系统的利益，并且，保护与维系自然界、生态系统的利益就是保护人类的生存条件，保护人类的切身利益。

当代人类中心论者面对非人类中心论发出的责难，仍然固守着人类中心论的立场。在他们看来，人类对于环境问题的反省，以及提出环境道德的要求，其实质还是出于人类自身的生存与利益的考虑，即人类的利益与价值高于一切。人类对非人类的动物、植物、有感知能力的生命存在物的关怀，以及主张保护、维系自然界、生态系统的稳定，其最终目的还是为了人类自己。“我们人类对环境问题和生态破坏负有道德责任，主要源于对我们人类生存和社会发展以及子孙后代利益的关心，非人类自然（尤指动植物）无所谓‘公共利益’，更谈不上辩识相互责任和相互尽义务。……人类保护自然是出于保护自己的目的。因为生态危机证明了人对自然做了什么，也就是对自己做了什么。”② 事实上，当代人类中心论者并不反对保护自然环境，只是认为坚持人类利益高于一切的原则和主张与保护自然环境、生态系统的稳定并不矛盾。毕竟，人类不可能不顾惜人类自身的利益而存在，人类更不可能离开自然环境而生存。因此，人类出于保护自身利益的考虑，也应当且必须保护人类赖以生存的自然环境，这是人类生存的前提条件。

---

① 〔美〕胡克：《进化的自然主义实在论》，载中国社会科学院哲学研究所自然辩证法研究室编《国外自然科学哲学问题》，中国社会科学出版社 1991 年版，第 70 页。

② 转引自叶平《人与自然：西方生态伦理学研究概述》，《自然辩证法研究》1991 年第 11 期。

从总体上看，当代人类中心论与非人类中心论的争论既有共同点，也存在分歧之处。就其理论共同点来看，双方都主张保护自然环境，维系自然界、生态系统的平衡，协调人与自然的关系，这是双方的共识之处。事实上，并不存在一种所谓的只是一味地强调人类利益高于一切，而毫不顾惜自然环境遭受破坏的、绝对的人类中心论思想。此外，就双方的分歧点来看，还存在着理论基础、理论原则的区别。当代人类中心论者主张一切以人为本，以人的存在与发展为最终目的，其理论基础是人本主义的。但就其理论原则来看却是功利主义的，主张以人类利益的取舍作为确立环境道德的唯一尺度。非人类中心论者主张以环境整体主义作为其最高目的，人类的环境行为必须以维护自然界、生态系统的整体稳定、和谐为最高目的，无疑其理论基础是自然主义的。环境整体主义要求依据人与自然相互作用的整体性为出发点，规范人类的环境行为既要有利于人类生存，又要有益于生态平衡。显而易见，非人类中心论的理论原则是一种超功利主义的原则，它所考虑的是自然界、生态系统的整体利益，而并非仅考虑人类自身的利益。因此说，这种原则要么是道义主义的，要么是准宗教式的。

二　“人类中心”思想的实质

进一步的问题是，我们是坚持人类中心论的观点，还是赞同非人类中心论的主张，抑或是提出有别于这两种观点的其他见解？问题的实质还在于如何理解“人类中心”的含义。“人类中心”思想由来已久，在古希腊著名的哲学命题“人是万物的尺度，是存在者存在的尺度，也是不存在者不存在的尺度”（普罗泰戈拉，Protagoras）的表述中，就已经隐含了这一思想萌芽。中世纪宗教神学把“人类中心”思想建立在“地球中心说”（克罗狄斯·托勒密，Claudius Ptolemaeus）的基础上，上帝授权人类以宇宙的“中心”自居，特许人类以利用、统治自然的权利，人类依靠上帝的授权，自以为是地接受了“人类中心”观念的默许。正如米夏埃尔·兰德曼（Michael Landmann）所指出，“正像宗教世界观使上帝成为世界的主宰一样，它也使人类在上帝的特别关照下成了地球的主人。宗教世界观并非只是神学中心论，它也是人类中心论。这并不构成矛盾”[①]。只不过“人类中心”思想的理论根据存在于宗教教义之中。

近代以来，随着启蒙运动的兴起，以及理性主义的张扬，使得人类不再寄希望外在于人的超人的宗教力量，而是转而向内求助于人自身的理性力量。如笛卡尔（René Descartes）所说，“借助实践使自己成为自然的主人和统治者”。“知识就是力量”这一名言表达了“人类中心”思想的精神宣言，而康德提出的“人为自然立法”则更是明确地把“人类中心”思想奠基在人类理性的基础上，使得“人类中心”思想获得了理性的支撑。于是，“人是万物的尺度”找到了理性的根据。按照这种理解，“人类中心”思想就是指一切以人为中心，以人为尺度，人类的利益与价值是判断和评价人类实践活动的最高尺度，人类的实践行为符合“人类中心”思想的目的和要求，这种行为就是“人道主义”的，否则，就是“非人道主义”的。非人类中心论所批评的“人类中心”含义也正在于此。

那么，该如何看待非人类中心论与当代人类中心论争论的实质，我们究竟应当采取何种立场？这与如何重新理解“人类中心”的思想实质有关，而理解“人类中心”的思想实质又取决于我们如何理解“人”。在我看来，无论是当代人类中心论还是非人类中心论，它们都没有走出“人”的困惑，仍然停留在一般的意义上孤立地、抽象地看待人。它们或者在传统伦理学的范畴内以利益的需求与满足来标识人的要求，或者在生态科学的领域内把人纳入自然界、生态系统中，以人的自然属性来定位人的位置。究其实质，这只是从人的个别特征、某一个侧面去理解人，而不是从人的发展、生成中去把握和理解人本身。双方共同的理论缺陷是在“人”的观念不变的前提下，主张坚持或反对“人类中心”的观点。而问题的实质在于，解决双方争论的出路并不在于是否要坚持或反对“人类中心”观点，而是在于如何重新理解“人”。也就是说，解决问题的理论逻辑在于怎样转变“人”的观念，而不是如何强调人或人类是否为“中心”的问题。因为，对于“人”的观念的理解决定着人是否能成为和怎样能成为“中心”的问题。

---

① 〔德〕米夏埃尔·兰德曼：《哲学人类学》，闫嘉译，工人出版社1988年版，第101页。

在存在论的意义上，人并不是宇宙的中心。茫茫宇宙，浩瀚无边，无所谓有无中心的问题。人类居住的地球只是太阳系中一颗普通的行星，而人类也只是地球上一种生命存在物，何以能妄自称为中心。在科学史上，克罗狄斯·托勒密的“地球中心说”曾经辉煌一时，后被尼古拉·哥白尼（Nicolaus Copernicus）的“日心说”所取代，而“日心说”也已被现代科学所证伪。现代宇宙学业已证明，宇宙中的星系之间仅存在着引力关系，并不存在哪一个星系是宇宙中心的问题，我们又何以能证明“地球人”是宇宙、世界的中心。即使是在地球上，人类也不过是众多生命形式中的一种，区别只在于人类有精神、自我意识，能意识到自身的存在。而其他的生命存在物虽然也与人类共存于地球上，却“意识”不到它们自身的存在。人类虽然能意识到自身的存在，但并不能就此表明人类就是存在的中心。说到底，人类与其他自然存在物一样，都只是“存在者”，而不是存在的中心，人类是否能成为中心的问题，是一个判断、选择的问题，而不是存在的问题。

在生存论的意义上，人类的“自我中心主义”并不等同于人类中心论。任何一种生命存在物，其存在的基本表现方式就是生存活动，生存活动是生命存在物满足生命需求的活动，通过需求的满足，生命存在物能够得以存在并延续其“物种”的生命形式。在这个意义上，任何生命存在物的生存活动都是以“自我”为中心的，以“自我”为中心就意味着“自我”的存在是人和生命存在物生存活动的最高目的。如果连“自我”都不复存在，又何以能有“中心”而言。因此说，任何生命存在物都是“自我中心主义者”。生物进化理论充分地证明了任何物种都是以“自我”的生存作为其生命活动的最高目的。人类作为一种特殊的“物种”也要维系人类的生命存在，延续人类这个“物种”的生存。显而易见，人类也是“自我中心主义者”。人类首先得生存并延续人类的生命形式，才会有所谓“人”的存在，离开人类的生存活动，“人”的存在便无从谈起。“自我中心主义”对于人类而言，既是人类本能的生存方式，也是人类基本的生存尺度。人类以“自我”为中心表明，人类的任何活动首先应当以人类自身的利益为重，人类不可能放弃自身的利益而先去关心其他自然存在物的利益。在生存论的意义上，人类以“自我”为中心既是合理的生存方式，也是应当的生存原则与尺度，更是人类生存的基本前提。所以，不能把“自我中心主义”

与非人类中心论所批评的人类中心论画等号，也不应当把环境问题归罪于人类“自我中心主义”。

由此说来，在存在论的意义上，并不存在人类是否为中心的问题，人类中心论所指的“中心”并不是一个有关空间、实体范畴的概念。在生存论的意义上，人类也只能是以“自我”为中心，这是人类最为基本的生存方式。人类通过“自我中心化”的活动，获得了人自身的存在方式。“自我中心化”对人类的生存而言是不可超越的，否则，人类将丧失其存在的基础。这表明，在生存论的范畴内也没有必要讨论是否坚持或反对人类中心论的问题。

三　我们坚持何种“人类中心”观点

我认为，环境伦理学应当坚持一种“人类中心”观点，这种观点既不同于非人类中心论所批评的人类中心论，也不同于当代人类中心论的见解。问题的关键还在于应当如何理解“人类中心”观点中的“人”的观念，以及“人类中心”观点成立的基础。也就是说，如何理解“人”构成了“人类中心”观点的逻辑前提。

理解“人”离不开人的历史活动，否则，只能把人抽象化、凝固化，而不能真正把握住人的本质。非人类中心论以及当代人类中心论的理论缺陷也正在于此。它们只是从人的某一个侧面出发，要么强调人的自然属性的重要性，要么将人的某种欲望和要求加以夸大，而不是从人的发展和生成中去把握人自身的本质。只有马克思正确地揭示了人的本质，以及指出了从人的存在形态的历史发展中去理解人自身，理解人与自然的关系实质，理解“人”离不开理解自然，只有在人与自然的关系中，才能真正地理解人自身。这正是马克思的“三形态”理论所表达的内容，也是我们把握“人类中心”观点的理论基点。

按照马克思的看法，“人的依赖关系”是人与自然关系的最初形态，由于人刚从自然界分化出来，对抗自然的能力十分有限，只能以群体的方式与自然抗衡以求得自身的生存。所谓“人的依赖关系”意味着人对人的依赖关系实质上就是人对自然的依赖关系，在这种关系中，人与人的依赖关系是以人的“自然性”为基础的，同时，人与自然的依赖关系又是以人丧失其独立性为条件的。表现为人既在实践上与自然构成一种生存依赖关系，也在意识中本能地依恋于自然。也就是说，人是把“人”作为自然的组成部分看待的，在这种关系中并不存在所谓的“人类中心”问题，而是人以群体性的方式表达的一种对自然的依赖关系，其实这只是一种本能的“自然中心”观念。

“以物的依赖性为基础的人的独立性”是人自身发展的“第二大形态”。一方面，随着人的独立性不断增强、个体意识进一步确立，人与人的关系逐渐走向分化状态；另一方面，个体意识的确立以及个体化生存方式的形成，也使得人类摆脱了对群体的依赖，瓦解了人与人的自然性的纽带关系，从而也就消解了人对自然的依赖关系。人不再把自己看作自然的组成部分，而是看作一个独立的“自我”而存在，这才会有所谓的“人类中心”问题。“人类中心”的含义在此意味着普遍的个人成为主体，人是以个体化的、独立的“自我”为中心，而把他人、自然视为非我的对象性存在、为我的存在。这就是人的“个体本位”的存在方式，人以“个体”为“本位”而排斥他人的存在，无视自然的存在，以牺牲他人、自然的利益来获取“自我”的利益。进一步说，人对自然的关系实质上就是人对人的关系，人对自然的所作所为反映的是“自我”同他人的关系。当代环境问题、全球性问题的出现显然与“个体本位”的人的存在状态直接相关，人抛弃了本能的“自然中心”观念，而把个体化的“自我”作为中心看待。在实践上自然是人的利益需求的占有物，在观念上自然又作为人的对象性的存在。可见，不走出人的“个体本位”阶段，也就不可能真正解决人与自然的矛盾，只有当人自身发展了，人的存在形态改变了，才会有人与自然关系的和解。

人的“自由人联合体”是马克思所说的“第三个阶段”。由个体化的“个体本位”发展到“自由人联合体”是人的发展的必然性过程，这是由人的“类特性”所决定的。在马克思看来，人之为人的根本特性就在于“人的类特性”，“人的类特性恰恰就是自由的、自觉的活动”①。当人的发展由以“个体”为“本位”发展到“自由人联合体”阶段，即以“类”为“本位”阶段，人的观念就已经发生了转变，“人”不再意味着“人类自我”，而是一种“大写”的“人”，以“类”

---

① 《马克思恩格斯全集》（第42卷），人民出版社1979年版，第96页。

为“自我”的存在状态，“类”既指称人类自身，也容涵了自然于其中。在此，“人”就是意指人的世界，在实践上人是把自然作为人的“无机的身体”对待，而在观念上人又将自然内化为“自我”的意识内容。于是，自然进入了人的世界，并由此结成了人与自然的一体化关系，即所谓人与自然的同一性关系。

在这个意义上，才有所谓真实的“人类中心”问题，才是环境伦理学理论范畴内我们应当坚持的人类中心论。这种人类中心论的实质就在于，人是以“类”为中心的，把人与自然的同一性作为“类活动”的最高目的。它既超越了人类以“群体”为“本位”的本能的“自然中心”观念，也消解了以“个体”为“本位”的功利性的“人类自我”中心的观念，从而在“类”的活动中实现人与自然的同一性关系。当然，这种人类中心论的实现还有待于人的发展，有待于走出“个体本位”的人的存在形态。其实，当人类还处在以“个体”为“本位”的今天，无论我们是主张坚持人类的利益高于一切，还是主张人类与自然界的协调发展，都无法真正地解决全人类利益与地区利益、局部利益的矛盾。但人类自身的矛盾还没有解决好，又何以能解决好人与自然的矛盾冲突？

问题已十分清楚，出路还在于通过人自身发展去改变人与自然的不合理关系，并把这种活动变成人的一种自觉的、有意识的活动。而且，正是由于人是“类存在物”决定着人的发展就是一种自觉的、有意识的主动性过程。诚如马克思所说：“人是类存在物，不仅因为人在实践上和理论上都把类——自身的类以及其它物的类——当作自己的对象；而且因为——这只是同一件事情的另一种说法——人把自身当作现有的、有生命的类来对待，当作普遍的因而也是自由的存在物来对待。”[①] 随着人自身发展的历史进程，人类已经意识到人与自然之间对立关系的存在，并开始自觉地反思这种对立关系的不合理性，进而在人自身的发展中去自觉地改变人的现存状态，以期在人的未来发展中建立一种新的人与自然的合理性关系。这才是一种真实的、关于自然的人道主义态度，也是人类中心论展开、实现的过程。

进一步的问题是，我们是在何种意义上主张这种人类中心论，其基

① ［德］卡尔·马克思：《1844年经济学哲学手稿》，人民出版社1985年版，第52页。

础在于什么？在我看来，这种人类中心论的基础在于一种价值论。这意味着人只有把自身的本质作为一种价值存在看待时，才会有所谓“人类中心”问题，“人类中心”指当且仅当人是价值存在物时，人才能是以“类”为中心。人作为一种价值存在物是把人自身的本质作为价值目的看待，从而去追求这种价值目的的自我生成、自我实现的过程。“中心”则意指人的价值活动既是一种“为我”的活动，把一切“它物”对象化为“为我”的存在；同时，它也是一种“为它”的活动，把人的自我外化为它物，变成为它的存在。人能够成为价值存在物并展开其价值追求活动是由人的“类本性”所决定的，人的价值活动所实现的其实是一种“类价值”，即把人与自然的同一性作为最高价值目的的价值取向。

以人的价值的实现作为“人类中心”的基础，是一种合理的人道主义态度。传统的人类中心论观点是一种绝对化的人道主义，主张人的一切行为活动的准则皆以人为最高尺度，符合了人的尺度，人的行为就是合理的，反之就是不合理的。应当说，这是一种把人的价值加以绝对化的人道主义态度。当代人类中心论坚持一种扩展的人道主义态度，既坚持以人的尺度作为最高尺度，但也要合理地兼顾物的尺度（自然的尺度）。只不过它所谓的物的尺度只是作为外在尺度而对人的尺度加以制约和限定，其实质是一种功利主义的人道主义。功利主义的态度无法解决两个难题。其一，功利主义难以拒绝“人类万能论”的诱惑。只要是人类能够做到的事情，功利主义态度并没有做出明确的拒绝态度，凡是人类能做的，只要是对人有利的就是合理的。而问题在于，并非是人类能做的就一定是合理的。其二，功利主义并不能完全决定人类是否认同物的尺度。因为人类既可以出于人类整体利益的考虑而认同物的尺度，也可能出于人类的地区利益、局部利益以及个体利益的考虑而不肯认同物的尺度。功利主义的态度虽然试图以人类利益的让步来达到一种普遍的“自然人道主义”，但实现这种人道主义并不完全取决于某种利益的取舍，局限于利益的取舍其实只是体现了人的需求的满足及其实现的程度与否。对自然而言并不具有道德意义，它无非表达的是人在某一特定存在阶段所体现出的物欲需求与利益选择程度，而自然并不会做出“选择”，更不会有所“要求”。

总之，只有超越功利主义态度，以人的价值的实现作为“人类中心”的基础，才是一种可取的人道主义态度。超越功利主义并不完全是一种态度的转变，而是对人自身的超越，超越特定的人的存在状态，在人的发展、生成中，在人的存在方式的转变中完善人本身，充实人的自我，拓展人的世界，实现“类价值”，这正是马克思给我们的启示。

（该文刊于《吉林大学社会科学学报》2001年第4期）

论人对自然的“伦理性”关系

探讨人对自然的“伦理性”关系，显然不同于探讨人与人的伦理关系，人与人存在伦理关系是一个不证自明的事情，而人对自然是否存在“伦理性”的关系，就需要我们进一步地探讨和研究。进一步说，当我们要从理论上探究人对自然的“伦理性”关系时，我们就必须要解决以下两个基本问题：第一，人能对自然有“伦理性”关系吗？自然本身并不能作为道德主体而存在，人又何以能与非主体的自然建立起“伦理性”的关系？第二，人怎样才能对自然有“伦理性”的关系？我们是在何种意义上说人能对自然有“伦理性”的关系？这种关系究竟是一种实存关系，还是一种应然关系？对于上述问题的研究和解决，也将决定着我们如何把握和理解环境伦理学的理论实质。

一 人能对自然有“伦理性”关系吗

按照一般的看法，伦理学的理论对象是不包括自然在内的，唯有人才是伦理学研究的理论对象。任何一种伦理学的理论出发点、理论范畴以及理论内容都是围绕着人与人、人与社会的关系而建构的，是以人为本的伦理学。人既是伦理学唯一关切的理论对象，同时也是承诺和践履其道德责任、道德义务的道德主体。如果我们在这个意义上称之为传统伦理学，显然这种伦理学是与自然毫无关联的。虽然它在表达人与人、人与社会的道德关系上具有现实的合理性及其实践功能，但是它并不能表达和反映人与自然的道德关系。传统伦理学并不否认自然的存在，只是不承认人应当对自然承担道德义务，拒斥自然进入人的道德领域。康德就曾经指出过，伦理学本来只与人对人的义务有关。环境伦理学的创始人之一法国思想家阿尔贝特·史怀泽（Albert Schweitzer）也不无深刻地批评道：“哲学想保留这样一种伦理学，它要以一种清楚的、理性的、不过分的要求规定人对他人和社会的行为。”① 这就使得我们无法在传统伦理学的理论框架内确立有关自然的道德根据与原则，当然也就难以坚持这种传统伦理学了。

以“新的伦理学”自居的当代环境伦理学，看到了传统伦理学面对当前环境问题所存在的理论局限性，提出了重新理解人与自然的关系，将伦理学的理论范畴从人与人、人与社会的关系扩展到人与自然的关系，试图使自然进入人的道德领域，成为伦理学研究的理论对象。应当说，这是一种新的理论视角。它给我们提出的理论问题就是：作为伦理学的理论对象应当是具有道德主体的资格，而自然并不具备道德主体的资格，又何以能成为伦理学的理论对象。换句话说，自然应以何种“身份”才能成为人所关切的道德对象。

任何一种伦理学的理论，从其理论出发点来看都应当是一种人本主义伦理学，即只有人才能符合作为道德主体的资格。作为道德主体必须具有自我意识，能够意识到自身的存在，知道自身的存在状况如何并且能够自主地活动，在活动中能够理智地承担道德责任，按照一定的道德原则践履其道德义务，使其活动呈现为一种自觉的、有意识的活动。按照这种理解，只有人才能作为道德主体，作为道德主体的人，既要确立起合乎社会要求的道德规范、原则，又要在其实践活动中遵从这些道德规范与原则，使之能转化为道德主体的道德责任和道德义务。除此之外，任何其他存在（物）都不具备作为道德主体的资格，它们既不能“知道”自身的存在，也不能任何他物“承诺”什么，更不会“提出”任何道德权利的要求。因此说，任何其他存在（物）在一般的意义上都不能作为道德主体而存在。

环境伦理学就其理论出发点来看，是要表达和反映人对自然的“伦理性”关系。在这种关系中，人具有双重身份，既是道德的施与者，同时也是道德的承受者。因为不论人对自然这种“伦理性”关系的性质如何，最终都要反馈到人身上，表达的是一种对人的关系，只不过这种关系是通过对自然的“道德投影”所反映出来的。自然只是具有单

---

① 〔法〕阿尔贝特·史怀泽：《敬畏生命》，陈泽环译，上海社会科学院出版社 1996 年版，第76页。

一的“身份”，它不能作为道德的施与者，自然本身不会“主动地”向人显现其道德“身份”，而只能是作为道德的承受者经由人来表达和确证其是否具有道德“身份”。

西方环境伦理学确证自然的道德“身份”的理论思路表现在两方面。其一，夸大“人”的自然属性，把人降格为普通的自然存在物，在生态学的意义上视人为自然界中一个“不安定”的普通成员。“当人类进入自然舞台时，他们在这方面应遵循大自然。个体的福利即由那个创生万物的共同力量所促成，又从属于后者。”① 其二，主张提高自然的地位，声称自然也有其“主体性”，也能够作为道德主体与人共享道德的权利。“毫无疑问，生态系统所成就的最高级的价值，是那些有着其主体性——这种主体性存在于脊椎动物、哺乳动物、灵长目动物、特别是人类之中——的处于生命金字塔上层的个体。”② 显然，西方环境伦理学的理论思考其实是一种自然主义的理论路数，纯粹从生态学出发来看待人类的地位与作用，以取消人的道德主体地位来达到一种与自然在生态学意义上的“平等主义”。显然，这并不是一种可取的理论态度，因为这种“平等主义”并不等同于“道德平等主义”。

在我看来，自然能否进入人的道德领域，具有伦理学的意义，在于我们怎样去重新理解和审视“自然”的观念，以及如何去建构这种新的人与自然的关系。西方环境伦理学实质上是在两种含义下把握自然的观念的。“它或者是指由世界万物及其所有属性构成的完整体系，或者是指事物在没有人干预下所应处的状态。”③ 在第一种含义下，自然不具有伦理学意义。因为面对这种自然，人所能做的只能是“遵循自然”而别无其他选择，人的一切行为和准则都必须参照自然的“律令”行事。“与其他动物一样，人这一动物似乎也服从现今的所有自然律。”④ 在第二种含义下，自然也不具有伦理学意义。依照马克思的看法，“被

① 〔美〕霍尔姆斯·罗尔斯顿：《环境伦理学》，杨通进译，中国社会科学出版社 2000 年版，第 253 页。

② 〔美〕霍尔姆斯·罗尔斯顿：《环境伦理学》，杨通进译，中国社会科学出版社 2000 年版，第 259 页。

③ 吴国盛：《自然哲学》（第 2 辑），中国社会科学出版社 1996 年版，第 531 页。

④ 〔美〕霍尔姆斯·罗尔斯顿：《环境伦理学》，杨通进译，中国社会科学出版社 2000 年版，第 45 页。

抽象地孤立地理解的、被固定为与人分离的自然界，对人来说也是无。”[①]“无”不等于不存在，只不过是一种无意义的存在。毕竟，自在的自然对人来说并无善恶可言，离开人的历史的、现实的实践活动，自然本身并不存在有无意义的问题，意义只能在对人的关系中生成，并以对人意味着什么作为其意义的内涵。

事实上，如果我们将自然理解为事物的集合，这只不过是将自然对象化为“自然物”，我们只能把握到关于“自然物”的知识，而不能把握到关于“自然物”的道德根据。即便是我们视自然为自在的存在，它也不会“有目的”地给我们提供其存在的道德根据和原则，更不会“有意识”地充当人类的道德牧师。无疑，任何将自然实体化以及视自然为自在存在的看法，都无法解释自然何以能具有伦理学意义的问题。显而易见，从自然“是什么”的事实判断中我们难以找到关于自然的道德根据，只能转换理论视角，从自然“应当是什么”的判断出发去寻找和建构关于自然的道德根据，这才是一种内蕴着道德判断的理论态度。这种理论态度就是：自然应当是对人意味着“应当是什么”，而不是自然本身“是什么”。

自然“应当是什么”，换句话说，自然是否具有伦理学的意义，其根本点在于应当将自然理解为一种“活的”存在，而不是理解为“死的”存在。这里所谓“活的”存在并非意指自然是一种精神性的存在，而是在马克思的自然的人化、人的本质对象化的意义基础上使用的。马克思十分注重从理解人的存在和发展中去认识自然、把握人与自然的关系。在马克思看来，一方面，人是“自然存在物”，具有其自然性的特征。“人直接地是自然存在物。人作为自然存在物，而且作为有生命的自然存在物，一方面具有自然力、生命力，是能动的自然存在物；这些力量作为天赋和才能、作为欲望存在于人身上。”[②] 人的自然性表达的是以人的生物本能为基础的人对自然的天然的依赖性关系，人的自然性并不代表人的本质属性，它只是体现了人作为自然存在物从属于自然的一面。“人来源于动物界这一事实已经决定了人永远不能完全摆脱兽

---

① 《马克思恩格斯全集》（第42卷），人民出版社1979年版，第178页。

② 《马克思恩格斯全集》（第42卷），人民出版社1979年版，第167页。

性，所以问题永远只能在于摆脱得多些或少些。”[1] 另一方面，人还是“社会存在物”，具有其社会性的属性，它是人在其实践活动中所结成的个体与群体、社会的交往性关系，“它是一切社会关系的总和”，这种社会关系只为人类社会所特有。自在的自然无所谓有无“关系”，“凡是有某种关系存在的地方，这种关系都是为我而存在的；动物不对什么东西发生‘关系’，而且根本没有‘关系’；对于动物说来，它对他物的关系不是作为关系存在的”[2]。关系的存在总是对人而言的，是在社会中生成的。因此，人的社会性才是人的本质属性，而人的自然性只是作为社会性的基础而存在。

人作为这样一种双重性的“存在物”，其存在与发展就不是一个孤立的、抽象的过程，而是与自然存在着密切的交互性关系，表现为人的本质的对象化与自然的人化是同一个过程。人类通过其自身的实践活动，将人的本质对象化于自然之中，改变自然使之成为“人类学的自然界”，表征着人的自我确证；此外，人的自我确证又必须依靠、借助于自然的潜在力量，在改造自然的过程中表达和实现人的自我确证。这样看来，人的存在与发展就不是一个远离自然的过程，而是更加贴近于自然、深入自然的过程。正如马克思所指出，“自然的人的本质只有对社会的人说来才是存在的，因为只有在社会中，自然界对人说来才是人与人联系的纽带，才是他为别人的存在和别人为他的存在，才是人的现实生活要素；只有在社会中，自然界才是人自己的人的存在的基础。只有在社会中，人的自然的存在对他说来才是他的人的存在，而自然界对他说来才成为人。因此，社会是人同自然界的完成了的本质的统一，是自然界的真正复活，是人的实现了的自然主义和自然界实现了的人道主义”[3]。马克思的这段话表达了两层含义：其一，人类通过自身的实践活动，既创造着人化的自然，也创造着人本身和人类社会，人也正是在其实践活动中通过改造自然获得了人的存在方式，同时，也确证了人自身的存在。其二，人与自然关系的解决只能是在人的社会性的意义上、而不是在自然性的意义上实现的。这是我们理解环境伦理学的理论实质

---

① 《马克思恩格斯全集》（第 20 卷），人民出版社 1973 年版，第 519 页。

② 《马克思恩格斯全集》（第 1 卷），人民出版社 1972 年版，第 35 页。

③ 《马克思恩格斯全集》（第 42 卷），人民出版社 1979 年版，第 122 页。

的根本所在。

可以说，马克思的关于人的本质对象化、自然的人化的思想实质就是一种广义的环境伦理思想。它表达了这样一种思想实质：人只有把自在的自然转变为“属人”的自然，使之成为人的内在的“无机的身体”，人才能把自然当作“人”来对待，自然才能以“人”的身份进入人的道德领域而具有了伦理学的意义。由此，人对自然的关系其实已经转化为人同人、人同自我的关系，因为自然已经内化为“人性化”的存在，人对自然所采取的任何态度以及行为方式，都意味着一种对人的态度和行为结果。按照这种理解，所谓人对自然的“伦理性”关系，它所要表达的就不是人同对象化存在的自然之间的关系，而是表现为作为道德主体存在的人同人、人同自我的关系。在此，自然虽然不能作为独立的道德主体而存在，但是它已经内化为道德主体——人的组成内容，即自然成为人本身，转变为“活的”存在。

二　人怎样才能对自然有“伦理性”关系

当我们在理论上承诺了人对自然存在有“伦理性”的关系，进一步的问题就是：我们是在何种意义上以及怎样生成这种“伦理性”的关系？它究竟是一种实存关系，还是一种应然关系？

西方环境伦理学看到了人类实践活动的无限度性与有限性的矛盾，以环境整体主义为其理论出发点，强调“生态系统的美丽、完整和稳定”，主张在生态学的意义上限定人类实践活动的程度，约束人类的实践能力，以此作为人类环境道德的规范。

无疑，强调环境道德的规范作用具有一定的合理性，它指出了人类实践活动的条件性和有限性，人类的实践活动不应超越其条件的限定，否则这种实践活动就不是一种理智的、合理的行为，而是一种非理智的、破坏性的行为。但是，如果一味地强调环境道德的规范作用，把这种规范作用理解为生态学意义上的限定、约束作用，就把问题简单化了，这只是看到了人类实践活动的否定性一面。

不可否认的是，人类的实践活动是以否定自然为其基本活动方式的，否定自然既是人类得以存在的前提条件，也是人类实践活动的基本形式。从人类现实的实践活动过程来看，人类通过否定自然获得了人类现实的生存环境及其活动方式。这里，所谓“否定自然”并不完全等同于破坏自然的含义，否定自然只是意味着使自然非自然化，让自然“是其所不是”，成为“属人”的、人性化的存在。而破坏自然只是否定自然的一种特定的活动方式，即破坏了实践活动条件性的否定自然的过程。因此说，破坏自然并不能代表人类实践活动的全部过程和性质，它只是反映了在人类实践活动的一定历史阶段，人类的一种特定的活动方式。

从人类实践活动的过程性来看，否定自然作为人类实践活动的基本过程，只是表达了人类对待任何事物都是从“人类自我”出发，将一切外在于人的任何事物转变成“为我存在”的过程。否定自然就是否定自然的自在性，使其向着“为我”的方向发展。此外，人类实践活动还具有开放性、肯定性的一面，即肯定自然的过程。肯定自然的含义不等同于“遵从自然”，“遵从自然”是以消解人的主体性、泯灭人的能动性为代价的。肯定自然也不意味着人与自然的直接同一，而是一种否定性的肯定，是否定性的同一过程。它表明：人只有把自身的本质对象化于自然之中，否定自然的自在性，才能把自然变成“属人”的、肯定性的存在，从而使得自然的本性得以展现和表达，即自然在人身上“表达”了它内在的本质和潜能，这就是所谓否定性的肯定，也就是实践活动的开放性。

正是由于人类实践活动这种肯定自然与否定自然的二重性特征，表征着人的存在不仅是一种“为我”的存在，而且还是一种“为他”的存在，既考虑“人类自我”的存在，也深蕴着一种对自然的内在的关切。于是，问题的出路就不在于如何限定人类的实践活动，从外部去寻找环境道德的根据，而是在于怎样去发展人、完善人自身、发挥实践活动的开放性，从人本身去生成、建构这种环境道德的根据。

从人类实践活动的二重性理解人自身，人是一种集自然性与“超自然性”于一身的特殊的生命存在物。人作为一种自然性的存在，是一种生命存在物，凡是生命存在物具有的任何特征人也都具备，否则人便不能生存。动物就是一种生命存在物，对动物来说它的存在就是它的本质。它的本质是先在的、自然给定的，动物的生命过程只不过是按照既定本质的实现过程，因此，动物无法超越自然给定的本质，它只能按照本质的规定去完成生命的历程。人从其自然性的方面来看，也要受到自然的限定，自然限定了人作为一种生命存在物不会超越自然规定的生存尺度，这种生存尺度就是人的生命活动的生存界限。显然，我们无法在人的自然性的意义上生成人对自然的“伦理性”关系。因为，人作为生命存在物与自然构成的是一种生存依赖关系，只能是按照自然规定的生存尺度去适应环境，以依赖环境获得人自身的生存方式，保持人作为生命存在物的延续，而不能改变人作为生命存在物受制于自然的生存命运。在此意义上，与其说保护生态环境，倒不如说保护人这个生命“物种”。

如果人只是满足于人的自然本性，甘愿承受这种命运的安排，那么人也就无异于动物，只能听命于自然的主宰。但是，人作为人恰恰又不完全是一种自然性的生命存在物，同时也是一种有意识的生命存在物，不甘心受制于自然而是要超越自然的限定。人的实践本性决定了人并不以现实的自然作为人类的生存限度以及人类未来的宿命，而是要创造人的生存环境、改变自然的规定性、发挥人自身的力量，在人自身的发展中寻求人与自然和谐的、合理的同一性关系，这就是所谓人的“超自然性”。它并不是游离于人的实践活动以外的某种“超人”的性质，它就是来自于人的实践本性，是人在其实践活动中所生成的人自身的性质。并且，人的自然性与“超自然性”在人的实践活动中是一个不可分割的统一过程，人的实践活动就是一个由人的自然性不断地走向人的“超自然性”的过程。当然，人的“超自然性”的生成是以人的自然性为基础的，没有人的自然性，人的“超自然性”就无法生成；而人如果不能超越其自然性，也就不能称之为人，而只能是与动物为伍的普通的自然存在物。

所以说，从人的“超自然性”来看，人也是一种“超生命”的存在。人作为“超生命”的生命存在，就不再是逆来顺受地由环境来主宰生命，而是要创造生命存在的环境，让环境从属于生命本身。可见，人的“超自然性”体现的是人抗争自然、超越于自然的本性所在。

人作为自然性的存在，生存就是其生命活动的价值，但这种生存只是一种有限的存在，其有限性就在于生命的界限就是存在的尺度。而人作为“超生命”的存在，其生命活动则是一种超越生命界限的、开放性的活动，生命的界限并不是存在的边界，而只是作为存在的基础和起点。进一步说，人作为“超生命”的存在，其生命存在的价值并不在于维系生命的延续，而是在于通过生命活动去创造生命存在的意义。具体说来有两层含义：其一，通过人的生命活动，不断地生成和超越人的自然生命的内涵，此即人的本质的自我生成、自我实现的过程。这种过程不是一种保存“人种”的生存活动过程，保存“人种”只是一种“物种主义”的生命观。其二，通过人的生命活动，揭示自然存在的意义。即通过人的生命活动彰显自然存在的本性，使之呈现为一种有意义的、具有“生命价值”的存在，这也就是所谓生命“创造生命”的过程。“创造”实质上表征的是创造“价值生命”，而不是“种生命”。这种思考实际上已经超越了生物学意义上的生命观，而是在哲学意义上表达的一种普遍的、广义的生命观。其实，这也正是环境伦理学的理论基础。

如此看来，人作为“超生命”的存在，也就是一种“价值生命”的存在。作为“价值生命”存在的人，其价值追求表现为既要实现人自身的价值追求（人的本质的自我生成），也要表达和展现自然的“生命价值”，这是同一个过程。这里，所谓自然的“生命价值”，就是指通过人的生命活动所挖掘、生成的自然的本性所在，也是自然“意欲”通过人要展现的本性。自在的自然虽然也具有生命特征，但这只是生物学意义上生命现象的表达，如果说有价值的话，那也只是一种生存价值。而所谓的“生命价值”，则是在价值论的意义上表达的一种超越自然本能生命的一种新的“生命”特征，是由人所创造和生成的。说到底，这种通过人的“超生命”活动所创造的自然的“生命价值”，也就是我所谓的人对自然的“伦理性”关系。这种关系既是人与自然现实的生存关系的理论反映，也是一种以“价值性”关系为基础的关于自然的人道主义的理论关怀。

当然，这种“伦理性”关系的生成还有待于人自身的发展，只有当人自身的问题解决了，人与自然的矛盾才有解决的可能性。在某种意义上说，这其实就是一个问题。真实的环境伦理学理论并不需要从人以外去寻找某种外在的道德根据，这种道德根据就内蕴在作为“价值生命”存在的人的价值本性之中。归其一点，人对自然“伦理性”关系的生成，只能是从人本主义生长出人道主义，而不会是从自然主义达到人道主义。

（该文刊于《社会科学战线》2002 年第 4 期）

西方环境伦理学的理论误区及其实质

环境伦理学作为对环境问题的理论反思，其理论宗旨是要超越“传统伦理学”的理论局限，建构起独立的、合理的以及符合环境道德要求的理论体系。在这方面，西方学者做出了一定的努力，进行了深入的研究并建立了相应的理论体系。但从总体上看，他们的研究还存在着一些理论上的误区。以笔者之见，主要存在着三种理论误区，即自然主义的理论基础、错位的道德原则以及博爱主义的理论根据。

一　自然主义的理论基础

所谓自然主义的理论基础是指，在西方环境伦理学的理论研究中，主张以生态价值（或自然界的价值）作为其理论基础，承诺自然界及其生态系统具有其内在的价值，这种价值的基础在于自然界的内在结构以及生态系统的关系特性。换句话说，自然界内部的结构特征，以及生态系统内在的相互依赖关系特性就是它们的价值表现。

而且，在他们看来，生态价值的存在与否并不取决于人的评价，它就是自然界内在具有的本性。美国环境哲学家霍尔姆斯·罗尔斯顿就认为，生态价值是自然界本身拥有的自在的价值，它的存在与否与人的评价无关紧要，而是由自然界本身的进化状态和生态系统所支撑和维持的。“生态价值对人的价值体验施加着积极的影响。但它们似乎仍是独立于此时此地的人而存在那里的。大自然是一个进化的生态系统，人类只是一个后来的加入者；地球生态系统的主要价值在人类出现以前早已各就其位。大自然是一个客观的价值承载者。人只不过是利用和花费了自然所给予的价值而已。”[①] 说到底，价值对自然界而言，就是其内在具有的本性。

应当看到，西方环境伦理学虽然承诺自然界及其生态系统的价值性，并力求以此作为环境伦理学的理论基础。但问题在于：它所谓生态价值究竟意味着什么，是否存在这样一种生态价值？在我看来，它所谓生态价值的主张以及关于环境伦理学理论基础的看法，存在着以下三点理论不足。

首先，它混淆了价值与存在的关系。它所声称的生态价值其实指的是自然界及其生态系统的实在性、存在状态，而反映的则是它们之间的事实性关系。实质上，这是以自然界及其生态系统内在的事实性和相互依赖关系充作价值性和价值关系，直接地将存在的事实性等同于存在的价值性。其失误之处就在于：这种看法是将生态科学领域的事实性关系直接地等同于哲学范畴的价值性关系，只是在生存论的意义上表达了自然界及其生态系统内部的结构性特征和事实性关系。

其次，忽视价值的属人特征，主张生态价值是内在地自足的。无论人是否承认其价值性，它就是自在地存在着。简而言之，自然界的价值是自足的，而不完全依靠人的评价。“某些价值是已然存在于大自然中的，评价者只是发现它们，而不是创造它们，因为大自然首先创造的是实实在在的自然客体，这是大自然的计划；它的主要目标是要使其创造物形成一个整体。与此相比，人对价值的显现只是一个副现象。”[②] 在他们看来，自然本身既有与人类的需求和利益相关的“外在价值”，也有其本身内在就具有的、与人类的需求和利益相关性不大的“内在价值”。

最后，主张环境伦理学得以存在的理论基础，就在于自然界及其生态系统具有内在的价值性。也就是说，环境伦理学是以自然界及其生态系统的内在价值性作为其理论基础的。其理论逻辑在于：既然自然界及其生态系统与人一样都是“价值存在物”，那么我们就应当以道德的态度去关心它们，建立一种关爱自然的伦理学理论，而不再是仅把它们作

---

① 〔美〕霍尔姆斯·罗尔斯顿：《环境伦理学》，杨通进译，中国社会科学出版社 2000 年版，第 4 页。

② 〔美〕霍尔姆斯·罗尔斯顿：《环境伦理学》，杨通进译，中国社会科学出版社 2000 年版，第 159 页。

为“工具物”对待。在罗尔斯顿看来，自然界及其生态系统的内在价值是一种“自足的价值”，这种价值决定了它们具有“内在的善”，当我们面对它们时，我们就应当尊重这些具有内在善的存在物，从而使我们的行为具有了道德的意义。“我们遵循我们的所爱者，而对某个内在善的爱总是包含着某种道德关系。价值产生了义务。在这种价值论的意义上，我们遵循自然，并把它的价值列为我们所追求的目标之一；在这样做时，我们的行为是由自然引导的。”①

应当指出的是，我们并不反对自然界应当有其价值性，但不同意所谓内在价值的看法。毕竟，价值的存在只是一种关系特性，离开了关系的内涵，也就无所谓存在价值与否。价值的关系特性就在于，它是一种属人的、对人而言的关系性质。所谓自然界存在价值与否，只能是在对人的关系中表达出来，是一种关系性的价值。价值究其实质是人的主体性的本质特征，表现为价值既表达了人之为人的理想和意愿，也表达了人欲为人的目的和要求，即价值表达了人的主动性和目的性，价值活动也就是以人为尺度和根据的目的性活动。事实上，也只有人才是一种自足的价值存在物。当人把自身的本质当作人的追求目的时，人的本质就构成了人的价值取向，由此人也就成为自足的价值存在物，这就意味着：人既能够以人的尺度与物的尺度对人本身进行“为我”的评价，同时也能够以这种双重尺度对“他物”进行“为它”的评价，从而使“他物”变成“为我”的存在、属人的存在，也就是有价值的存在。

伦理学就其理论性质而言，是以价值论作为其理论基础的。环境伦理学的理论基础也应当受到价值论的支撑，离开价值的根基，也就不存在所谓的环境伦理学理论。但问题在于：我们是在何种意义上说，环境伦理学的理论基础在于一种价值论？笔者认为，我们应当从价值的关系性质去理解环境伦理学的理论基础。人的价值的实现不是一种孤立的、抽象的追求活动，虽然人的价值的目的永远指向人本身，但人的价值的生成却是在对物的关系中展开的。表现为，在人与自然界的现实关系中，人的价值的生成是在人与自然界的实践关系中表达出来的。也就是说，人必须依靠、借助于自然界的潜在本性和力量去实现人自身的目的

---

① 〔美〕霍尔姆斯·罗尔斯顿：《环境伦理学》，杨通进译，中国社会科学出版社 2000 年版，第 55 页。

和追求。人不依靠自然界的力量就无法实现人自身的目的与追求，人的价值无从表达；而自然界离开与人的实践活动的关系的性质，也无法展现它对人的价值生成的意义。在此意义上，自然界存在的价值就在于它是实现人的价值的“价值”。

换句话说，自然界对人来说既是一种价值坐标，反映了人的价值追求的尺度和程度；同时，也构成了人的价值的基础，它以“潜在价值”的形态支撑、维系着人的价值生成，并通过人的实践活动不断地将其潜在的价值转化为现实的、属人的价值。在这个意义上才能说，我们坚持了一种价值论意义上的环境伦理学。

二 错位的道德原则

所谓错位的道德原则是指西方环境伦理学从其理论逻辑来看，混淆了“是”与“应当”的逻辑矛盾，试图以生态科学的规律充作环境伦理学的道德原则。

“是”与“应当”的问题最早是由大卫·休谟（David Hume）提出来的，在休谟看来，对于道德行为来说，以理性为依据、以客观事实为对象的科学是无能为力的。科学的联系词是“是”或“不是”，而道德的关联词是“应当”和“不应当”，在“是”与“应当”之间是不可通约的，科学对“是”的把握并不能成为道德行为“应当”与否的原则。当代英国哲学家乔治·爱德华·摩尔则更进一步地指出了“是”与“应当”的逻辑矛盾，他把这种逻辑矛盾称为“自然主义谬误”。在他看来，在逻辑上不可能从“是”推论出“应当”，因为“是”指称着一种存在事实，而“应当”是一种价值选择。科学只能告诉我们“是什么”的问题，而不能告诉我们“应当如何”的问题。

西方环境伦理学一般不承认“是”与“应当”的区别，按照它们的看法，对自然“是什么”的描述与把握，等同于对自然“应当如何”的判断，而没有意识到二者是不等价的概念。美国环境哲学家罗尔斯顿就认为：“很难说在何处自然和事实停止了，在何处自然价值表现出来了。这种明显的是或应该的两分法已经成为过去，在此，价值似乎是与事实并存的，而价值和事实同样是系统的特征。”① 罗尔斯顿的理论逻辑是：既然生态规律充满着价值内涵，也就不存在事实与价值的区别，生态规律就等同于生态价值，所以也就构成了人类实践活动的道德原则。说得明确一些，生态规律与生态价值其实就是一回事，并无实质的区别。无疑，西方环境伦理学这种观点混淆“是”与“应当”的理论逻辑，将生态规律与生态价值混为一谈，其理论不足表现为以下两方面。

首先，它混淆了生态价值与生态规律的本质区别，以对生态规律“是什么”的把握充作为人类实践活动“应当如何”的道德原则。按照这种逻辑，只要我们认识和掌握了自然界的生态规律，以此作为我们的道德规范，就可以消除“是”与“应当”的理论鸿沟。其实，这只不过是将生态科学的问题与伦理学的问题混为一谈。事实上，它们是两种内涵完全不同的理论体系，不可同日而语。生态科学侧重于研究自然界的事实性关系，它的原则是尽可能地保持对自然界的客观性的解释；而环境伦理学侧重于探讨人类对待自然界的“伦理性”关系，它的原则是尽可能地让自然界贴近于人，纳入人的道德范畴，倡导人类对自然界保持一种体验的“深沉理解”（罗尔斯顿）。

不可否认的是，我们承认在“是”与“应当”之间存在着关联性，而不是截然不可通约的，只不过反对那种直接的、简单化的沟通方式。可以说，“是”与“应当”不是一种直接的等同关系，“是”一般不承诺道德价值，而“应当”也拒绝伦理学之外的任何非道德的“律令”。双方的沟通是通过中介来实现的，没有中介的转换作用就无法完成“是”向“应当”的转换。这种转换作用就在于：“是”必须承载着价值评价，即所谓的中介只能是以“价值中介”的形态出现，才可能完成“是”向“应当”的转换。也可以这样来理解，“是”既要指称着“是什么”，也要内蕴着“是什么”，对人“意味着什么”，这样，“是”才能具有价值意义。没有经过价值评价的“是”只是表达了关于对象的知识论把握，只有经过价值评价的“是”才能既内蕴着知识论的理解，又包含了价值论的承诺，才有可能完成由“是”向“应当”的转

---

① 〔美〕霍尔姆斯·罗尔斯顿：《尊重生命：禅宗能帮助我们建立一种环境伦理学吗?》，初晓译，《哲学译丛》1999 年第 5 期。

换，由真向善的过渡。

其次，以外在于人的物的尺度去规范、限定人的尺度，即以外在的非道德尺度取代内在的道德尺度。按此理解，人类对待自然界的实践活动“应当如何”的尺度，应从单一的人的尺度转向物的尺度（自然的尺度），并以此物的尺度作为道德规范来约束、限定人类的实践活动。它要求人类的实践活动只能囿于自然界为人类“划定”的生态圈中，人的一切行为尺度皆应以遵守生态规律为其戒律。只有这样，人的实践行为才是道德的，否则就是非道德的。

一般说来，在伦理学的理论范畴中，“规范”意味着一种约定俗成的社会道德系统，它要求人们承诺规范的尺度并遵从规范的内容，这种规范的尺度是内在的。所谓内在的是指，它是由道德主体——人共同制定的，并内化为道德主体的道德原则和行动准则。道德主体遵守其道德规范是自觉的意识行为，规范的强制性已经内化为道德主体的道德原则。但是，当我们把规范的尺度由社会扩展到自然界，以自然界的整体利益作为人类唯一的、最高的道德原则，这种原则的合理性以及有效性就会成其为问题。因为，这种所谓的规范只是一种生存选择的态度而已，并不意味着它就是一种价值选择。生存选择只是表达了自然界对人的生存限定的事实性，限定的只是人的自然本性。如果在这个意义上理解“规范”的含义，这还只是一种生态科学意义上的规范，而不是伦理学意义上的规范。

环境伦理学的规范应当是一种价值规范，而不是事实规范。其价值规范的伦理学意义具有两层含义：其一，它是由道德主体共同约定和承诺的，并内化为道德主体的道德原则和行动准则，通过内化的过程变成道德主体自觉的、主动的意识活动。其二，价值规范的真正含义在于，它是对人的“自我”意识膨胀与扩张的约束、反省和限定。而事实规范对人而言，规范的只是人的实践活动的程度和范围。换句话说，规范的只是人的能力的限度问题。这说明，以生态科学的规律作为环境伦理学道德规范的考虑，只不过表达了一种生存态度的选择而已。虽然这种生存态度的考虑具有一定的合理性，但不一定就是伦理学的考虑。这也就决定了人对自然界可以采取两种态度：一种态度是人虽然意识到了事实规范的限定，但人却不肯承诺人是“生物共同体”的普通成员。因为，自然界并没有“告诉”我们作为“生物共同体”的普通成员就可以获得更好的生存环境，人还得依靠自己的努力去创造属人的环境；另一种态度是人意识到了事实规范的限定，也可以承诺人作为“生物共同体”的普通成员，但是，这也不是自然界“告诉”我们的，而是人自己决定的。说到底，承认与否人是“生物共同体”的成员，并不能决定人对自然界的态度是道德的还是非道德的。

三　博爱主义的理论根据

所谓博爱主义的理论根据是指，西方环境伦理学强调人类应当关心其他的自然存在物（生命或非生命的存在物），并把人类应承诺的环境道德的根据归之于人的先天的同情感和道德良知。按照这种理解，人类之所以要“崇拜生命”以及关爱“土地”和“荒野”，缘起于生命乃至于宇宙万物都有其“尊严性”，都是神圣不可侵犯的。人感受到、体悟到了生命及宇宙万物的尊贵，从而发自人的内在的道德良知和同情感去关心、爱护生命和宇宙万物。

显然，这是一种纯粹的道义主义观点。道义主义观点虽然表达了一种普遍的博爱主义的伦理思想，但具体看来，还存在着三方面的理论不足，即泛生机主义、感知主义以及情感主义。

首先，泛生机主义承认一切生命存在物都具有平等存在的权利，极端的观点还认为一切自然存在物——从有生命的动物、植物，乃至于到无生命的土地、河流和山川都具有平等的存在权利。即在生命存在（或非生命存在）的意义上承认它们都是平等的，没有高低贵贱之分，只要是生命存在物（或非生命存在物），它们在地位上就是平等的。

美国学者罗德里克·弗雷泽·纳什（Roderick Frazier Nash）及一些深层生态学家就持有这种看法，“深层生态学的核心观念是：每一种生命形式在生态系统中都有发挥其正常功能的权利，或——纳什所说的——‘生存和繁荣的平等的权利’。”[①] 按此理解，任何一种生命存在物（包括人类），都不能无视其他生命存在物的存在，都应当视为与己

① 〔美〕罗德里克·弗雷泽·纳什：《大自然的权利》，杨通进译，青岛出版社 1999 年版，第 177 页。

平等的存在物。甚至对那些不具有生命特征的自然存在物，也应当视为与己一样的平等的存在物。人类作为生命存在物的一员，应与其他生命存在物以及非生命存在物一样，都是平等的“同类”，并无优越之处。人类应当意识到这种平等关系的存在，并以人的道德良知去同情、关心这些“同类”。

显而易见，泛生机主义主张的一切生命存在物（或非生命存在物）平等的思想，表达的只是一种普遍的“大自然的权利”的观点。它是以降低人的权利和地位为代价，将平等思想扩展到自然界，将自然界的一切存在物都纳入平等原则的范畴内，都视为有权享受平等原则的“权利主体”，这显然不具有其合理性。究其实质，这只不过是将人降低为普通的自然存在物，而把其他自然存在物提升为“权利主体”，意图以此来表达其“平等”的意愿。这不仅不能达到现实的平等要求，反而会使人丧失其“权利主体”的地位。

应当说，平等思想是人权理论的基本原则，它承认人生而平等，具有相同的生存要求和平等的存在权利。在此意义上，平等思想对人类社会而言具有其合理性和进步意义。它既是人类社会发展的理想目标，也是人权思想的基本体现和现实要求。它表现为每一个社会成员都是以“权利主体”的形态存在，都能自觉地意识到其存在的权利，并要求保护其存在权利的合法性和有效性。一旦我们把权利思想扩展到自然界，力求承认其他自然存在物（生命的或非生命的存在物）在平等意义上存在的合法性和有效性时，我们就会看到，它们并不能“意识”到其自身的存在，也不会“提出”任何保护其存在权利合法性和有效性的要求，它们并不知道“自我尊重究竟为何物”（保罗·泰勒，Paul W. Taylor）。因此说，除了人以外，任何其他的自然存在物并不具备作为“权利主体”的资格，所谓的人与自然存在物平等的思想是无效的，在实践上也不具有现实的意义，我们无法想象人与细菌、真菌乃至于动植物之间是何种的平等关系。

毕竟，人不是一个普通的生命存在物，而是一个有意识的生命存在物。所谓生命活动是有意识的，意味着人能够将自身的存在与其生命活动区分开来，并能将自身的生命活动变成人的有意识的、自觉的行为。在这个意义上，人是优越于其他自然存在物的。也只有在人把其生命活动变成了人的自觉的活动、意志的活动，才有可能关涉到人的生命活动对其他自然存在物是否具有道德意义。而不是把人降格为普通的自然存在物，放弃人的权利和要求去与其他自然存在物求得平等。也可以说，对自然存在物而言，如果不能超越其本能的活动，那么也就不存在与人平等与否的问题。

其次，感知主义一般承认具有感知或感觉能力的生命存在物具有其道德权利，并以此来要求人类应当对具有感知（痛苦、快乐）和感觉能力的生命存在物承担道德义务。依此看法，正是由于这些生命存在物能够感受到痛苦和快乐、愉快和悲哀，我们就没有理由不关心它们的存在，不去理会它们的感受。美国学者约翰逊（E. Johnson）就主张，“有感觉能力的个体存在物的痛苦和不幸是区分正确行为和错误行为的唯一可靠根据。”[①] 按照这种逻辑，人类就只应当关心那些具有感知和感受（苦乐）能力的高等动物，而那些不具有感知和感受能力的植物等生命存在物就被排斥于道德对象之外。

从表面上看，感知主义似乎比泛生机主义缩小了人类承诺道德义务的范围，但实质上并没有超出“动物保护主义”的思想领域，只不过是把泛生机主义的普遍的平等权利思想进一步定位在“动物权利”（泰勒）的基础上。但问题在于，“动物保护主义”思想并不一定就具有环境道德意义。因为，它并没有告诉我们保护动物究竟对人有何意义。我们既可以出于同情心、怜悯之情去保护动物，也可以出于观赏、娱乐的宠物心态去保护动物，还可以出于保存动物种族延续的考虑去保护动物。可见，感知主义的观点并没有体现出环境伦理学的理论内涵。

最后，情感主义指的是把人的先天的同情心、道德良知作为环境伦理学的道德根据。这意味着，人对其他自然存在物的道德义务来自于人的良心发现，这种良心发现或是人内在具有的，或是源于超人的、外在的宗教教义（如“崇拜生命”“不杀生”）的启迪。其实，他们这种所谓道德根据的考虑，坚持的只是抽象的人性论基础，缺乏现实的合理性。它并不能解释，人为何要对其他的自然存在物持有内在的善良意愿。这等于说，有人劝告我们应当对其他的自然存在物“行善”，但又不告诉我们“行善”的动机，我们又何以能相信这种劝告是善意的。

---

① 〔美〕罗德里克·弗雷泽·纳什：《大自然的权利》，杨通进译，青岛出版社 1999 年版，第 189 页。

情感主义实质上不过是以先验的、形式化的抽象原则为基础的“泛人道主义”思想，但并不等同于“自然人道主义”思想。毕竟，人不能依靠抽象的、先验的原则决定人的存在与行动，更不会无缘无故地去同情、关心其他的自然存在物。

通过对上述三种理论误区的分析，我们可以从中对当代西方环境伦理学的总体理论特征有一个基本的了解。其一，当代西方环境伦理学基本上是一种自然中心论的理论倾向。虽然它是以人与自然界的“协同进化”作为其最终的理论目的，但它所谓的“进化”并不是以人的发展，而是以“生物共同体”的整体稳定作为其最高目的。其二，以自然界的“自主性”（自然界的内在价值）作为其理论基础，硬性地给自然界赋予了主体性的内涵，抹杀了人的主体性地位。其三，从抽象的、先验的人性，以及某些宗教教义中寻找环境道德的根据，而不是从现实的、人的实践本性中去寻找这种根据。显然，这种环境伦理学只能是以自然为中心，而不会是以人为中心的环境伦理学。

真实的环境道德不是人的自然性的体现与意愿，而是就内蕴在人的实践本性之中，是人的一种“超自然性”的精神境界的现实表达。

（该文刊于《吉林大学社会科学学报》2003 年第 2 期）

从自然主义、人类中心主义到类哲学

一　自然主义与人类中心主义

环境伦理学拓展了以往人际伦理学的理论视野，使得伦理学的理论范畴从研究人与人的关系进一步扩展为人与自然的关系。这种扩展的理论实质就在于：伦理学是否可以将人之外的非人的自然作为“道德承受者”予以接受？我们对于自然的伦理关系究竟是一种什么性质的关系？换句话说，这种扩展的伦理学必须要回答和解决以下两个理论问题：一是人为何要对自然有一种“伦理性”的关系？即为什么我们要对自然采取一种道德的态度？二是这种“伦理性”关系的理论根据在于什么？即我们探讨人与自然的伦理关系是否有其实践意义？这两个问题是环境伦理学的理论出发点和理论根据问题。

对于上述这两个理论问题的回答及其思考，在西方环境伦理学的理论研究中形成了两种不同的理论态度，即自然主义和人类中心主义这两种理论态度。态度的不同决定了双方在理解环境伦理学的理论性质上的差异，自然主义意味着它们试图从自然之中去寻找环境伦理学的理论根据，而人类中心主义则主张面向人自身去追溯或建构环境伦理学的理论根据。双方的共识在于都承诺人应当对自然负有道德义务，而分歧则在于这种道德义务对人而言究竟是一种直接的义务，还是一种间接的义务？这其中，我们需要进一步阐明的理论问题是：自然主义与人类中心主义这两种理论态度是否具有其合理性，我们是否还需要重新寻求和确立一种更为合理的理论态度。

首先，应当指出的是，西方环境伦理学的主流理论倾向是以美国环境伦理学家霍尔姆斯·罗尔斯顿为代表的自然主义的理论态度。他们以自然的事实性为理论基石，以生态整体主义作为基本的理论立场对上述两个理论问题作了自然主义的理论解释。罗尔斯顿以环境伦理学究竟是派生意义还是根本意义上的伦理学的提问方式回答了第一个理论问题。按照他的看法，派生意义上的环境伦理学其实还是一种“人际伦理学”，它对于伦理学的改造只是加上了某些生态学方面的限定条件，还不是十分完善和充分的。这种伦理学更多考虑的是人类自身的利益和福利，它所谓的环境道德其最终目的还是关心人类自身，而自然只不过是一个道德的附属品。即便是我们人类对自然应当承担一定的义务，那也只是一种间接的而不是直接的义务。如罗尔斯顿所批评的那样，“一切的善都仍是对人类而言的善，自然只是附属的。这里不存在承认自然的‘对’的问题，而只是我们对自然给定的限定条件加以接受。”[①] 这里，罗尔斯顿所批评的派生意义上的环境伦理学也就是他所谓人类中心主义的基本思想观点。他本人对这一观点持否定的态度，认为从这一观点出发是很难建立起真正的环境伦理学理论的，尽管派生意义上的环境伦理学的主张在实践的效果上可能与根本意义上的环境伦理学并无多大差异，但在理论上我们却很难由此推导出对自然的真正关爱。

罗尔斯顿本人则赞同根本意义上的环境伦理学观点，这种观点的基本理论逻辑可以表达为：“根本意义上的生态伦理只能是出于对自然的爱。”这种爱既是出于对其他生命物种的尊重，也是出于对生态系统的整体性的赞美。罗尔斯顿试图要解释这样一个问题，即“我们能否和应否遵循自然”，我们是在什么意义上才是遵循自然的？他给出的答案就是：我们应当在接受自然“指导”的意义上去遵循自然。因为每一种生命物种都不是孤立存在的，而是在与环境的适应中存在的。作为任何一种生命物种，它们都应当具有双重的价值，既作为个体生命的存在价值，同时也作为生态系统的成员对生态系统的整体性的维系价值。这种维系价值对生命物种来说是一种无言的、无须表达的义务，并且是以生命的流逝作为代价的。个体水平以及物种水平的生命在不断的消亡与更替，而自然界生态系统的“生命”却由此而得以延续和演进。

罗尔斯顿接着指出，人类的生存境况也是如此，虽然人类比其他生

---

① 〔美〕霍尔姆斯·罗尔斯顿：《哲学走向荒野》，刘耳、叶平译，吉林人民出版社 2000 年版，第 15 页。

命物种有着更为优越的实践能力和生存方式，但最终还是要与自然环境相互适应。毕竟，人类始终还摆脱不掉作为生态系统的普通一员的身份，这种身份使得人类的存在也应当具有双重的价值，这就是说，既要实现人自身的存在价值，也要为实现自然的存在价值尽其人类的义务。在这一过程中，自然既充当着人类的指导教师，同时也需要通过人类来实现其本然的目的。于是，人类所形成的环境道德的品格既不是完全由自然所赋予的，也不仅仅是发自于人类的内在良知，而是一种相互作用的结果，是主观和客观、价值判断与事实判断的交融。诚如他所言，“这种力量最少也肯定是关系性的，是从人与自然的遭遇中产生出来的。如果从最大限度上说，那我们在自己这坚强和完善的生命中认识到并表现出来的，正是自然赋予我们的力量与善”①。当然，罗尔斯顿也意识到，自然并不总是向我们展现善的力量，有时也会呈现出冷漠、残暴的一面。但是，“生态的观点试图帮助我们在自然的冷漠、残暴与邪恶的表象中及这表象之后看到自然的美丽、完整与稳定”②。这种整体性的思维方式将有助于我们深化对自然的感知和认识，改变以往对待自然的旧的观念和意识。

第二个理论问题显然是要解决环境伦理学的基础性问题，即：我们对于自然出于一种道德关怀的理论根据在于什么？西方环境伦理学是从价值论的角度入手试图解决这一基础性理论问题，力求从对自然的事实性追问中确立其价值论的基础。罗尔斯顿认为，自然是有其价值的，是价值的承载者。这种价值不仅是对人而言的工具性价值，而且有其内在的、客观性的事实根基。不承认这一点，所谓自然的价值就失去了存在的基础。同时，他也指出，这并不意味着自然的价值就是一种自为的东西，可以完全脱离人的意识而独立存在，而是要受到人的感知和评价。人类这种感知和评价的能力并非是先天的、先验的，而是要受到自然的启迪和引导。“认为一切价值全都是由于我们的制作，而没有什么价值是由于我们所处的场景，那就错了。诚然，有一些意识的状态是有价值

---

① 〔美〕霍尔姆斯·罗尔斯顿：《哲学走向荒野》，刘耳、叶平译，吉林人民出版社 2000 年版，第 73 页。

② 〔美〕霍尔姆斯·罗尔斯顿：《哲学走向荒野》，刘耳、叶平译，吉林人民出版社 2000 年版，第 76 页。

的，但这些状态中有些是由意识的自然客体引导而形成的。"[①] 人作为评价主体与作为评价客体的自然之间实际上是一种"生态关系"。

总体上看，罗尔斯顿是站在生态整体主义的立场上对人类中心主义的价值观发出了责难，认为这种价值观忽视了人与自然的关系性质，扭曲了其关系内涵。当然，这种责难也并非不无道理，毕竟，站在一种极端的人类中心主义的立场上是很难建立起一种彻底的环境伦理学理论的。这使得罗尔斯顿把理论目光转向了自然，试图从对自然的价值追问中确立起环境伦理学的理论基石。他告诫我们应当从尊重生命，重新触摸、感受自然的角度去理解它的存在和存在的意义；告诫人类别妄自尊大，因为我们跳不出自然的先定，仍然无法摆脱作为自然存在物的命运。自然在生物学的意义上是人类生存的限定，在存在的意义上是人类未来的宿命。因此，他才倡导我们要重新审视自然的性质，重新定位人类在自然界中的位置。

在这个意义上，自然主义还是具有其一定的合理性的，它启示我们重新理解和审视人与自然的关系性质，重新定位人类在自然界中的作用。只不过，这种审视和定位过于倚重自然的事实性和生物"本能生命"的特征，而轻于人的主体性和创造属性。

其次，对应于西方环境伦理学的自然主义的强势的理论倾向，应当说人类中心主义观点在西方环境伦理学中属于弱势的理论声音，它以维护"人"的立场的理论姿态来回应自然主义的理论诘难。这种回应的基本理论态度就是：人类关心自然的最终目的还是关心我们人类自身，不论我们对自然做何种理论思考和经验感受，不论我们对人类的环境行为做多少政策性的规范和具体实践的限定，无非还是关注于人类自身的现实存在和未来发展。因为作为人，我们首先只能是从人自身而不是他物的立场出发，这是人类不言自明的目的。正如美国现代人类中心论者威廉姆·墨迪所说的那样：所谓人类中心就是说人类被人评价得比自然界其他事物有更高的价值。在这个意义上，所谓的环境道德其实仍然还是对人而言的道德，而不是一种纯粹的对自然而言的关切。当然，人类中心主义者也声称，从人自身的立场出发，主张保护人类自身的利益与

---

① 〔美〕霍尔姆斯·罗尔斯顿：《哲学走向荒野》，刘耳、叶平译，吉林人民出版社 2000 年版，第 184 页。

保护自然环境的利益并不矛盾。因为，自然环境是渗透着人类利益的环境，即便是出于人类自身利益的考虑，也应当关心自然环境的存在与境况，更应当为此而建立一种道德观念作为人类环境行为的理论支撑。

客观地说，这种人类中心主义观点看到了自然主义过于强调自然的事实性的理论误区所在，也认识到人对自然的“伦理性”的理论表达应当向人自身回归，这些看法都有一定的合理之处。可问题的关键在于，这种人类中心主义并未能阐释清楚环境伦理学应当怎样向人自身回归，虽然它在理论上强调人自身的立场，但却忽视了人与自然的关系性质。所以，它是不是所谓“人”的立场还有待澄清，也难以有效地回应自然主义的理论诘难。

可见，西方环境伦理学中的自然主义与人类中心主义这两种理论观点各执一端，双方都没有解决好环境伦理学的理论出发点和理论根据问题。于是乎，我们还需要寻求一种更为客观与合理的理论观点。在这方面，高清海先生的类哲学给我们提供了解决上述两个理论问题的新的理论路径。这一理论路径试图通过重新理解人自身，以及重新理解人的存在及其未来发展态势来阐释人与自然的关系性质的变化及其实质，这为我们更好地把握环境伦理学的理论性质提供了新的更为合理的理论原则。

二　类哲学的双重超越

从总体上看，类哲学的理论观点与自然主义和人类中心主义的观点有着本质上的区别。这种区别既体现在对人的理解上的差异，也体现在对解决环境伦理学的理论出发点和理论根据的理论态度上的差异。

首先，说它有别于自然主义体现在两方面：一方面，双方对环境伦理学的理论根据存在着理解上的差异。自然主义主张伦理学应当向自然回归，是在对自然“是什么”的追问中寻求人类关爱自然的理论基石。而类哲学则认为伦理学应当是向人自身回归，我们关爱自然的秘密在于人自身，是在对人“意欲何为”的反思中挖掘出对自然关爱的奥秘所在。另一方面，双方对人的理解的视角不同。自然主义对人的理解是建立在“本能生命”的基础上，强调的是人的自然属性。而类哲学对人的理解依据的是“双重生命”的观点，注重的是人的超越于自然“本能生命”的“超生命”属性。正如高清海先生一针见血指出的那样，虽然自然主义意识到应当从理解人的生命本性入手去重新认识人与自然的关系性质，但是它们把人仅理解为一种“本能生命”的存在，也就是把人与自然的关系看成一种“外在性”的关系，即简单的生态关系。而如此一种生态关系，我们是很难将它认同为所谓的“伦理性”关系的。

而说它有别于人类中心主义则在于：类哲学不是一般性的泛泛的谈论人类的现实生存困境如何，以及教导人类应当怎样处理当下的人与自然的现实关系等问题，而是从人自身的发展，即从“类”的角度来理解人自身。高清海先生并不刻意反对人类中心主义的观点，在他看来，人类中心主义在其根本意义上是不可超越的。作为人，我们不可能不顾及人自身的立场而去毫无缘由地关心他物，因为人类与其他生命物种一样，都是天生的“自我中心主义者”。但是，如果我们对人的认识仅仅停留于此，则这种理解还不够全面而过于简单化了。因为这样来理解人，还只是把人简单地看作一种自然物，甚至是与动物本性无差别的自然存在，这其实是从自然性的视角去解释人性。所谓人类中心主义的理论误区也正在于此，它们看似反对自然主义，但其基本的理论主张如认同人是生态系统的普通一员，把生态学意义上的限定接受为环境道德的规范等都与自然主义的主张大同小异，只不过是换了一个人类中心主义的标签而已。

高清海先生进一步指出，人类中心主义的观点只是看到了人的一个侧面，即“人来自于自然，生存在自然界中，同其他存在物一样，要受到自然法则的制约，并且一时一刻不能脱离自然而存在。这是人身上的自然性质”①。也就是，人类中心主义把握到的仅仅是人顺从自然、肯定自然的一面。但是它们却没有看到人还有另一面，即人又是一种超自然的存在，还具有逆反自然、否定自然的特性。诚如高清海先生所言，“人的存在和生存方式不是完全顺从自然的性质、听命自然的安排，恰恰要在逆反自然性质、否定自然命运的自我创造活动中去实现和

---

① 高清海：《高清海哲学文存》（第2卷），吉林人民出版社1996年版，第28页。

发展”[①]。这也是人把自身从万物中提升出来，区别于一切他物的人之为人的根本性质。人所具有的这两个方面构成了人所独有的两重化本质，这一两重化本质是不能拆解开来理解的。要真实地把握住人自身，我们只能是从这两个方面的统一即从肯定自然与否定自然的统一性上来理解人的本真面目。如此说来，类哲学其实是一种内涵和意境更为深刻的人类中心主义，它既不倚重于人的自然性，又不过于夸大人的超自然性，而是立足于人的实践本性，从现实的人的实践活动的特质去理解人、把握人自身。这也为我们在伦理学的意义上重建人与自然的关系内涵，指明了一条从人的内在本性出发去认识环境伦理学的理论性质的独特的理论路径。

其次，在如何解决环境伦理学的理论出发点和理论根据的问题上，类哲学有着更为深刻和独到的理论阐释。

对于第一个理论问题，即人为何要对自然采取一种道德的态度这一问题，高清海先生也选择了从人的生命本性入手这一理论视角，但他对生命含义的理解与西方环境伦理学有着本质的区别。按照他的看法，从人的生命本性入手去认识人与自然的关系显然是一个合理的理论切入点，也符合人作为一种以实践为本性的存在特质。这种理解人的方式意味着人的生命本性已经发生了根本性的变化，人不再是单一的“本能生命”，而是在此基础上生成了作为生命主宰的“类生命”。“类生命”相对于“本能生命”而言，是自己主宰自己的生命，自己主宰自己的命运。在这个意义上，“类生命”是对“物种生命”局限的突破，对“本能生命”的超越。这种超越是使人从自然中提升出来，在某种意义上也可以说是对自然的否定，但这种否定并不是让人远离自然，恰恰相反，而是为了使人从本性上更加深入于自然，在存在的意义上与自然结为一体。所以说，“类生命”也可以看作宇宙生命的人格化身，人作为这样一种特殊的具有“类”特质的生命存在物，肩负着使存在走向“类化”的使命。这一使命就是通过人自身的生命活动，在人身上实现自我与他人、生命与无生命以及人与自然的统一，也就是实现整个存在的一体化。

由此可见，从人的生命本性这一视角入手来理解人与自然的关系，

---

① 高清海：《高清海哲学文存》（第2卷），吉林人民出版社1996年版，第28页。

其实就是把人与自然的关系理解为一种“内在性”的关系，即所谓的环境道德其实就是人的一种内在本性的展开与延伸。这一本性是随着人自身的发展，在人与自然的关系的展开过程中所生成的一种应然的意识，是一种由内向外生成而不是由外及内援引的道德意识。这也就合理地解释了为什么我们要对自然采取一种道德态度的理论问题，我们当前所面临的理论任务应是怎样将这种道德意识予以合理的理论形式表达出来，而类哲学恰恰给予了我们一个合理的理论答复。

对于第二个理论问题，也就是环境伦理学的理论根据在于什么的问题，高清海先生也坚持一种价值论的理论态度，只是不完全认同西方环境伦理学过于强调自然拥有内在价值的观点。他指出，尽管西方环境伦理学也意识到自然的价值存在与否不能完全脱离开人的评价作用，但它们更看重的是自然的事实性，以及这种事实性对人的评价的规范和引导作用。这种理解无疑贬低了人的能动性，忽视了人对价值的创造作用。事实上，西方环境伦理学也谈价值的创造作用，只不过创造价值的主体不是人本身而是自然。而高清海先生则认为，正确的理解方式应是从怎样发挥人的能动性，从人对价值的创造作用的视角去理解环境伦理学的理论根据，这就是：创造价值的主体是人本身而不是自然，这才是我们正确理解价值源泉的根本，也是我们把握好环境伦理学的理论根据的关键所在。

依笔者的分析，高清海先生的“创造”一词应有两层含义。一是创造不是人的任意所为，人的能动性不是无限的。人能够同自然交往与抗衡并非因为人有多强的超自然的能力，而是人能够理性地利用自然本身的力量。“人以实践方式占有对象，不像动物那样去直接占有，而总是先把自我的本质投射于对象之中，然后才去占有对象。”① 因而，这种占有实质上是一种人的本性外投的对象化活动，换来的却是对象转化为“人性化”存在的结果。也可以说，创造意味着一种以自然性为基础，又融入了人的目的性的对象化的活动。二是创造体现了人对自然的“生命价值”的建构作用。就自然本身而言，它只是一种自在的存在，虽然操纵着“物种生命”的演进与更替，但并无超越“本能生命”的特质，也无法表达和展现其存在的价值与目的，而只能通过人的生命活

① 高清海：《高清海哲学文存》（第2卷），吉林人民出版社1996年版，第30页。

动的过程和结果加以展现和表达。这是由于在人的生命活动的过程中，在人从自然的提升过程中既体现了一种人之为人的“为我”的过程、人的自我生成的过程；同时也呈现为一种人为自然的“为他”的过程，即更加深入于自然、展现自然和绽放自然的过程。这种展现和绽放在一定意义上说也就是表达了自然的存在目的，实现了自然的存在价值，抑或是说，使自然成为“活的”存在，从而具有了“生命”意义。在此，人对自然的这种展现和绽放的过程既不是一种纯粹的主观臆想，也不是一种直接的经验直觉，更不是一种现实生活的逻辑判断，而是既体现了人对自然本性的事实性的觉解，又表达了人欲所为的应然性的价值判断，是这两者的统一。说到底，这种所谓的人对自然的“生命价值”的创造，在伦理学的意义上也就是一种人对自然的“伦理性”关系的理论表达。

如上所述，高清海先生向我们展现了这样一种环境伦理学的思想逻辑：即只有从自然与人的生命的一体性关系，也就是把自然看作人的生命组成内容，从这种观点出发才会理解所谓的人对自然的“伦理性”关系的实质。按此思想逻辑，就是将人与自然的伦理关系理解为一种内在的统一性关系，也就是将人同自然的关系内化为人与人、人同自我的关系。这种关系的生成既是人所应承担的义务，也是人类未来的“天命”所在。于是，人对自然的伦理关系的生成就意味着如何在人自身的存在与发展中，在人的生命活动中揭示自然的存在本性，澄明自然的存在价值。为了承担人的这一“天命”，就要提高人性自觉、全面发挥人的生命本性，在人性的发展中、在人的自我生成中去实现和完善这一“天命”。

当然，高清海先生也清醒地认识到，环境问题的出现其实是当代人类的存在状态所导致的诸多矛盾冲突相互交织在一起的显性关系的表达。矛盾冲突的形式凸显于环境问题，而问题的根源在于人自身，所以解决问题的出路还是应当从人自身去寻找。高清海先生认为，人和自然最终必将走向一体存在，并认为这种状态是由人的“类本质”所决定的。他认为，人的“类本质”源于人的实践本性，由此也决定了它是一种现实的、具体的存在，即以社会作为人的“类本质”的实存形式。当前，人类所面临的环境问题的产生、人与自然矛盾的加剧，无疑同人类自身的社会结构、形态，以及人类对自身本性与地位的意识和态度有着直接的关系。这说明我们对于环境问题的认识和解决也必须要立足于具体的社会形态，从当下人与社会的现实关系的视角去切近环境问题，反思人与自然的关系实质。而不是如罗尔斯顿等人那样，仅仅企盼于人类道德意识的进步。

高清海先生依据马克思的“类”的思想指出，人作为一种“类本质”的存在，其发展是一个展开过程，呈现为三种不同的社会形态，即群体本位、个体本位以及类本位这三种社会形态。每一种社会形态都反映着不同历史阶段的人与人、人与自然的关系内涵。群体本位阶段反映的是群体性的人对自然的从属性关系，个体本位阶段反映的是个体性的人对自然的占有性关系，而类本位阶段则反映的是以类为本位的人与自然的一体化关系，这也是人与自然关系发展的高级阶段。人的发展的过程性表明，人与自然的关系不是一种先定的、预成的关系，而是一种发展中的、生成中的关系，人与自然的关系性质如何取决于“类本质”的展开状态，也就是取决于人的发展的社会形态如何。高清海先生满怀希望地指出，当前，人类自身的发展正处在由个体本位向类本位的转化阶段，正在走向自觉的“类存在”，这种转化意味着一种普遍的“类意识”的形成，也给我们提供了一条从理论到实践的清晰的指导思路。这一思路就是：从提高人作为人的“类本性”，即从提高人的“类意识”、从个体本位提高到自觉的类本位的格局中，去求取解决环境问题的思想和方法。

（该文刊于《学习与探索》2007 年第 1 期）

评人对自然的三种伦理内涵

20世纪以来，随着人类实践活动的发展，使得人与自然的矛盾冲突不断加剧。面对严峻的人类生存危机，如何协调人与自然的矛盾显得十分迫切，对这个问题的理论思考更成为当前的焦点。其核心与实质就是人与自然的伦理关系问题。

从伦理的视角研究人与自然的关系，无疑突破了以往的伦理学的理论范围。不涉及人与自然关系的伦理学理论学说称为传统伦理学。

传统伦理学无疑不涉及人与自然的关系，它一般只是研究人与人的道德规范和道德原则，是关于人类利益行为准则和道德规范的理论学说。无论是研究“最大多数人幸福”的“功利主义伦理学”，还是以“生命”为核心，抒发“生命冲动”的“生命伦理学”，抑或是以先验的道德原则为根本的“理性主义伦理学”，乃至立足于“严密的科学逻辑基础”的“元理论学”，都将伦理学的视野定位于“人伦”框架之内，视伦理学为人与人和人与社会的利益行为的研究以及对善、恶观念的概念分析的理论学说。在传统伦理学看来，道德只是人类社会特有的社会现象，它只是对具有主体性的人才发生效用，只对人讲道德，而自然不具有“主体性”意识，因为对自然不言伦理。传统伦理学总是围绕着道德规范、善恶分析、情感表达、价值判断、功利准则、正义旨归等内容展开其理论内容。而这些理论内容主要是针对人而言，不涉及自然。

尽管如此，这并不等于说传统伦理学完全排斥自然的道德地位，否认任何人与自然的道德关联，只不过这种联系是一种颠倒的伦理关系。我们可以从传统伦理学的有关思想中窥探一二。

中国古代思想家们所主张的“天人合一”思想就带有浓厚的天人相通的伦理色彩。孟子主张天与人相通，人性乃“天之所与”，使得人之性善有“天”为根据。“人伦”正是“天道”的现实显露和表达。

"天"成为人间的道德源泉和道德象征。"天人合一"的思想也构成了宋明理学的思想主线。从程氏兄弟的"性即理也"到朱熹的"理在事先",都表达了通过修养以求达到"仁"以及"与理为一"的一种天人合一的道德境界。这种"天人合一"是以"天理"主宰人欲为特征的道德境界,这只是表达了古代思想家们试图从人自身以外的东西去探索人类社会道德根据的幻想。西方古代哲学思想中对"天人合一"思想的表述更为具体、明晰。从赫拉克利特(Herakleitos)的"按照自然行事,听自然的话"到斯多葛学派的"依照自然而生活",乃至于柏拉图(Plato)的"至善"都是如此。无论他们将自然理解为"逻各斯"(赫拉克利特)、"上帝"(爱比克泰德,Epictetus)抑或是"宇宙的理性",都把自然作为道德的本体、道德的象征看待。因此,顺从自然的生活就是一种道德的生活。可见,与中国古代的"天人合一"思想有着异曲同工之处。表面上看起来似乎是在诉说人与自然的道德关系,其实并不是一种真实的伦理关系,而是表达了人与自然天然的统一关系,反映出人在自然面前服从、被动的地位。

近现代以来,许多思想家仍然执着于"天人合一"思想。卢梭(Jean - Jacques Rousseau)面对科学主义的崛起,深恐人性由此而扭曲,发出了"回归自然"的浪漫主义遐想,但充其量不过是老子"返璞归真"思想的近代翻版。斯宾诺莎(Baruch de Spinoza)则把人的理性、自由与人的现实生活统一起来,试图通过解读自然去寻求生活的意义。"心灵的最高德性在于知神。"① 因为人的情感与心灵现象都源出于"自然的同一的必然性和力量"。可见,斯宾诺莎仍然是以理性主义的方式流连于古代"天人合一"思想的范畴。当代生命伦理学大师赫伯特·斯宾塞在进化论的意义上更是恪守自然主义伦理观,将人类社会的道德之本归之于自然的进化之举,沿袭了社会生物学的思想脉络。

无疑,传统伦理学虽然从不同的侧面意在向自然求教伦理根据,寻求所谓的"天之道""神之德",但也只能是毫无现实性可言的乌托邦式的幻想。在传统伦理学的视野中,"天""自然""天道"扮演了道德的象征、源泉的角色,人只能去体悟、直觉、承受道德的给予。

面对"人类困境"之现实逼迫,使得人类面对自身的困惑以及自

---

① 〔荷〕斯宾诺莎:《伦理学》,贺麟译,商务印书馆1983年版,第256页。

然的“沉沦”必须重新反思人与自然的关系。也就是说，人类必须重新理解“伦理”的内涵，使得伦理学能承担起“拯救”之使命，这已成为学界共识。从法兰克福学派到罗马俱乐部；从生态人类学到生态政治学；从绿党到生态伦理学等都从不同的角度阐述了其“伦理”思想。具体可以分为三种观点。

第一，道义主义伦理观。这种观点批评传统伦理学中“善”的观念过于狭隘，如果“善”的观念仅囿于“人”的范畴之内，这只是片面的、不完全的伦理思想。道义主义伦理观倡导道德扩张主义，突破传统伦理学的“人”的界限，重新接纳自然，“追思”自然。“崇拜生命”是其最根本的伦理原则。只有当人崇拜一切生命时，其行为才是伦理的。生态伦理学的创始人阿尔贝特·史怀泽（Albert Sehweitzer）指出：“只有体验对一切生命负有无限责任的伦理才有思想根据。”[①] 在他们看来，正是由于生命的崇高性、尊严性才促使人“应该”去尊重生命。这也正是人性的义务。而无须任何附加条件。道义主义伦理观的“生命”既指人的生命，也包含有感觉的动物的生命（“动物权利”思想），以及无感觉的植物的生命。极端的道义主义观点还包括一切存在物，从生命存在到无生命存在（“大地”“原野”）都是人的崇拜对象。那么，道义主义伦理观的根据何在呢?“环境伦理学之父”奥尔多·利奥波德归之于人性，作为“人”，就“应该”具有这种内在的义务性。阿诺德·约瑟夫·汤因比（Arnold Joseph Toynbee）回归东方古代宗教，认为西方犹太系宗教是人类中心论的宗教，它们只能导致对自然界的统治态度以及物质贪欲。只有回归到古代东方的多神教（万物有灵论），或者回归于崇尚自然的无神论宗教（佛教、道教），才能升华人的精神境界，抑制人的贪欲，拯救“大地”母亲。

第二，价值伦理观。价值理论观不同意道义主义伦理观的思想观点。认为对生命的尊重不应只是出于人类的同情心、意愿以及从宗教中溯本求源。而是根据自然本身的价值，从生命物种的保存、生态系统的稳定与完整出发，才会有对生命的真正尊重。正如美国环境伦理学家霍尔姆斯·罗尔斯顿所说，“原野就产生生命的根源而论，其本身是有内

---

① 〔法〕阿尔贝特·史怀泽:《敬畏生命》，陈泽环译，上海社会科学出版社 1996 年版，第 9 页。

在价值的"[①]。价值伦理观也坚持"崇拜生命"的原则，但其伦理原则的基点不同于道义主义伦理观，而是建立在承诺自然具有价值的基础上，并且认为自然的价值存在是内在的，由自然（生态）的内在关系所支撑，与人的评价与否无关。不论人类承认与否，其价值是内在的、本质的。

第三，技术伦理观。从法兰克福学派到海德格尔（Martin Heidegger）都是从对现代技术的批判入手而寻求人与自然的和解之途径。法兰克福学派看到了技术已然不再完全是扮演工具的角色，而是上升为左右人的存在方式的统治力量。赫伯特·马尔库塞等学者指出，人在技术社会中的"单向度化"以及自然所受的"压抑性统治"导致人的存在的异化。也就是说，现代技术在导致人与自然异化的同时，正在切断人与自然的伦理旨趣，因此他们强调自然的解放。自然解放的实质在于"自然固有的有助于解放的力量素质被重新发现和释放"（马尔库塞），应该允许自然"'为了它自己的目的'而存在"[②]。人通过解放自然而最终解放人自身。而解放的途径就是技术如何人道化的问题。这种技术人道化是"非暴力的、非毁灭性"的人道占有（马尔库塞），是重生存而不是占有和利用（埃里希·弗洛姆，Erich Fromm）。在法兰克福学派看来，"新技术"应该能承担起"解放"的职能。海德格尔则认为，现代技术本身不思，因此现代技术难承此责。但人可以从对现代技术的本质的领悟、沉思中，体察拯救的力量。在海德格尔看来，"思"是人之为人的一种最本质的生存方式，面对自然的"沉沦"，拯救之路就在于对技术的本质的"思"与追问之中。法兰克福学派是技术乐观主义，通过技术的人道化就可以完成"解放自然"的职责，而海德格尔否认现代技术的拯救作用，技术的人道化不存在所谓"新技术"，而在于追思技术的本质。因为技术的真正本质在于它是一种"展现"的方式。而现代技术已经偏离了技术的本质，在面临自然的"挑战"中，现代技术的"展现"却成为"限定"的展现。使自然只是在现代技术的需求层面上的"展现"。而没有使自然丰富的本质充分展开。

---

① 〔美〕霍尔姆斯·罗尔斯顿：《价值走向原野》，王晓明译、叶平校，《哈尔滨师专学报》1996年第1期。

② 转引自高亮华《人文主义视野中的技术》，中国社会科学出版社1996年版，第79页。

总体上看，三种伦理观都承诺了对自然的人道思想。道义主义伦理观将伦理的基础建立在人的内在的同情感的基础上，价值伦理观将伦理的基础建立于自然的价值之上，技术伦理观归之于“自然是一个历史实在”（马尔库塞）以及自然是存在的“天命”（海德格尔）的基础上。它们都表达了对自然“拯救”的使命感。只不过马尔库塞的拯救是“世界的合理重建将导致一个由人的美学感性所构成的现实”，而海德格尔则企盼通过对技术本质之追思而寻求一种“人诗意的安居”于“大地”之中的哲学意境。

尽管如此，三种伦理观虽然都表达了人对自然的伦理关切，但都存在着一定的理论及实践的困惑。道义主义伦理观实际上是情感主义伦理思想的延伸，无论是从人性自身还是从宗教教义中寻求情感的依托，都缺少实践根基，都没有意识到人对自然的伦理关系是建立在人的实践活动基础之上的。离开人的实践活动，无所谓伦理关系。价值伦理观虽然认同了自然的价值地位，但仅把自然理解为“价值物”，而无视作为主体的人的创造活动。没有意识到自然是否具有价值与主体（人）的实践活动紧密关联。只有在人与自然的交往实践活动中，才会确立起人与自然的价值关系。价值只是关系的产物，真正的“价值物”只能是人自己。人把某物作为人的追求目的，某物就会与人建立一种价值关系。如果自然不是人的追求目的，也就不能与人形成价值关系。自然本身也就无所谓具有价值与否。应当说，价值只是人的实践活动的属性之一。技术伦理观或者把技术的本质夸大为“天命”的揭示；或者否认现代技术的“人道化”旨趣，或者畅想“新技术”的诱人“蓝图”。海德格尔对技术本质的思考，对现代技术的“框架”作用的批判具有一定的积极作用，对于我们如何理解现代技术的功能与作用颇具启示。只不过海德格尔对技术本质的思考却是技术乌托邦主义的幻想，或者说对技术本质的理解是一种本体论化的理解。使得技术变成了超人的、非人的存在，游离于人的实践活动以外。人只能生存于技术的“框架”中，通过对技术的理解与把握来获得人的存在状态。这种对技术本体论化的理解，最终的结论就是技术控制人的活动方式及其生存状态，人则成为被动的“存在者”。事实上，从实践的意义上，技术只是人与自然交往活动中的人的实践样式，虽然技术并不能完全代表人的实践本性，但毕竟具有人的实践活动的特征与属性。因此，人的技术活动无疑是属人的活动而不是非人的活动。所以，技术是否人道化不在于技术本身，更不在于追思技术的本质，而在于人赋予技术以何种目标。如果把目标定位于人的自身利益这一点上，那么技术就成为实现这一目标的手段或者说只具有工具价值。工具价值意义上的技术对自然而言只能是非人道的。如果把目标定位于自然的利益之上，这也不是真实的“人道化”而只是生态保护主义而已。虽然切实可行，但却不符合人的实践本性。在人与自然的关系中，人的实践本性就在于超越自然的限定，创造自然世界的生命价值。“创造”不等于“保护”，诚然，“保护”自然需要技术的帮助，而“创造”的真正含义在于生命形态的转换，从而生成对人而言有意义的生命内容。在我看来，技术的目标只有定位于创造自然世界的生命价值的基点上，才是真实的技术人道化的内涵，也才具有现实的实践意义。

总之，三种伦理观虽然在一定意义上都试图建立某种“伦理”关系以表达对自然的道德关切，但我们很难认同这些观点。究其根本，在于脱离人的实践活动去建构任何所谓的“伦理”关系既是无效的，也是无根的。

（该文刊于《长白学刊》1998 年第 2 期）

理解环境问题的实质

——当代人与自然的两种矛盾形态

当代环境问题的发生是人类自身活动的结果，这已成为共识之见，我们可以找到诸多关于环境问题产生的解释。但是，如果我们究其深层的原因，其实环境问题实则表现为人与自然的两种矛盾冲突形态，即文化与自然、经济与自然的两重对立。

一 文化与自然的价值矛盾

就文化与自然的价值矛盾来看，表现为人类在创造文化的活动中，无视自然的存在价值，仅把自然看作物欲的、为人类所用的对象，而不肯承诺其价值意义，视其为价值虚无的存在。在此所指的“文化”是广义文化的含义，即“文化”就是“人化”的过程。诚如荷兰学者冯·皮尔森（C. A. van Pearson）的看法，“文化是动词”，而不是“名词”。在“动词”的含义上，“文化”就是“人化”的活动。“人化”就是人以人的方式从事活动，也就是以“文化”的方式生存和活动。在这个意义上，所谓人类的活动，也就是创造“文化价值”的活动过程。

的确，人从自然界分化出来以后，以文化的姿态去应对自然的挑战，就开始了人化的过程。文化既表现为人的生存方式，也构成了人与自然的中介形态。就人的基本生存需要来说，人是由于生存依赖的需要与自然发生关系，使得自然构成了人类的“环境”。“在实践上，人的普遍性正表现在把整个自然界——首先作为人的直接的生活资料，其次作为人的生命活动的材料、对象和工具——变成人的无机的身体，人靠自然界生活。这就是说：自然界是人为了不致死亡而必须与之不断交往的、人的身体。所谓人的肉体生活和精神生活同自然界相联系，是因为人是自然界的一部分。”① 马克思的这段话表明，人通过与自然界的“交往”，改造自然界与其建立了关系，获得了人的存在方式——文化方式。

在这个意义上，文化是与自然的含义相对的。随着人类文化方式的进化，人的发展愈加人化，而自然对人类来说却变得愈加陌生和疏远。即是说，人在物质和利益的关系上与自然更加亲近，而在精神与情感的关系上与自然日渐疏离。文化的“亲和”功能日渐退化，而文化的“分化”功能日趋加强。文化的生存使命退入历史背景，文化的享乐精神充斥着现实生活。

当代文化与自然的矛盾冲突在于，人以文化的方式去应对自然，获得人的存在方式。文化既导致了人在“物质—需求”的关系上更加贴近自然，同时也使得人在“精神—情感”的关系上愈加疏离于自然。古代人类的“天人一体”的依恋情结，已消解于当代人类“占有意识”与享受欲望的膨胀中。自然也悄然地消退了神秘的“原色”，而无奈地充当了人类文化表演的舞台和场地。

于是，才有了20世纪以来人类文化精神的全面反省。面对技术圈无情地破坏生物圈的现状，奥雷利奥·佩切伊（Aurelio Peccei）、皮尔森等学者诉诸“文化战略”的期盼。在他们看来，“文化是一种有灵活性的战略，通过它，人运用那些常常是创造性的发明，力图以一种更有意义的方式对周围现实施加反作用。这种反作用实际上是人作为这样一种存在所作出的反应：他不应是一种认知的、应用技术的存在，而且更主要地是一种献身于道德评价的，即有责任心的存在”②。文化造就了人的特定的存在方式，使人局限于文化方式中而忘却了人对世界的开放性。

这意味着，人类应当反思文化的作用，它不应当仅仅是面对人类自身，封闭于“自我”的世界，而是应当面向人的世界，发挥人的开放性。但问题在于，如何发挥人的开放性呢？

---

① 《马克思恩格斯选集》（第4卷），人民出版社1995年版，第273页。

② 〔荷〕冯·皮尔森：《文化战略》，刘利圭等译，中国社会科学出版社1992年版，第222页。

出路在于，人所面对的文化世界应当是一个“评价的世界”。即使人必须面对纯粹客观的、给定的自然界，而人的存在方式——文化则必须以评价活动作为文化的底蕴。因为，“人的文化是一个人总是用新的方式去发现什么有意义和什么无意义的漫长历程”①。

文化精神的全面反省表明，文化作为人类实践活动的一种普遍的存在形态，应当转变其功能和本质。应从疏离于自然走向切近自然，从使用自然走向评价自然，从征服自然走向尊重自然，从人与自然的对立走向人与自然的同一，从文化的守成性走向文化的开放性。

总之，文化精神反省的实质就在于：以人对自然的“善行”为反省要求，以人与自然的合理性“交往”为反省目的，从而达到文化与自然的“协同进化”。这既是人类文化精神反省的最终目的，也是人类文化精神反省的现实内容。通过文化精神的全面反省，转变人类对待自然的态度。

二　经济与自然的价值矛盾

所谓经济与自然的价值矛盾，指的是经济的发展是以“环境代价”作为基础。随着经济发展的进步，自然环境在迅速退化。

就人类的经济行为而言，经济发展的目的无疑是要追求一种进步的社会形态。而利润和财富显然是作为进步的主要象征，从而使得人类追求利润和财富理所当然地变成了“进步的神话”，经济发展也堂而皇之地变成了社会发展的同义词。

这种“经济发展观”表现为两方面的特征，即经济发展的利润化与消费化。一方面，经济发展以追求最大利润作为其目标要求，“经济增长指数”代表了经济发展的主要指标。社会进步程度如何、国家的综合实力如何，均以经济发展的程度标志——“经济增长指数”作为衡量的标准。另一方面，消费性作为工业化的产物与经济发展的促动力，既充当了商品消耗的市场形态，也是商品生产的促动力。在一定意

① 〔荷〕冯·皮尔森：《文化战略》，刘利圭等译，中国社会科学出版社 1992 年版，第 259 页。

义上，消费概念几乎成了幸福概念的代名词。“拥有和增加更多的物质财富就是多一分幸福”，充分享受消费的快感被认为是美的愉悦。于是乎，利润的追求变成了经济发展的永恒目标，而消费的快感充当了经济生活的主要促动力。这种经济发展模式导致人变成了贪得无厌的“消费机器”，而经济发展本身变成了消费的工具与替身。

毋庸置疑，任何一种经济形态以及经济发展模式，都是以人与自然界的“物质变换”为基础的。人类通过生产劳动把自然资源不断地转化为经济资源，变成生产劳动的产品——商品，作为人类生活的必需品和消费品。马克思早就指出：“劳动首先是人和自然之间的过程，是人以自身的活动来引起、调整和控制人和自然之间的物质变换的过程。”[①]这就意味着，人类的经济活动也是以人与自然界的关系为基础的，人类不可能离开与自然界的关系而从事任何经济活动。

这就要求人类在其经济活动中，不能只是一味地追求人类利益的满足而无视自然界的存在。当然，我们并不否认人类的经济活动应当获得人类利益的满足，这也是人类生存与发展的物质前提。所谓人类利益的获得就是指，人类在其生产劳动中，将自然界的物质（如自然资源）转化为人化的、对人有用的“人造物”——劳动产品，这也就是一种利益的转移和获得的过程。问题在于，人类是通过牺牲自然界的存在与稳定来获得人类自身的利益。并且在人类看来，自然界对人而言，既是无偿的，也是无足轻重的，人类尽可放心大胆地索取，而不必顾忌自然界向人类“索要”报酬。

当代人类的经济实践活动也正是这种“古典经济学”理论的现实化的表现。无论是西方发达国家的“消费性经济”，还是发展中国家的“牧童式经济”，实质上都是一种“掠夺式经济”。它们都是以毫无限制地破坏人类的生存环境——自然界作为其经济发展的代价。区别只在于，对于“消费性经济”来说，物欲的满足与消费的刺激是环境破坏的主要因素；而对于“牧童式经济”而言，贫困的恐惧与生存的威胁是导致环境破坏的直接因素。“掠夺式经济”导致环境破坏的根源就在于，人类尽其可能地占有和掠夺自然资源，而缺乏对自然资源应有的价值评价。只要人类愿意，可以尽情地发挥和使用人的能力，使其发挥到

---

① 《马克思恩格斯全集》（第23卷），人民出版社1972年版，第201—202页。

极致，而不必考虑能力的滥用是否对人就意味着都是应当之举。

面对经济与自然的价值的矛盾，人类应当采取何种手段与措施，如何限制增长的“神话”，怎样将“环境代价”引入到经济增长的活动中，就成了经济学的理论思考维度。

从人与自然关系的角度来看，经济与自然的价值矛盾反映的是心态与生态，以及能做与应当做的关系。一方面，从心态与生态的关系来看，人把自然看作为何，将决定人对自然的心态。而人对自然的心态如何，将决定人对自然的行为方式及其行为后果。经济与自然的价值矛盾冲突表明：人不是把自然看作有生命特征、具有存在权利以及资源有限的存在，而是仅把自然看作有效用的、能满足人类生存和利益的物质“载体”。另一方面，从能做与应当做的关系来看，并非所有能做的事情就一定是应当做的。事实上，对于当代人类的实践活动而言，已不再是人的能力大小问题。即对人类而言，已不再是能与不能的问题，而是应当与不应当的问题。这也正是当代人类面临的难题：人能做的事情却不一定就是应当做的事情。人类意识到了哪些事情是不应当做的，但又缺乏一种普遍的、有效的约束机制。

尽管如此，毕竟人类已经觉醒了。能够意识到人类有能力占有全部的自然资源，但不一定就应当全部占有自然资源；人类有能力向自然获取物质利益，但不等于说人类就应当无视自然的存在利益；人类有能力维护人类的生存权利，但不等于说人类就应当无视自然的生存权利。人类必须清楚人的责任与义务：哪些事情是能做但却是不应当做的；哪些事情是能做同时也是应当做的。能做是人的主观能力，而应当与否，则融入了人的价值评价。

通过上面的分析我们可以看到，环境问题的深层根源其实就是生态与心态，以及能做与应当做的问题。也就是说，认识到人与自然的矛盾关系已不再作为“问题”存在，而理解“自然”为何也已达成共识。因此，解决环境问题的出路还在于如何理解人自身的问题，是人与人的矛盾关系的解决。心态问题反映的是人的想法和欲望的问题，即人想做什么的问题。应当做的问题反映的是人的行为价值问题，即人的活动对他人、周围事物的行为后果问题，即人应当做什么的问题。解决环境问题的难点也正在于此。人想做的事情不一定就是应当做的，现在人类意识到了哪些事情是应当做的且是必须做的，但由于人与人的各种矛盾未解决好，这个“应当”的尺度与原则又难以确立。即便是已经确立的原则与政策，其有效性也难以得到保证。

问题的实质在于，环境问题是一个“公共利益”的问题，而人类的大多数活动则是“个体行为”的选择问题。从经济学的角度来看，个体出于自身利益考虑的行为选择是理性的。但如果从“个体—社会”，以及“社会—环境”的整体利益角度来看，其行为就不一定是理性的选择，并非就是合理的。尽管人类已经认识到个体行为选择的不合理性，但环境问题作为公共利益对个体而言又是一个“外部性”问题，不具有现实的经济效益，与个体的“最大化”利益的目的相悖。

这样看来，解决环境问题的出路可能只有两条：一是如何将环境问题由“外部性”转化为“内部性”的问题，使其成为与个体利益行为选择相关的事情。这可能是经济学要进一步解决的问题；二是如何提升人类的道德境界的问题，也就是“人”的发展问题。这可能是哲学需要思考的问题。因为人的道德意识的发展是与人的存在状态相关联的。只有人自身发展了，才有可能谈到道德意识的发展。不然的话，任何关于环境的道德思考也只能是一种理想化的非现实的思考。

说到底，上述两条出路的实现都与人自身的发展直接相关。进一步说，如果人类不能走出以“个体”为本位的存在状态，就无法解决化外部性为内部性的问题，而且，也难以生成所谓的环境道德。毕竟，任何一种道德承诺的前提都应当得到“道德共同体”成员的认同。否则，它就是一种无效的道德承诺。

（该文刊于《长白学刊》2002 年第 6 期）

“类哲学”的环境伦理观

一直想有个机会写一篇高清海老师类哲学思想的文章，也曾与老师提过此意，老师应允；但我却一直未能成文，现在想来十分遗憾。好在今天终于成文了，不论是否达意，毕竟了却了我的一个心愿。

环境问题作为当前全人类面临的共同性问题，也是亟待解决的问题，目前已成为理论界普遍关注的焦点。环境问题的产生无疑是人类自身活动的结果，这已经成为理论界的共识之见。而深入一步的问题是：我们应当从何种理论角度出发，站在何种理论立场去寻求解决环境问题的出路。

对于这一问题的思考，西方学者率先走出了一步，从人与自然的关系角度对环境问题进行了积极的理论探索。其探索的核心问题就是：我们应当如何重新理解人与自然的关系性质，重新确立一种评价人类在自然界的地位与作用的原则和方法。究其实质，就是我们能否建立起一种人类对待自然的“伦理性”的关系性质，并且为这种关系性质的确立和完善提供合理的理论解释。围绕着这一问题，目前主要存在着两种理论态度，即自然主义和人类中心主义这两种理论态度。双方的共同点在于都主张要保护自然界的生态环境，维系自然界的和谐与整体稳定，以人道主义的态度来处理人与自然的关系。而双方的分歧则在于究竟是以人类的利益，还是以自然界的利益作为我们的道德底线。人类中心主义的态度是站在人类利益的立场上，认为人类关心自然的道德底线是人自身，自然只不过是一个道德的附属品。而自然主义则倾向于坚守自然的立场，主张人类的道德底线应从人自身扩展到自然界，强调关心自然界应当成为人类应然的义务，双方各执一端；但从总体上看，它们还没有真正从理论上解决人类何以要关心自然的理论根据问题。

这其中问题的关键在于：不论我们主张何种立场——是出于关心人类自身的存在与未来发展，还是要确立一种人类对自然界应然的义务与责任，其实都是人自身的立场，是人类是否以及能否完成和实现的态度和意识问题。说得明确一些，就是如何理解人自身的问题决定着我们对待自然的态度和行为方式，在一定意义上也决定着人与自然的关系性质如何与否的问题。于是，如何理解人自身的问题就成了我们一个较为合理的理论切入点。在这方面，高清海先生的类哲学以马克思的“类”的思想为理论原则，试图通过重新理解人自身，即通过理解人的存在及其存在方式来阐释人与自然的关系性质的变化及其实质，从而表达出了一种真实的从人的立场出发的环境伦理观。具体说来，这种环境伦理观表现为以下三个理论特征。

第一，立足于人的实践本性，从现实的人的实践活动的特质去理解人自身，突破了“物种哲学”的思维框架。也可以说，类哲学给我们提供一种从理解“人是什么”的视角去把握人与自然的关系性质的理论逻辑。

按照马克思的看法，实践既是人所特有的生存活动方式，也是人之为人的本原活动方式。人之所以成为人的根本原因就在于：人是人自身活动的产物，人的本性就在于“他的存在就是他的活动”。依照这种理论逻辑，“人是什么”的本质就不是前定的、先在的，而是由人在其生存实践活动中自我创生、自我完善的，是一种发展的、开放的和生成中的东西。高清海先生将这种思想表述为，“要从人之为人的自身根源去理解人、把握人，确立起把人理解为自身创造者的思维方式”[①]。这种理解人的方式才是按照人的方式，而不是物的方式来把握人、了解人的合理的思维方式。既然人是这样一种自我创生、自我完善的存在物，也就意味着人不完全是一种自然存在物，甘愿听命于自然的摆布，而是在人的本性中也内蕴着超越于自然、异于自然的特质，使得人要力图把握住人自身的命运。如此说来，人其实就是一种具有双重本性的存在，在他身上潜存着自然性与超自然性的双重特质。显然，由此观点出发来理解人与自然的关系性质，才有可能突破自然主义与人类中心主义的理论困境。

高清海先生进一步指出，一方面，“人来自于自然，生存在自然界中，同其他存在物一样，要受到自然法则的制约，并且一时一刻不能脱

① 高清海：《高清海哲学文存》（第2卷），吉林人民出版社1996年版，第7页。

离自然而存在。这是人身上的自然性质。”① 人作为自然存在物，我们不可能不顾及人自身的立场而去毫无缘由地关心他物，人的任何行为与目的都是相对于人自身而言的。简而言之，在生物学的意义上人类与其他生命物种一样都是天生的“自我中心主义者”，这是无可厚非的。但这样理解人只是看到了人的本质的某一个方面，而不是全部特征。也就是说，从人的自然性的角度把握到的仅是人顺从自然、肯定自然的一面。如果我们对人的认识仅仅达到这一层面，则我们还没有超越人类中心主义的理论立场。另一方面，“人的存在和生存方式不是完全顺从自然的性质、听命自然的安排，恰恰要在逆反自然性质、否定自然命运的自我创造活动中去实现和发展”②。也正是由于人所具有的这一独特的、有别于其他生命存在物的特质，才使得人有了创造人自己的生存方式，把握人自身命运的可能性。应当看到，人所具有的这一两重化本质是不能拆解开来理解的。如果我们只是看到人的自然性，而不承认人的超自然性，人就只是一个与其他存在物同样性质的自然物。相反，如果我们只是承认人的超自然性，而拒斥人的自然性，则我们又把人抽象化了。所以，要真实地把握住人自身，我们只能是从肯定自然与否定自然的统一性上来理解人、了解人的本真面目。

在这个意义上，类哲学其实是一种内涵和意境更为深刻的人类中心主义，它既不倚重于人的自然性，又不过于夸大人的超自然性，而是立足于人的实践本性，从现实的人的实践活动的特质去理解人的本性，从而有助于我们更加深入地认识人与自然的关系性质。它给我们的理论启示就是：如果我们对人的认识不走出自然性的误区，而过于强调人作为“物种生命”的特征，我们也就很难在此基础上生成所谓的环境道德，因为环境道德是一种“类意识”的要求，而不是“种意识”的意愿。我们只有承认人还有着超越于“物种生命”的特质，有着自我创生的能力，有着无限开放的未来，“类意识”的生成才有了实现的可能性。

第二，从人的生命本性入手，也就是从人与自然的内在统一关系的视角入手来理解人与自然的伦理关系及其关系实质。

首先，高清海先生认为，从人的生命本性入手去认识人与自然的关

① 高清海：《高清海哲学文存》（第2卷），吉林人民出版社1996年版，第28页。
② 高清海：《高清海哲学文存》（第2卷），吉林人民出版社1996年版，第28页。

系性质显然是一个合理的理论切入点，也符合人作为一种以实践为本性的存在特质。这种理解人的方式意味着，人的生命本性已经发生了实质性的变化，人不再是单一的“本能生命”，不再是以自然界的普通生命存在物的身份去面对自然，而是在此基础上生成了作为生命主宰的“类生命”。“人的这一本质便决定，人生成为人的活动，既是从自然分化、从他物剥离的过程，同时又是更加深入自然，与他物同化、结为一体的过程。”[①] “类生命”的生成无疑是对“物种生命”局限的突破，这种突破使人从自然中提升出来，但是这种提升并不是让人远离自然、超脱于自然，而是为了使人从本性上更加深入于自然，在存在的意义上与自然更加融为一体。只不过，这种与自然融为一体的过程是人以主体的身份展开的，而不是人以自然界的普通成员的身份去承受的。所以说，“类生命”也可以看作宇宙生命的人格化身，人作为这样一种特殊的具有“类”特质的生命存在物，肩负着使存在走向“类化”的使命。这一使命就是：通过人自身的生命活动，在人身上实现生命与无生命以及人与自然的统一性关系。

从人的生命本性这一视角入手来理解人与自然的关系，其实就是把人与自然的关系理解为一种内在性的关系性质。所谓内在性的关系性质是指，人在其生命活动过程中自觉地将自然看作人自身的生命组成部分，看作人的无机的身体。这也就合理地解释了为什么我们要对自然采取一种道德态度的理论问题，即所谓的环境道德其实就是人的一种内在本性的要求。这一本性是随着人自身的发展，在人与自然关系的展开过程中所生成的一种应然的意识状态，是一种由内向外生成，而不是由外及内援引的意识状态。因为，自然在此就是我们人类自己的机体组成，关心自然也就是关心我们人类自己。今天，我们所面临的理论任务就是如何认识这种意识状态，并将这种意识状态的内容予以合理的理论形式表达出来。

其次，高清海先生依据“创造”价值的理论逻辑，深入阐述了人对自然的“伦理性”关系的理论实质。即所谓人对自然的“伦理性”关系，就是人对自然的“生命价值”的创造，且创造“生命价值”的主体是人本身而不是自然。

---

① 高清海：《高清海哲学文存》（第2卷），吉林人民出版社1996年版，第31页。

高清海先生所说的“创造”一词应有两层含义。一是“创造”不是人的任意所为，人的能动性不是无限度的。人能够同自然交往与抗衡并不是因为人有多强的超自然的能力，而是因为人能够理性的、理智的利用自然本身的力量。但是，这种利用又有着人的独特的方式，即“人以实践方式占有对象，不像动物那样去直接占有，而总是先把自我的本质投射于对象之中，然后才去占有对象”[①]。因而，这种占有实质上是一种人的本性外投的对象化活动，换来的却是对象转化为“人性化”存在的结果。这表明，“创造”意味着一种以自然性为基础，又融入了人的目的性的对象化的活动。二是“创造”体现了人对自然的“生命价值”的建构作用。就自然本身而言，它只是一种自在的存在，并无超越于“本能生命”的特质，也无法表达和展现其存在的价值和目的，而只能是通过人的生命活动的过程和结果加以展现和表达。这是由于人的生命过程既体现了一种人之为人的“为我”的过程，人的自我生成的过程；同时也体现为一种人为自然的“为它”的过程，即展现自然、绽放自然的过程。这种展现和绽放在一定意义上来说也就是表达了自然的存在价值，澄明了自然的存在目的。或者说，使自然成为“活的”存在，从而具有了“生命”意义。在此，人对自然的这种展现和绽放的过程既不是一种完全的主观臆想，也不是一种纯粹的经验直观，而是既体现了人对自然本性的事实性的觉解，又表达了人欲所为的应然性的价值判断，是这两者的统一。说到底，这种所谓人对自然的“生命价值”的“创造”，在伦理学的意义上也就是一种人对自然的“伦理性”关系的理论表达。

由此看来，高清海先生向我们展现了这样一种环境伦理观的思想境界：只有从自然与人的生命的一体性关系，也就是把自然看作人的生命组成内容，从这种观点出发才会理解所谓人对自然的“伦理性”关系。按此思想逻辑，就是将人与自然的伦理关系理解为一种内在的统一性关系，或者说，将人同自然的关系内化为人与人、人同自我的关系。这种关系的生成既是人所应然承担的义务，也是人类未来的“天命”所在。进而，人对自然的“伦理性”关系的生成，就不再意味着人要顺从某种外在的生态学规范，让人类以“子民”的身份重归自然中去。而是

---

① 高清海：《高清海哲学文存》（第2卷），吉林人民出版社1996年版，第30页。

意味着如何在人自身的存在与发展中，在人的生命活动中揭示自然的存在本性，澄明自然的存在价值。为了实现人的这一“天命”，就不再是要抑制、消解人的主体性，而是要提高人性自觉，全面发挥人的生命本性，在人性的发展中、在人的自我生成中去实现和完善这一“天命”。

第三，从人的现实的存在方式，也就是从人与社会的关系的视角探究了人与自然“伦理性”关系的实现的可能性问题。

一种环境伦理观的建构，除了我们应当注重其理论的表达形式及其内容，还应当关注这种伦理观的实践功能和作用。我们既希望建立一种合理的环境伦理观的理论形态，也希望这种环境伦理观能够与环境问题的现实保持一种必要的张力，维系一定的关系程度。这就要求我们不能把目光仅停留在环境伦理观的理论阐释和建构方面，而且还应当更加关切现实的人的存在方式，以及人与社会的关系性质。毕竟，人与社会的关系性质如何是直接与人与自然的关系性质如何相关联的。高清海先生也清醒地认识到这一点，在他看来，环境问题的出现其实是当代人类的存在状态所导致的诸多矛盾冲突的集中表现形式，是人与人之间的、经济的、政治的、社会的乃至于文化的各种矛盾冲突相互交织在一起的显性关系的表达。矛盾冲突的根源在于人自身的问题，而解决问题的出路也应当是从人自身去寻找。除了我们在理论上所应做出的积极思考与回应，在现实意义上也应给予这种理论思考回应以可能性的检验和行动。

对此，高清海先生是以马克思的“类”思想为理论基石来阐释这一问题的，其核心命题就是人和自然最终必将走向一体存在，并认为这种状态是由人的“类本质”所决定的。他指出，人的“类本质”源于人的实践本性，由此也决定了它不是一种抽象的、虚幻的东西，而是一种现实的、具体的存在，即以社会作为人的“类本质”的实存形式。当前，人类所面临的环境问题的产生以及人与自然矛盾的加剧，无疑同人类自身的社会结构和形态，以及人类对自身本性与地位的意识和态度有着直接的关系。这说明我们对于环境问题的认识和解决也必须要立足于具体的社会结构和形态，从当下人与社会的现实关系的视角去切近环境问题，反思人与自然的关系实质。

高清海先生依据马克思的“类”的思想分析到，人作为一种“类本质”的存在，人的发展有一个过程性，呈现为三种不同的社会形态，这就是“群体本位”、“个体本位”以及“类本位”这三种社会形态。

每一种社会形态都反映着不同的人与人、人与自然的关系内涵。"群体本位"阶段反映的是群体性的人对自然的从属性关系,"个体本位"阶段反映的是个体性的人对自然的占有性关系,而"类本位"阶段则反映的是以"类"为本位的人与自然的一体化关系,这也是人与自然关系发展的高级阶段。人的发展的过程性表明:人与自然的关系不是一种先定的、预成的关系,而是一种发展中的、生成中的关系。人与自然的关系性质如何取决于"类本质"的展开状态,也就是取决于现实的人的发展的社会形态如何。

高清海先生已经看到,人类自身的发展正处在由"个体本位"向"类本位"的转化阶段,正在走向自觉的"类存在",这种转化意味着一种普遍的"类意识"正在形成,也给我们提供了一条从理论到实践的清晰的逻辑思路。这一思路就是:从提高人作为人的"类本性",即从提高人的"类意识",从"个体本位"提高到自觉的"类本位"的格局中,去求取解决环境问题的思想和方法。

从这一思路中,我们也看到了一位哲学家对于环境问题的真切的理论关怀,更感受到在他身上所内蕴的强烈的社会责任感。

(该文刊于《高清海纪念文集》,吉林大学出版社2006年7月版)

理解环境意识的真实内涵

——一种哲学维度的思考

环境意识思想的提出，既是对当前环境问题的深刻反省，也是对人类生存状况的现实关照，更是对人类自我的反思与体认。当前，环境意识的思想虽然已经得到普遍的认同和接受，但在如何理解环境意识思想的内涵上还缺少一种哲学维度的思考，更多的是停留在常识的态度、科学的态度层面上。因此，我们有必要对环境意识的思想内涵给予一种哲学维度的阐释和理解。

一

环境意识从其本质上说是人的哲学意识的理论表达，但就其理论表现形态来看，存在于不同领域的学科内容之中，目前已成为哲学、政治学、经济学等学科普遍关注的理论焦点。一方面，环境意识构成了各学科领域的前沿性的思想内容，并产生了相应的交叉学科如生态政治学、生态经济学以及生态伦理学等新兴学科。它们都从不同的理论视角，各自的学科领域表达了对环境意识思想的理解。另一方面，环境意识思想已经超出了纯学术领域，日益成为各国政府制定经济、政治政策的重要依据和原则。1992 年，联合国环境与发展会议以“全球携手，求得持续发展”为其会议主题，鲜明地突出了环境意识思想的重要性及其与人类生存的现实关系，也表明了环境意识思想的普遍性程度。

首先，经济学、政治学视野中所理解的环境意识。20 世纪 70 年代以来，西方经济发达国家的“绿党”“生态党”等政治组织针对西方社会日益严重的环境问题，开展了所谓的以“生态社会主义”以及“女权运动”为其运动形式的“绿色运动”。经济学领域也开始探讨如何将

“环境代价”纳入经济分析之中，从而在经济学的研究中也关注起自然环境的极度损耗问题。它们的理论观点总体上表现为：其一，批评西方资本主义社会的“浪费性经济”对自然环境的掠夺性破坏，痛陈“古典经济学”的发展观是一种片面的、仅以GNP的增长作为经济增长的唯一尺度的发展观，无视自然环境的毁灭性消耗。在他们看来，人类之所以陷入环境危机，主要“是因为我们借以使用生态圈来生产财富的手段毁灭了生态圈本身”①。使得人类赖以生存的自然环境濒临崩溃的边缘。其二，指出发达的工业化国家向发展中国家及贫穷国家转嫁环境危机的“生态殖民主义”的霸权行径和“国家利己主义”的不道德行为，造成了国家之间、地区之间的利益冲突和不均衡发展，实质上是以牺牲他人的环境、损害他人的利益来满足自己的需要。其三，批评传统的消费观（刺激浪费性消费）是一种“病态性”的消费观，使人陷入了“异化消费”中而认识不到人自身的真正需求。于是乎，人变成了贪得无厌的“消费机器”而忘却了人自身为何而存在。其四，主张以“生态参政”取代现时的迅速消耗自然资源并造成环境退化的“牧童式经济体系”，要求建立起不仅满足“当前以及未来几代人的需求”，而且还“保护自然界和理智地利用自然资源”的新的生活方式。“如果我们要生存，就必须用生态学的思想来指导经济和政治事务。”② 这表明，环境问题已不单是一个生态科学的问题，同时也是政治问题、经济问题和社会问题。

其次，生态哲学、生态伦理学视野中的环境意识。生态哲学是从“人—社会—自然”的宏观视角，即从总体上研究人与自然关系问题的交叉性学科。生态哲学始终以人与自然的“关系”作为其研究的核心内容，进而探讨如何协调人与自然的“共同进化”以及协同发展的问题，并倡导一种“生态整体主义”的观点。按照德国哲学家汉斯·萨克塞（Hans Sachsse）的看法，人与自然关系的内涵及其变化是以自然对人的意义变化为根据的，这种关系变化的实质是依人的实践水平和能力为转移的。也就是说，自然的意义随着人类实践活动的发展而发生变

---

① 〔美〕巴里·康芒纳：《封闭的循环——自然、人和技术》，侯文蕙译，吉林人民出版社1997年版，第237页。

② 〔德〕汉斯·萨克塞：《生态哲学》，文韬译，东方出版社1991年版，第220页。

化：从敌人到榜样，从榜样到对象，再从对象到伙伴。伙伴关系意味着人是自然界的一部分，而不再是自然界的主人。“对自然的考察使我们详细地看到人是整体的一个成员。整体怎能只为其众多成员中的一个而存在，即使这个成员是最杰出者。”[①] 生态伦理学则是从反思人类对待自然的行为规范与原则出发，研究和确立自然的道德价值，并以保护自然环境和维护人类长远利益为其理论目的。诚如日本学者赖在良男认为，生态伦理学是以“生物学知识和人的价值的综合为目标”的交叉学科。生态伦理学主张以自然的“内在价值”作为人类承诺生态道德的伦理底线，认为人对自然的“伦理性”关系的存在与否，在于自然的内在价值本性，而与人类是否愿意“授权”给自然以价值地位无关紧要。

从总体上看，无论是政治学、经济学还是哲学、伦理学的探讨，都表达了不同学科领域、不同理论背景下对环境意识的理论把握。生态政治学、生态经济学通过对人类的政治行为、经济行为的分析，以及对人类当下生活方式的反思与批判，意识到人类自身的政治利益的冲突、经济矛盾是导致人与自然的矛盾冲突的现实根源，从而主张让生态学介入到人类的政治事务和经济活动中，意在以生态学的原则来制约任何可能对自然环境造成破坏的政治、经济行为。生态哲学、生态伦理学则以人与自然的“同一性”为其理论目标，通过对人的本质的深刻反省，力求建构出一种更为普遍的生态道德意识。因此说，当下环境问题的产生是人与自然关系危机化的深刻表现，是“整体性的人”与自然的关系危机。环境意识思想就是要通过反省人类自身的实践行为，重新理解人的本质以及自然的内涵，在理论上寻求解决环境问题的实践原则与方法。

可见，环境意识思想的提出，既是一种对人类生存现实的深切关照，表达了对人类自身生存状况的忧虑，也反映出对人类未来发展的关切，是当代人类对环境问题的普遍性的理论反映。

---

① 〔德〕汉斯·萨克塞：《生态哲学》，文韬译，东方出版社1991年版，第59页。

二

环境意识思想的提出反映了当代人类面临的一个根本性的矛盾冲突，即人类主体实践活动的超越性与人类主体生存环境有限性的矛盾。这表现在人与自然的关系中，就是人类实践能力的无限性与人类生存环境承受程度有限性的矛盾。而反映在哲学理论中，就是人类实践活动的合目的性与合规律性的矛盾关系。

按照马克思的实践观点，人是从人自身的创造性的实践活动中生成为人的，实践既是人类特有的生存活动，也是人之为人的本质活动。超越性是人类实践活动的基本特征，它既是对人类自我的超越，不断地超越历史的、此在的、当下的人的特定的存在状态，也是对自然的超越，超越自然对人的生存限定，从而达到人对自然的自由状态。人的自我超越不是守成，也不是规定，不是让人成为"是其所是"，而是让人成为"是其所不是"。人对自然的超越意味着人只有超越自然的生存限定才能成其为人。虽然人作为生命存在物无法突破自然对生命系统的束缚，但人的实践本性决定了人不甘于接受自然的主宰与摆布，总是要发挥人的力量，超越人的自然生命，主宰自身的命运。在这个意义上，人的本性又有其与自然抗争、超越自然的内在规定性。

从人类的"总体性实践"过程来看，人类的实践活动就是一个超越限定、超越任何尺度的活动，是一个永远也没有终点的过程。从人类具体的、特定的历史阶段的实践活动来看，其超越性又是有限的、暂时的、有条件的。如果人类无视其超越性的条件性和有限性，而放任自己的实践行为，就必然会导致实践活动负效应的泛滥。当代环境问题对哲学的诘难也正在于此。超越性作为人类实践活动的本质特征，既是人类理想性、精神性的追求过程，也是人类具体的、历史的现实活动过程。作为一种理想性、精神性的追求过程，它表达了人类不断超越既定的自我，向"非我"发展的精神信念。而作为一种具体的、历史的现实活动过程，又表现为人类改造自然、创造出适合人类自身生存的环境的实践过程。这是一个统一的过程，也就是说，人对自我的超越与人对自然的超越是一个统一的过程，一旦这一过程发生分裂、相互分离和脱节，就必然会背离人类的初衷。

当代环境意识给我们的警示就在于，面对当代人类“实践意识”的扩张，我们缺乏一种“极限意识”的反省。人类的实践活动是以人的生存活动为其基本活动方式的，而现实的、具体的人的生存活动过程正展现着人的生成和发展过程。“极限意识”的反省表现在：就人类实践活动的过程性而言，作为主体的人离不开“历史主体”为人类规定的历史条件。就人类实践活动的现实性而言，作为主体的人也离不开客体自然为人类划定的生存条件。离开人的现实的生存条件而强调人的自我超越、自我实现，无异于把人抽象化、理想化。而一味地主张自然对人的生存限定也不符合人的实践本性，那只能把人生物学化而走向另一个极端。自然在生存论的意义上限定着人的生存条件，但是人又可以依靠自身的实践活动去改变自然的限定，创造“属人”的生存条件。

实践的超越性必须以人的自然性为基础，以自然的自在本性为条件。否则，人的实践活动就会走向极端，人的实践意识也会或者单纯地以自然为中心走向自然主义的“极限意识”，或者走向以“人类自我”为中心而放任实践行为的无限度性的观点。实践的超越性的根本特性在于，人的自我超越必须与人对自然的超越协调统一起来，即人对自我的超越必须以人对自然的超越为根本，才能真正实现人的自我超越。

人的实践活动是人的目的性的活动，但又不是完全合乎人的目的性的活动，而是合目的性与合规律性的统一过程。合目的性表达了人的超自然性的本性，而合规律性则表达了人所把握到的应然的自然的性质。人通过把握自然、理解自然，从而改造自然——把自在的自然改造成为“属人”的自然。而人也在改造自然的实践活动中不断地生成人自身的本性，由自然的人走向自为的人，进而达到自在自为的人的存在状态：实践的终极目的也就在于此。可见，人不是为了自然的存在而存在，也不是为了人自身的存在而存在，而是为了容涵自然本性的“大写”的人而存在。

三

应当指出的是，环境意识是一个内涵丰富的复杂概念。就其复杂性而言，它不是一个纯粹“形而上”的抽象概念，仅依靠抽象的思辨过程把握不住它。也不能简单、直观地将环境意识理解为环境保护意识，虽然环境保护意识不失为当前全球、全人类亟待普遍化和操作化的重要思想观点。当前，对环境意识的理解上存在着两种不同的理论态度，即常识的态度和科学的态度。

常识的态度是指在人的感性经验层面上，将环境意识直观地理解为一般性的环境保护意识。常识的态度向我们呼吁：保护自然环境吧，因为它是你的家园。别抛弃自然环境，否则你将无家可归。常识的态度在呼唤环境保护意识“公共性”要求的同时，既表达了人类对当前环境问题现状的“忧患意识”，也反映出人类对当下自身生存状态岌岌可危的“生存意识”。但是，常识层面的“关切”“保护”是建立在人的感性经验的基础上，从人类“日常生活”的经验直观出发提出保护自然环境的现实要求的，而缺少一种超越感性直观、经验现实的反思、批判精神。

常识的态度要么告诉我们一种生存态度，要么诉诸一种经验事实，而未能真正告诉我们“应当如此”的道理之所在。常识态度的出路只能是两个方向，或者走向浪漫的自然主义立场：爱护大自然吧，因为它能给我们美的愉悦和享受；或者回归彻底的自然主义立场：保护自然环境吧，因为它是我们最后的归宿。

科学的态度无疑是对常识态度的超越，它以科学理性的把握超越经验常识的直观，在自然科学的层面上把环境意识的精神要求转化为理智的思考。科学的态度力求通过将自然对象化为科学的对象，在主客二元对立的思维框架中以对自然的知识把握来思考和解决环境问题。科学的态度之思维逻辑是：人类能够保护自然环境，因为科学理性可以把握到自然的规律性；只要人类依靠科学理性的力量掌握了自然的规律性，人类就可以“按律”行事而不会再犯“无知”的错误。问题在于，有知与无知说到底只是一个认知的问题，而人类能否“按律”行事是一个行为选择的问题。人既可以“按律”行事，也有可能不“按律”行事。科学只能告诉我们自然“是什么”，而无法决定人类对待自然所采取的行为态度。人类对待自然的行为态度如何是伦理学关涉的问题。也就是说，科学把握的是自然的事实性、客观性，而并不关注自然的价值性。科学面对自然只能告诉我们关于自然的知识，至于人类是否愿意根据自然的知识采取“应当如何”的行为，则是科学以外的事情，是由人的主观意愿所决定的，实质上是一种价值选择，并不完全决定于科学活动本身。

从总体上看，两种态度都从一定的层面上反映出人类环境意识的精神意愿和理论要求，但都还存在着一定的理论误区。常识的态度仅从人的感性经验出发，将环境意识局限于人类日常生活的直观体验中，对环境意识的理解过于经验化、直观化，缺少深层次的反思、批判意识。所以，常识的态度难以超越环保主义的立场而只能徘徊在“浅生态学”层面上理解环境问题。科学的态度虽然以科学理性作为人类认识和把握环境问题的理论根基，但科学活动本身无法摆脱价值中立的立场，难以逾越主客二元对立的思维模式。科学只能处理自然的事实关系，而不能决定人对自然的行为态度。人对自然的行为态度关涉到人对自身以及对人与自然关系的重新理解，其实质是对人类自我的重新认识。换句话说，人对人自身的认识决定着人对自然的行为态度。真实地把握和理解环境意识的思想内涵就应当超越常识的态度和科学的态度，从人本身以及人与自然关系的实质去理解环境意识的真实内涵。其实，这就是一种哲学维度的思考。在我们看来，环境意识思想就其实质而言是一种哲学意识的理论表达，任何其他表达方式都不足以反映出环境意识的真实内涵。环境意识作为一种哲学意识，其思想内涵表现为以下三层含义。

首先，环境意识是人的自我理解、自我反思。环境意识作为一种人类深层的意识活动，它不仅是对环境问题的直观反映和经验感受，而且是在更深层面上对人的本性的自我理解。环境意识重在反思与理解，反思的对象是人本身，是对人的自我反思、自我理解：反思人为何要如此活动，为何采取如此的行为方式，理解人的本性是什么。也只有人才会有自我反思的能力，并通过对人本身的反思和认识来升华和建构环境意识。因此说，建构和生成环境意识的过程不是抽象的思辨遐想，也不是直观的经验感受，而是对人的内在本性的追问过程。当代环境意识思想正是以环境问题为理论背景，以人的生存现实为理论契机，以人的自我理解、自我反思为理论内容的思想观点。这种自我理解、自我反思是通过人与其生存环境的关系去理解和反思人本身，它的理论起点是人的生存现实性，而理论终点是人的未来性生存。

其次，环境意识是人对自身的自我关怀。所谓人对自身的自我关怀表现为对“实践意识”的反省。对“实践意识”的反省与检讨，透射出一种生存论的关怀态度。人的存在是以实践为本性的存在方式，实践是人的根本性的存在方式。人类实践活动就其实质，既是一种“分化”世界的活动，也是一种“同化”世界的活动，这取决于人的存在状态。分化世界的能力来自于人的实践本性，通过分化世界造成了人与自然以及人的自我的双重异化。人与自然的异化表现为人与自然的“疏离”过程，即人不断地突破自然的生存限定，愈益远离自然的过程。人的自我异化则表现为作为“总体的人”在实践活动中的自我分裂，分裂为“个体本位”的人。当然，这两种异化过程并不是完全孤立、隔绝的过程，人与自然的异化与人的自我异化是内在关联的。这种关联性就在于人与自然的异化是与现实的、历史的、实践的人的自我异化相互关联的。人与人的现实的关联程度制约着人与自然的关联程度，而人与自然的关联程度又限定了特定历史阶段的人与人的现实的关联程度。就实践活动导致异化的实质而言，人与自然的异化既导致了人的主体性价值异化为“物化价值”，也使得自然异化成为“物化价值”的载体。而人的自我异化既导致了“总体的人”的分裂，也使人类“自我中心主义”信念得以膨胀。于是乎，人的自我异化本身就成为“役人”的过程，而人与自然的异化则呈现为“勘天”的过程。“勘天”与“役人”是通过“人”这个中介建立起内在关系的，这种关系的实质就是：“勘天”是“役人”的结果——人对自然的剥夺反映的是人对人的剥夺；而人对人的剥夺实则表达的是人对自然剥夺过程中的冲突；“勘天”的目的在于“役人”。“实践意识”反省的实质表明：环境意识作为一种反思性的思想，既是对“勘天”的现实警醒，也是对“役人”的自我批判。

最后，环境意识是自觉的人类意识，是人的一种主动的、自觉的精神要求。所谓自觉的人类意识意味着：它不是对环境问题直观的、机械的反映，而是通过对环境问题的深刻反省，从而在人的主体意识中生成的主动的、内省的意识活动。环境意识作为自觉的人类意识表征的是人类的一种精神境界，即经过“勘天”反省后的“天人和谐”的精神要求。显然，这与古代那种物我不分、浑然一体的“天人合一”境界不同。古代的“天人合一”虽然意境高远，但却缺乏现实的合理性。当代环境意识是在深刻反省天人关系现实性的基础上，从人本身出发、在人的主体意识中生成的现实的“天人合一”的精神要求，并力求在人的现实的实践活动中去实现这种要求。于是乎，环境意识就不只是一种被动地接受环境问题的直观反映，而是一种主动地、自觉地、全面地反思环境问题，并力求转化为人的应然的行为态度之精神境界。这种精神境界既不同于古代直觉的、体悟的“天人合一”意境，也不同于近代理性的、观念的天与人的“同一性”的追求，而是经由当代“天人相分”反思后的集理性、道德、审美于一身的“天人和谐”的现实要求。

总之，环境意识从根本上说是人的哲学意识的理论表达。这种理论表达是通过对环境问题的反思与批判，以人的自我理解、自我追问以及自我生成为理论目的，从而表达出环境意识的思想内涵。在这个意义上，环境意识的思想内涵既不是彻底的自然主义的立场，也不是抽象的人本主义立场，而是一种以人的自我反思、自我理解为理论出发点，以人与自然的同一性要求为理论目的，以重新理解、审视人与自然的关系实质为理论契机，以人对自然的道德意识要求为理论期望的人道主义立场。

（该文刊于《长春市委党校学报》2001 年第 6 期，第二作者赵玲）

论科学活动的真理向度

科学活动（本文仅指自然科学活动）总是要寻求和发现客观世界的“本来面目”，总是在不懈地追求“客观真理”。无疑，追求客观性是人类科学活动的理想目标、永恒信念。这似乎给人一种误解，好像科学活动仅仅是求“真”的活动，对“真”的理解也仅限于人对自然本性的认同。旧的科学真理观就是这种看法，科学活动的目的就是要如实地“反映”科学对象的本质；科学概念、科学原理所表征的“科学规律”应绝对地“符合”科学实在。其实质是将科学活动真理性简单地理解为顺从自然、符合自然本性的过程，从而忽视了科学真理观中人性的因素。

追求真理是人类一切活动的理论指向、认识旨趣和理想追求。科学活动作为人类一种富于创造性、能动性以及理想性的特殊活动方式，兼有实践活动和精神活动的双重特征。作为一种实践活动，它体现了科学真理的认知向度和超越向度；作为一种精神活动，还体现了科学真理的生命向度。这样来理解科学真理观，它就不是一味地“趋向”客观自然本性的过程，还内在地蕴含着人对自身生命价值的理想追求。

1. 科学活动作为人和自然之间的一种“交往”和“对话”过程，虽然它面对的是外在的客观自然世界，试图在交往与对话中达到对自然的理解。但理解毕竟是人的精神活动，是在人的意识中所进行的理想性、目的性以及应然性的活动。从这个意义上说，科学活动本身又表达了人对自身生存状态的深切关照以及生命价值的理想追求。它所凸现的是人在对客观自然世界的真理把握中所显露的对人的存在的终极关怀。是人在对自然的理解中映衬出的人对自身的觉解。这就是科学真理的生命向度。

科学活动不是一种无主体的，与人无关的“客观活动”，而是一种主体积极参与的，与人的生存现实休戚相关的“主观活动”。科学活动的意向总是和人的存在状况密切相关。“认知的行动和存在的行动是不可分割地联系在一起的。"[①] 就人的存在而言，人并非一种"虚无"的存在，而是一种现实的、关系的存在物。从始源关系看，人来自自然，自然是人的"家园"；从人的自身发展看，人又不甘心受制于自然的限制，要超越于自然。所以，逆反自然才是人的真正存在本性。人的存在本性决定了人的活动必然要超越于自然而走向自在自为的人，从而展示人的非自然特性。"科学代表着人性的一项最高成就，而不是某种置身于人性之外的事物。"[②] 所以，科学活动从其发生来看，就不只是一种认识旨趣，还是一种生存态度，是人对自我的生存关照。正如瓦托夫斯基（Marx W. Wartofsky）所说，"理性知识（尤其是科学知识）是人类适应的一种主要工具，因而也是人类生存的一种主要工具"[③]。

科学活动作为一种生存态度的现实的、历史的表现，又关联着人的生存活动。生存活动的需要构成了科学的逻辑前提。生存活动的要求决定了科学活动的性质、内容及其形式。科学的发生及其历史发展表明，早期形成及建立的"自然科学"门类，如起源于丈量土地面积的"几何学"，用于确定季节、农时的"农学""天文学"等都与人类的具体的、现实的生存活动（主要表现为生产活动）直接相关。近代科学活动反映了工场手工业时代人的需求，现代科学活动则更加深刻地表达了高技术群时代（社会）主体的生存现实及精神要求。科学的发展愈加体现出人的情感融入、信念支持、理性支撑。"没有'人的感情'，就从来没有也不可能有人对于真理的追求。"[④]

科学只"考虑"与人的活动有关的世界，那种与人的活动毫无关联的"客观世界"，对人来说只能是"无"。认知的指向与生命的意愿总是密不可分的。这种活动的真理自然也就不是"冷冰冰"的、"无人身"的真理，而是时刻"关注"人的存在及其发展的"属人"真理。科学真理就此意义而言，既是人对自然的冷静审视，又是人对自我的深切关怀。

2. 科学活动就其作为一种实践过程的理论表达，又是一种创生过

---

① 〔美〕斯图亚特·里查德：《科学哲学与科学社会学》，姚尔强、郑斌详译，中国人民大学出版社 1989 年版，第 211 页。

② 〔美〕瓦托夫斯基：《科学思想的概念基础——科学哲学导论》，范岱年译，求实出版社 1982 年版，第 30 页。

③ 〔美〕瓦托夫斯基：《科学思想的概念基础——科学哲学导论》，范岱年译，求实出版社 1982 年版，第 37 页。

④ 《列宁全集》（第 20 卷），人民出版社 1989 年版，第 255 页。

程。所谓科学理论的创生是指科学理论对科学实在的重构与超越。科学理论是人的“智能的自由发明”，是“人的本质力量的公开展示”。创生过程体现了科学理论的创造性、建构性，理论不仅是概念逻辑体系所表述的现实，同时也是对现实的重构。进一步说，理论既是对现实的知识把握，也是现实的主体重构。由此而展示了科学真理的生成向度。

科学活动是科学主体对科学事实的理论重构，是用“知识的概念”对“知识的对象”的“剪裁”。它不是直观地、镜式地描述自然的外在“面貌”，而是在人的思想中所把握到的现实的自然“景观”。也就是说，科学理论作为人对自然的知识整合，既是一种知识上的把握，又是一种思维中的建构。科学活动是从人的视角出发，依靠人的思维框架去实现和完成自然的知识图景。这种图景并非自然界在向我们显示“自然规律”，而是我们在解释“自然规律”。如自然科学对“时间”本质的认识。经典力学时代的时间是一种绝对时间观念，时间与存在的事物毫无关联。阿尔伯特·爱因斯坦（Albert Einstein）认识到时间与事物的运动状态有关，指出了时间同时性的相对性和时间量度的相对性特征。但又认为时间没有终结时刻，不存在“虚空时间”。现代物理学的发展对时间观念的认识发生了重大变化。如“普朗克时间”（10^{-43}秒）对时间量度的“终结”，宇宙大爆炸理论说明“时间”是有开端和结尾，而现实宇宙学中“人择原理”更加表明了人类对时间、空间的认识取决于人类在宇宙中所处的位置。位置的不同将决定人对时间理解的不同。

需要指出的是，这种理解并非主张主观真理论。事实上，在科学活动中，人也不可能随心所欲地“创造”真理。创造必然要受到自然的限定。但是我们通过科学概念、科学原理所把握的“自然规律”并不等于自在的客观规律，而是已经参与了人的目的性要求的一种规律。求真的认识就并非唯一的、趋向自然的合规律的过程，而是合规律性与合目的性的统一。它不是一种既定的、终极性的认识过程，而是生成中的、建设性的认识过程。“科学就是一种历史悠久的努力，力图用系统的思维，把这个世界中可感知的现象尽可能彻底地联系起来。说得大胆一点，它是这样一种企图：要通过构思过程，后验地来重建存在。”①

---

① 龚建星、刘毅强选编：《体验宇宙——爱因斯坦如是说》，上海文艺出版社 1994 年版，第 132 页。

随着科学的发展及深入，那种人与自然分离的直观反映论只能逐步消解。取而代之的是，人将不再以旁观者的身份站在自然之外去认识自然，而是以合作者的身份，通过参与自然过程来把握自然的本真面目。现代科学的发展也充分地说明了这一点。经典物理学统治时代，建构了机械决定论的世界图景，因果必然性一统世界。人只能“观察”而不能“参与”自然过程。20 世纪初叶，现代物理学（量子力学、相对论）突破机械决定论的模式，突出了人的参与性与选择性。对微观粒子的认识无法排除仪器的干扰，对宏观宇宙的观察决定于人所选择的参考系位置。“人择原理”凸显了宇宙中特定常数的出现是人的选择结果。强调了人与宇宙的谐调关系和交互作用。现代物理学确立了选择论的、非决定论的世界模式，突出了科学主体主观能动性的作用。一句话，世界是人的世界，人是世界中的人。

3. 科学活动作为人的实践过程的观念反映，又表现为一种认知过程。作为一种认知过程，必然是要认识自然界的客观本性，即正确掌握对象的客观本质。此即为真理的认知向度。

按照一般的看法，科学真理与认知真理是密不可分的。认知真理就是认识对象的客观本性。于是乎，科学真理正是反映对象的客观性，所以科学真理就是认知真理。这一点，似乎很少有人怀疑。难道科学给我们描绘的世界图景不是“真实”的吗？我们有什么理由怀疑科学建构的世界图景？问题在于，科学真理的“客观性”究竟指称什么？还在于科学认知活动能否真正把握到对象的客观性。哲学中所理解的客观性一般指相对于主体而言客体所具有的根本性质，即对象的本质属性。在科学的视野中，按照一般的看法，客观性无非标志着自然规律（本体论解释）或者对自然规律的正确认识（认识论审视）。如此理解客观性，科学真理想当然的就等同于客观真理。对此，笔者不敢苟同。

如果我们承认客观真理的本体论解释，那无非在重述素朴实在论的观点。即“存在一个实在世界；它就像我们知觉到的那样”①。希拉里·怀特哈尔·普特南（Hilary Whitehall Putnam）就强调科学理论的任务在于表述外部世界，表述的真假与否不取决于人们的内心结构或语言，而是外界的对象。所以普特南坚持“真理符合说”，“真理就是最美满

---

① 〔德〕福尔迈：《进化认识论》，舒远招译，武汉大学出版社 1994 年版，第 52 页。

的适切性”[1]。我们并不反对“真理符合说”，区别在于对“符合”的理解不同。符合不是机械地“摹写”自然，而是摹写与建构统一的过程。此外，就其客观真理的认识论审视而言，获取对象的客观本质是其认识旨趣，这是共识之处。分歧在于这种客观性是否意味着科学理论所建构的“自然规律”等同于自然界自在的、本然的客观规律。

现代科学的一些新成果极具启发意义。当代发生认识论揭示了人的知觉结构可以偏离现实结构，呈现出人的“认识装置”具有选择性与重构性功能。就颜色知觉来说，人的眼睛所看到的可见光其实是波长为380nm至760nm的电磁光谱，但我们看到的不是波长而是颜色，这是人的颜色知觉的构造功能。再如空间知觉，我们周围的世界是一个三维的世界，但这个三维世界在人的视网膜上的成像却只是二维的，我们的知觉系统根据二维图像的信息再重构三维世界。脑神经科学也证实了来自感觉的神经脉冲信息在进入大脑时都要受到处理，经多重编码加工成大脑图像。它已不完全是对外部世界的写实，而是我们的“认识装置”对外部世界进行构造的结果。资料表明，认知过程不是对外部世界的直接反映，而是与主体知觉结构的功能有直接关系。在某种程度上，也可以说是我们的“认识装置”在“对现实世界进行假设性重构”。此外，我们对微观客体的认识也很难完全排除人的干扰而把握本然的微观客体。量子力学中“测不准关系”表明，由于仪器对微观粒子的作用改变了其客观状态，仪器对微观粒子的干扰既不可忽略，又不可补偿。现代电镜拍摄的原子照片也不是本然的原子，因为电镜在“捕获”原子的过程中就已经改变了其“本来面目”。测量过程对微观客体的影响，使测量结果的“客观性”成了问题。沃纳·卡尔·海森堡（Werner Karl Heisenberg）说得好，“我们观察到的东西不是自然界本身，而是由我们的提问方法所暴露的自然界”[2]。总之，现代科学的发展，使得认知科学愈加突出了主客体相互作用的地位。它告诉我们，在科学活动中想要获得彻底排除人的影响的客观性是不切实际的。科学只是描绘了一幅客体和我们相互作用时的世界图景。人对自然的理解以及对人自身处

---

① 〔美〕普特南：《理想·真理与历史》，李小兵、杨莘译，辽宁教育出版社1988年版，第81页。

② 〔德〕海森堡：《严密自然科学基础近年来的变化》，载翻译组译《海森堡论文选》，上海译文出版社1978年版，第180页。

境的理解，必定都是有限的，不确定的。“科学如此成功地发现了的世界，并不是真正的世界；虽然科学能告知我们大量关于世界东西，但不可能给出全部真理。”① 一些科学家、哲学家也意识到这一点。物理学家尼尔斯·玻尔（Niels Henrik David Bohr）就认为，在科学观察中不存在一个纯粹的观察者，观察者会影响他所研究的事物。哲学家卡尔·波普（SirKarl Raimund Popper）说，“要想清楚地理解一个陈述同一件事物之间难以捉摸的符合，乃是毫无希望的”②。理论物理学家赫尔曼·哈肯（Hermann Haken）也指出：“在自然科学中，且不说在哲学和社会科学领域中，有些问题即使不是完全不可解，也是不能毫无疑义地解决的。”③ 问题十分清楚，科学真理既然不是对现实的忠实反映，那么它所指称的真理只能是“属人”真理。

但是，坚持属人真理不等于否认客观真理，不等于承认不可知论。尽管自然界存在着自在的客观规律，但人的认识只能在具体的实践过程中得以实现和完成。我们主张实践真理观，因为实践性是人的本质属性，人也正是在科学的实践过程中实现人与自然的对话，表达了人对自我的理解。也正是由人的实践本性，使得科学活动呈现为一种开放性、无终极点的过程。科学总是要在不确定性中寻求规定性，却又总是在不确定性的边缘摇摆不定，徘徊流连。使得科学只能在人与自然、理论与事实、理想与现实之间保持一种“必要的张力”。科学活动的“趋真”就不是去符合自然，顺从自然的本意，而是自然在它们对人的“适合”中得到解释。这种解释只能是近似真理、生成真理而不是符合真理、绝对真理。

科学真理的目光永远指向着自然，却又透视出人的反思、人的意愿以及人的价值。这就是科学真理的本质。

（该文刊于《长白学刊》1997 年第 1 期，第二作者金中祥）

---

① 〔美〕斯图亚特·里查德：《科学哲学与科学社会学》，姚尔强、郑斌详译，中国人民大学出版社 1989 年版，第 83 页。

② 〔英〕卡尔·波普：《科学知识进化论》，纪树立译，生活·读书·新知三联书店 1987 年版，第 185 页。

③ 〔德〕赫尔曼·哈肯：《协同学——大自然构成的奥秘》，凌复华译，上海译文出版社 1995 年版，第 238 页。

市场经济与人文精神

市场经济与人文精神的关系问题是当前理论界讨论的热门话题。过去我们对二者的关系是从对立的两极进行研究的。经济学一般是经济规律、经济形态、经济体制以及经济运行、经济模式等理论问题，较少涉及人的问题。而哲学等人文科学则关注人的问题，探讨人的存在、人的发展、人的价值、人的自由等“形而上”的问题，较少论及经济与人的关系问题。市场经济理论的确立给我们重新理解经济与人的关系提供了理论和时代契机，为我们真正、全面地把握人的本质提供了现实的基础。

人文精神在一般的意义上是指关注人的存在、发展，强调人的价值、人的尊严与自由的思想观点、文化态度等。人文精神深蕴对人的关切与反思。可以说，人文精神既是对人的“形而上”的价值指向，也是对现实的人的存在的一种直接体认。因此，真实的对人自身的关切就不应当只是脱离人的现实根基（经济形态）的虚幻的价值设定和理想追求，而应当在人的现实生活世界中去切身地、直接地把握现实的人的存在根基。也就是说，应从人的生存实践活动中，从人的经济形态中去捕捉“人性”的真实内涵。经济与人的关系从来就不是脱节的、毫无关联的状态，而是有着内在联系的紧密关系。我们可以从经济形态的历史演变中去考察人的立体形态的变化。

在古代社会自然经济阶段，人的主体意识没有真正建立起来，整体的人所表现出的只是一种“群体主体”意识，个体意识泯灭于“群体主体”意识之中。而人类精神消解于崇尚自然、顺应天命之中。

近现代以来，伴随着科学理性的振兴，人道主义的复苏，工业革命的发展以及商品经济的出现，使得人自身的发展形态发生了重大变化。事实上，近代以来关于人的发展经历了两次重大变化。第一次变化就是“文艺复兴运动”带来的“人文主义”的复苏。这种复苏表现为人从宗教神学统治束缚中挣脱出来，使人性重新回归于人自身。人不再以外在的神权为依托，而是重新发现人自身的现实力量。文艺复兴运动借恢复古代文化之名，使人文精神再现于人身上。第二次变化就是商品经济所带来的结果。近代以来的资本主义商品经济的发展，对社会发展带来一系列变化，如城市化、工业化、市场的扩张与繁荣等。在这种变化过程中，人的主体形态也在发生变化。表现在两个方面：一方面，人的主体性的提高，体现在哲学上就是二元论哲学。人是主体，而自然是人的客体。在主客二元的框架中，自然已然失去其“本体”的地位，而沦为人类无节制征服的对象。也就是说，人的主体性的提高是与人类生产实践水平的提高、人类征服自然的能力成正比的。尤其是科学理性与工业技术实践的相互促动更是高扬了人的主体性。另一方面，随着当代西方资本主义市场经济的不断完善，主体的形态正在异化。马克思称之为“以物的依赖性为基础的人的独立性”阶段。市场经济形态对人从外在的神权统治以及自然的束缚中解放出来具有重要的历史作用，人通过对“物的依赖”，对现实的物质财富的崇拜走出了“群体本位”阶段。但它带来的负面效应也不容忽视，这就是个人本位、个体意识的上升扭曲了人文精神的“形而上”的价值指向。面对当代人类人文精神的失落，人类开始了深刻的自我反省。

首先，从胡塞尔（Edmund Gustav Albrecht Husserl）、海德格尔乃至法兰克福学派从人的存在以及“社会批判”入手，试图寻找“拯救”人类的药方。胡塞尔意识到了科学理性对人的生活世界的遗忘，海德格尔则直觉到技术理性对自然的“遮蔽”从而使人的存在变得无根。他们的“存在主义焦虑”都反映了对人文精神回归的执着信念。几代法兰克福学派学者痛感人在技术世界中的“单向变化”，以及自然所受到的“压抑性统治”，奋起批判技术的霸权地位。从而意欲完成人与自然的双重解放。可以肯定地说，从胡塞尔、海德格尔到法兰克福学派都意识到人在人所创造的世界中正面临着意义的失落。因此，追寻意义的世界就可以重新找回失落的人文精神，只不过追求的途径不同。胡塞尔走的是现象学之路，以此想达到“生活世界”的基底；海德格尔走的是“诗化哲学”之路，意在靠近“存在”的本质；法兰克福学派走的是“消解”之路，意在消解一切控制人的东西。

其次，从罗马俱乐部到生态伦理学者都从人与自然的关系角度寻求

“拯救”之路。在他们看来，人与自然的关系出现问题，根源在于人自身，是“人类中心主义”的价值观念导致了人与自然的矛盾冲突。因此，应当重新理解人与自然的关系，寻求和解之路。在他们看来，只有通过“伦理”的“拯救”，扩展“传统伦理学”的道德范围，承认自然具有其内在价值，消解人类中心主义的价值观念，才会有人与自然的真正和解。所以，走出“人类中心主义”，承认自然的价值地位是他们的共识。

再次，“后现代主义哲学”也针对现代哲学对人的规定发起挑战。后现代主义学者们不再满意于“现代哲学”的霸权地位，不肯认同“现代哲学”对基础主义、理性主义、同一性的迷恋，以及对人道主义、人的主体性的崇尚。他们试图通过消解任何知识霸权主义，拒斥意义的虚幻指向，瓦解理性的硬性规范，从而使哲学走下学术的“圣坛”而消融于话语系统、大众文化、交往理性之中。后现代主义学者们意识到“现代哲学”在充当学术霸权的角色中，表面上看似乎是要高扬人性，实则是在扼杀人性。理论上意想实现人与世界的亲和，实则却在制造人与世界的间距。问题在于，当后现代主义学者们瓦解了哲学的形而上学理想，消解了意义的崇高性之后，也就失去了哲学作为终极关怀的人文价值。失去了哲学理性、道德价值、生活意义的世界也就很难称之为“人”的世界。人也无法忍受无生活意义的价值虚无的世界。

最后，从人的现实生活世界入手，从社会经济形态的发展和人的发展的关系中寻求出路。事实上，马克思早在150年前就对社会经济的发展与人的发展十分关注。他在《1844年经济学—哲学手稿》中关于异化劳动的理论，在《经济学手稿》（1857—1858）中关于“三形态”理论，都表达了马克思对人的自身发展的深切关怀。只不过马克思不同于其他观点之处在于马克思是从现实出发，从人的生活基底——社会经济形态的变化中去体察人的发展。马克思充分地认识到了（近代）商品经济导致了人对物的依赖关系。这种依赖关系推动了人的发展，使得个人获得独立的存在形态。但同时又使人异化为物的奴隶，人与人的关系表现为物对物的关系。这种经济形态势必限制人的自由发展。所以，马克思的出路是要寻求适合人的自由和全面发展的合理的经济形态。马克思称之为产品经济，也就是在生产力和个人能力高度发展基础上的自由个性。无疑，马克思的出路立足于现实生活世界，通过改造现实生活世界而弘扬人的主体性，实现人的解放，反映出马克思心系人的发展的理论态度和实践意识。总之，人文精神的失落警示人类应该重新正视人自身。古希腊神庙的铭文“人是什么”又再次向当代人类寻求释义。

今天，处于世纪之交的人文精神正面临着理论与实践、历史与现实、个体与类、技术与伦理、人与自然、生命与价值的冲突与整合。其中，最为根本的冲突在于人与人的创造物的矛盾冲突。当代人类实践活动不断创造着人的活动产品，它既包括精神产品如社会制度、文化范式、经济形态，也包括物质产品。而人类活动的产品一旦成为人的新的束缚力量，也就成为人的自由的限定。当代人文精神的失落的真实根源就在于人的价值定位陷落于人的活动产品之中，而不是体现于人的实践活动过程之中。如何走出误区，重建当代人文精神的内涵需要关注以下几点。第一，主体性的发展。重建当代人文精神必须要发展人的主体性而不是“消解”人的主体性。后现代主义学者们哀叹“主体的黄昏”在于他们只看到了当代西方社会“个体本位”的社会现状，而没有意识到这是主体性发展的必然过程。一旦如他们所主张的消解掉主体性，势必使人的自由意识建立在虚无的沙滩上。发展人的主体性应坚持马克思的实践思维方式，即把实践理解为人的本性，在实践活动中发展和升华人的主体性。马克思的“三形态”说指出，升华人的主体性必须通过经济形态的变革，在更先进的共产主义社会才能消除“个体本位”的形态而实现个体与类、人与自然的统一。第二，价值的重新定位。价值表达着人的理想追求、意义所在。资本主义商品经济形态导致了人的价值的失落，使价值的形而上的意义追求陷于人的活动成果之中，扭曲了价值的真实内涵。因此，人的价值只能是定位于人自身而不是人的替代物。用马克思的话来说，人就是人自己。也只有把人的价值定位于“人自己”，才能在人的实践中不断生成人自己，创造人的本质内容，使失落的人文精神重新回归于人，从而实现人的历史与现实的有机统一，重新确立人的尊严、人的个性。第三，生命的再创造。人文精神的复归应以生命的创造为其根本宗旨。生命的创造不同于生态伦理学的生物保护主义，这还没有超出“神哲学”。生命的创造蕴含生命的保护，但它不是最高的目标。其最高的目标在于生命价值的创造。这种创造既包含生命形态的延续，也深蕴无生命形态向生命形态的转化。也就是把无生命的存在转化为属人的生命存在。在转化过程中，人创造外在世界的生命价值，外在世界也由此展示、澄明了对人的存在意义。可以说，这种对外在世界生命价值的创造就是人的伦理品格的延伸，是人与人的道德意识向人所面对的世界的扩展。人也就在这种创造生命价值的活动中升华了人的主体性，同时也表达了“实践理性”的人文情怀。只不过康德的“实践理性”是先验的，而我们所指的“实践理性”是实践的，即通过人的实践活动去完成的。

（该文刊于《学术交流》1998年第3期）

第二编　环境社会学理论与实证研究

西方环境社会学的理论发展及其借鉴

环境社会学作为一门研究环境与社会的关系的学科，兴起于20世纪70年代。一些不同学科领域如人口学、农村社会学、城市社会学以及政治学等领域的学者在“环境主题”（environmental topics）之下，从各自不同的领域探讨了“环境—社会”的关系。在那一时期，这些探讨主要围绕着如工业社会和人类居住的物理环境的关系，环境污染和资源约束的社会影响，社会和自然环境的交互影响关系，以及关于“增长的极限”等内容的研究①。这些研究工作对于后来的学科意义上的环境社会学的理论建设无疑具有积极的促进作用。但作为一种学科意义上的理论开创工作，还是来自于两位美国学者威廉·卡顿（W. R. Catton）与赖利·E. 邓拉普（Riley E. Dunlap）的贡献。1978年，他们在《美国社会家》（*The American sociologist*）杂志第13卷上发表了《环境社会学：一种新范式》的文章，由此标志着环境社会学学科的理论建构的开端。

一　西方环境社会学的理论发展主线

西方环境社会学发展至今已经有近30年的学科历史，在此期间环境社会学自身的理论研究在不断地深化，研究的领域也在不断地拓展，其学科地位也渐入主流社会学家的理论视野。应当说，环境社会学这门学科正在处于积极的发展之中。

---

① Riley E. Dunlap，“The evolution of environmental sociology：a brief history and assessment of the American experience”，in Michael R. Redclift and Graham Woodgate，eds.，*The International Handbook of Environmental Sociology*，Cheltenham：Edward Elgar Publishing，1997，pp. 22 – 23.

美国学者弗雷德里克·H. 巴特尔（Frederick H. Buttel）1987 年曾在《国际社会科学杂志》发表《社会学和环境问题：人类生态学发展的道路》的文章，较为详细地阐述了 20 世纪七八十年代环境社会学理论研究的状况。按照巴特尔的分析，在 70 年代晚期，卡顿与邓拉普在社会学的理论视野内提出了一个具有“绿色思想”的新的范式——“新生态范式”（NEP）。这一范式力求突破古典社会学理论的方法论传统，即所谓迪尔凯姆主张的“一种社会现象只能通过其他社会现象去解释”的方法论原则，认为这一方法论原则为社会学的理论研究划定了“人类中心主义”的理论边界，反对任何社会学理论研究中的生物学化的倾向，由此也在一定程度上限定了社会学对于人类赖以生存的自然环境的理论关注。

为了突破这一方法论原则，卡顿与邓拉普提出的“新生态范式”主张将生态学法则引入到社会学的理论研究中。这一范式的核心思想就是：人类不应当仅仅认为自己受到文化和社会的影响，而忽略自然环境对人类社会的潜在影响。在他们看来，几乎所有的社会现象诸如经济增长和社会发展等都存在着自然的和生物学上的潜在限制，这种限制是难以超越的。所以，我们不应当无视这种限制的存在，而应当警醒和反思社会学理论研究中的“人类中心主义”的倾向，以及这种倾向有可能导致的人类理性的社会行动所带来的不利的社会后果。这意味着，“新生态范式”意在将生态环境问题引入到主流社会学的理论视野，但如巴特尔所见，他们的理论工作还仅仅是一个开端。

巴特尔进一步指出，与卡顿、邓拉普相左的观点则是由美国学者施奈伯格（Allan Schnaiberg）提出的“社会—环境辩证关系”的理论。这一理论旨在解释发达的工业资本主义社会中“政治—生态”之间是何种性质的关系。具体说来，这一理论表现为三种“合题”，但其实质主要体现为两种“合题”之间的关系运动，即“经济的合题”与“有计划的匮乏的合题”两者之间的运动。所谓“经济的合题”是指不顾生态环境的恶化而最大限度地追求经济增长，意图以此来“解决”经济增长和生态环境之间的矛盾。而“有计划的匮乏的合题”意在强调在适度的经济增长的同时，重点处理那些较为严重的生态环境问题。施奈伯格认识到“经济的合题”难以解决经济发展与日趋严重的生态环境问题之间的矛盾，从而倾向于“有计划的匮乏的合题”，认为这一“合题”较为符合美国70年代初期的环境管理政策。但同时他也指出，由于在发达的工业资本主义社会中存在着某种特定的“政治—经济体制结构”，这种结构会导致一种向“经济的合题”回归的强大压力，这种压力来自于他所谓的“生产的传动机制”（a treadmill of production）的作用。这种机制主要反映的是政府的经济政策与经济领域内垄断部门的经济行为之间的复杂性关系，即政府在政治上往往采取支持经济扩张的政策，以应对垄断部门往往投资于资本高度密集企业所带来的相关的社会问题，如就业问题与生态环境问题等，从而使得这两个“合题”易呈现出交互出现的复杂情况。这在一定意义上也反映出在发达的工业资本主义社会中，政治、经济与生态环境三者是十分复杂的关系性质，既涉及政府的政治与经济的目的和政策，也涉及现实的社会分层和就业问题，更是涉及一种普遍化的社会各阶层的消费欲望的平衡问题。这里，施奈伯格向我们展示的是一种“政治经济学”的理论方向。

当然，巴特尔也看到，在那一时期上述三位学者的工作还未能使环境社会学完全被主流社会学家所接受和认同。而巴特尔本人的观点也是倾向于倡导社会学的理论研究应当和生态学的相关理论知识结合起来，这基于他对人的本质的理解。在他看来，人的本质具有两重属性，既是作为生物圈中的自然生命的存在物，也是作为社会性的“环境”的创造者。因此，社会学不应当完全排斥生态学的思想，环境社会学的理论工作就是如何将生态学的知识和方法与社会学的理论研究有机地结合起来。

90年代以来，环境社会学的理论研究开始逐步走向一个稳步发展和研究领域不断拓宽的时期。正如巴特尔所分析的那样，这一时期主要表现为两个特征：一是一些主流社会学家如安东尼·吉登斯（Anthony Giddens）、卢曼（Niklas Luhmann）等人开始关注和强调“生态信条”（ecological beliefs）作为一种方法论原则在我们理解环境与社会的关系中所应具有的积极的理论指导作用。二是环境社会学的经验主义的视野扩展到了三个领域，即科学社会学、风险社会以及新社会运动理论[1]。

---

① Frederick H. Buttel and Craig R. Humpbrey, “Sociological Theory and the Natural Environment”, in David N. Pellow and Riley E. Dunlap, eds., *Handbook of Environmental Sociology*, New York: Greenwood Press, 2002, pp. 57 - 60.

吉登斯作为当代较有影响的社会学家已经敏锐地看到了科学技术的发展所具有两重性质，认为科学技术的进步既是经济发展和科学技术创新的源泉，也可能是导致不可预见的危害性后果的根源。因为科学技术发展的速度太快，以至于我们在理论上很难做到同步发展，无法及时地对其可能导致的后果和社会价值做出相应的认知和判断，而且，也没有历史先例和以往的经验可以借鉴和依赖。这意味着，科学技术的进步和风险是紧密相关的，当下我们所面临的各种风险问题如技术风险（转基技术）、生态风险（全球气候变暖、环境污染）乃至于经济发展与生态环境恶化之间的关系等问题都变得更加难以把握，因此，他提出要加强地区性的和全球性的生态管理政策，以应对未来那些不确定的和不可预知的各种风险问题。

而环境社会学向科学社会学、风险社会以及新社会运动理论领域的扩展则表明了该学科意欲从这三个领域汲取相应的理论上和经验现实方面的借鉴和支持。事实上，就科学社会学自身的理论研究而言，长期以来一直坚持以往的理论传统，更多地关注于科学和技术在社会和自然环境变化方面的中介作用，而较少关注于对现实的生态环境问题的研究，这种状况直到90年代末期稍有好转。相反，倒是一些主张“社会建构主义”（social constructionism）的环境社会学家则敏锐地意识到科学社会学在揭示科学和技术的进步对于“环境—社会”关系演化的影响，以及在科学和技术的社会控制等方面的研究将给环境社会学提供积极的理论支撑作用。约翰·汉尼根（John Hannigan）就认为，生态环境问题之所以能够成为社会问题是诸多因素影响的结果，如科学权威的态度、大众媒体的关注、经济进步与生态环境的矛盾加剧，以及环境知识普及化的宣传等，其中科学和媒体的作用最为重要，科学提供了生态环境问题何以存在的事实性依据，而媒体则起到了宣传和强化环境意识的舆论动力①。

至于风险社会理论则从工业资本主义社会的逻辑基础的转变入手来切近生态环境问题，按照乌尔里希·贝克（U. Beck）的看法，最近20多年来的全球化的“政治—经济”格局的重新定向为现代社会确立了一种基本的社会动力，从而导致了技术风险、工业资本主义社会以及资本积累相伴而生和交互生长的局面。这种局面使得生态环境问题变得愈

① John Hannigan, *Environmental Sociology*, New York: Routledge Press, 2006, p. 78.

加具有不确定性和不可预知性，这意味着以现代性为导向的国家政体和科学技术手段在应对全球性的风险时会变得愈加乏力。有鉴于此，贝克提出了应对风险社会的理论出路，意图破解工业资本主义社会的掠夺性生产和过度消费的现实逻辑。这种出路就是：在观念、意识层面上主张以“生态启蒙”为核心内容的“第二次启蒙”，以此深刻反省现代性的合理性。而在社会实践层面上则以依托非政府组织和环保运动的“生态民主政治”来践行启蒙的内容和要求，重在强调一种“意识形态”与“社会行动”相结合的过程和作用。

而新社会运动理论与贝克的风险社会理论则有着异曲同工之处，它也根源于“二战”后的工业资本主义社会的“政治—经济”的新格局背景，只不过其理论基点在于“生态现代化”理论，认为生态环境问题的解决应当在于一种积极的社会现代化的努力，而不是悲观主义所主张的反现代化的观点。社会现代化体现的是一种综合性力量作用的结果，它包括国家和地方性的政体制度（如法律机构）的权力有效性，环境管理政策的逐步完善，受环保意识驱动的技术革新和进步，环保运动的强大社会压力，以及市场机制对于自然资源日渐加强的保护作用等，重在强调它们之间的多重协作的功能①。

更为引人注意的是，社会建构主义学者汉尼根在其新版的《环境社会学》② 一书中就“环境流动的社会学” （sociology of environmental flows）理论进行了详细的阐述和积极的展望，认为这一理论可能预示着环境社会学未来发展的一个新的理论生长点。这里所谓的“环境流动”不仅是指物质性的流动或者作为技术和生产的供给性结构，而且也是“社会—环境”之间的节点式的以及网状结构式的复杂的交互关系。如书中所述，“环境流动的社会学”其核心的理论是“突发性理论”（emergence theory），这一理论是对一系列新凸现的环境危机（如印度洋海啸、SARS 病毒、疯牛病等）的积极的理论反映，认为这种新形式的环境危机比以往的生态环境问题更具有突发性、复杂性的特点，危害性及

---

① Frederick H. Buttel, “Classical Theory and the contemporary environmental Sociology: some reflections on the antecedents and prospects for reflexive modernization theories in the study of Environment and society”, *New Developments in Environmental Sociology*, in Michael R. Redclift and Graham Woodgate, eds., Cheltenham: Edward Elgar Publishing, 2005, pp. 26 – 30.

② John Hannigan, *Environmental Sociology*. New York: Routledge Press, 2006, p. 115.

破坏性也较大，且更加难以预料和应对，这使得环境与社会的关系呈现出愈加复杂化的“突发性流动”（emergent of flows）的特征。这一特征的出现要求我们在理论上应当重新反省以往的“自然—社会二分法”（nature - society divide）的观念是否还具有其相应的合理性，也进一步对环境社会学的理论研究提出了社会建构主义和经验主义相结合的要求。

总体上看，西方环境社会学经过近 30 年的学科发展已经取得了长足的理论进步，既借鉴和吸取了其他相关学科的理论优长，也更加明晰了学科自身的研究领域和内容，使得环境社会学的学科地位变得比以往更为坚实和稳固，逐渐成为社会学领域的前沿性学科。这其中有许多值得我们学习和借鉴的地方，当然，也存在着一些应进一步深入思考的理论问题。

二　简要的理论反思及其可能的借鉴

正如上面所述，西方环境社会学在短时间内所取得的理论进步是明显的，主要有以下几方面原因：一方面，主流社会学家对其认同度的提高，认识到生态学法则对于社会学理论研究的重要意义，同时，环境社会学所探究的理论内容更具有现实感，关切当下人类生存的重大现实问题，且紧扣现代性的学理主题；另一方面，其理论自身在不断的自我完善和发展，既形成了竞争性的理论观点，如美国的经验主义和以欧陆学者为主的社会建构主义关于生态环境问题的事实性和建构性的争论，也存在着经验主义内部的关于“环境问题的社会学”（如研究公众的环境态度）与“环境的社会学”（如探究国家及“社会—经济”的状况与环境污染水平的关系等）之间的理论分歧[①]。这些争论和分歧在一定意义上促进和推动了环境社会学自身的理论建设。此外，一些新生的前沿性理论观点如突发性理论等的出现也给环境社会学提供了新的理论解释框架。

西方环境社会学的理论发展向我们表达了这样一幅理论图景，这就是以生态学法则作为基本的方法论原则，以对现代性的反省作为理论出

① Riley E. Dunlap, “The evolution of environmental sociology: a brief history and assessment of the American experience”, in Michael R. Redclift and Graham Woodgate, eds., *The International Handbook of Environmental Sociology*, Cheltenham: Edward Elgar Publishing, 1997, pp. 22 - 23.

发点，以环境与社会的关系性质作为理论研究的内容，从而在理论和实践两个层面上展开其理论视野。当然，这并不意味着西方环境社会学的理论发展已经尽善尽美。毕竟，作为一门新生的学科其自身发展的历史还较短，仍然存在着以下尚不明晰和有待进一步思考的理论问题值得我们去反思。

首先，在方法论原则方面，尚未处理好理论与方法论原则的关系。西方环境社会学从其建立之初就力拒人类中心主义思想而倡导生态学法则，并力求使这一法则成为环境社会学主导性的方法论原则。无疑，这种倡导具有其积极的理论意义，它对于我们反省人类中心主义思想的强势地位，重新认识人类自身在自然界的位置提供了一种新的方法论原则。但问题在于，一旦我们过于强调生态学法则的作用，把人仅仅理解为生物学意义上普通生命存在物，这又有着自然主义之嫌的成分，而且，也未能摆脱“自然—社会二分法”的两极化的思维模式。这种状况也导致了西方环境社会学在其核心概念——“环境”理解上的差异，我们究竟是在关系性的含义上将其理解为生态环境，还是在建构性的意义上将其理解为社会性的环境，说法不一。但社会建构主义的理解似乎意在摆脱“自然—社会二分法”的影响，而近年来出现的“突发性理论”也让我们看到了走出两极化思维模式的理论希望，但现在下结论还为时过早。

其次，在理论内容层面上过于偏重抽象层面的理论建构。巴特尔早期就曾经批评过卡顿与邓拉普的“新生态范式”的理论假设过于抽象，认为这一假设对于环境社会学的经验研究并无实质性的意义，至于后来其二人提出的“环境的三维竞争功能”理论也仍然难掩其模型化的痕迹。而批评者巴特尔本人对人的本质的两重化的理解则更是近于哲学的思考方式。如果这种理论倾向进一步泛化，就会使得环境社会学成为一种“宏大叙事”的理论，有悖于其理论初衷。

再次，理论边界尚未明定。这主要体现在环境社会学与相邻的学科如环境政治学、科学社会学以及政治经济学等学科在研究领域上存在着一定的交叉性。例如，关于环境态度、环境组织及环境运动问题的研究，以及关于工业资本主义社会的社会经济状况、技术风险与生态环境的关系问题研究等都是这几个学科较为关注的理论问题。如卡顿与邓拉普在其早期的经典性的论文中就曾指出，环境社会学的研究领域主要包括人工环境、组织、行业及政府对于生态环境问题的反映，技术风险与风险评估，社会不平等与环境风险，公众态度与环境运动，以及人口增长、富裕与温室气体的产生等①。巴特尔也认为环境社会学的研究应当包括工业资本主义社会的性质与服务经济，经济危机与国家问题的政治经济学，人生过程分析与新的家庭经济学等内容②。

事实上，几乎所有关乎于生态环境问题的内容如政治、经济、政策与管理、社会行动及科学技术等都纳入于环境社会学的研究领域，这就难免不与其他学科在研究内容及主题上存在着一定的交叉性。当然，对于上述领域的研究也非环境社会学一己之力所能完成，也需要结合和借鉴其他相关学科的理论知识。但是，怎样才能在这种交叉性领域的研究中体现出环境社会学自身的理论特点，明确界定其研究内容，而不仅仅是一种综合性的、包罗万象的研究，还需要进一步思考。上述三位学者只是给环境社会学划定了相关的研究领域，但并未就划界的标准进行过深入的探讨，其中可能隐含的标准仍然还是其基本的生态学法则，但这一法则同样也适用于其他相邻的学科，还不足以作为重要的划界标准。

总之，尽管西方环境社会学还存在着上述一些理论问题，仍需要进一步完善，但其理论进步已是主流的发展趋势，而且也在不断地反省其自身存在的理论问题。这对于我国环境社会学的理论建设仍然具有一定的启迪作用。一方面，我们要深刻地认识到“环境—社会”关系的复杂性，破解二元对立的思维模式，而在一种动态的、多层次结构的关系中来理解“环境—社会”的关系实质。另一方面，我们也要借鉴其他相关学科的理论知识，尤其是加强对环境政治学、政治经济学等学科的理论研究，这对于我们理解我国市场转型条件下政治、经济的状况与生态环境变化的关系性质将具有积极的理论参考意义。

（该文刊于《吉林大学社会科学学报》2007 年第 3 期）

---

① 〔美〕查尔斯·哈珀：《环境与社会》，肖晨阳等译，天津人民出版社 1996 年版，第 73 页。

② 〔美〕弗雷德里克·H. 巴特尔：《社会学和环境问题：人类生态学发展的道路》，冯炳昆译，《国际社会科学杂志》1987 年第 3 期。

对环境社会学范式的反思

环境社会学自从1978年由两位美国学者赖利·E. 邓拉普与威廉·卡顿在《美国社会学家》杂志第13卷上发表文章《环境社会学：一种新范式》，由此标志着环境社会学学科的创立。事实上，环境社会学发展到今天，也只有不到40年的学科发展历史，但是发展得却十分迅速，在许多领域如以经验研究及应用研究为主要特征的“环境问题的社会学”，以及以理论研究为见长的“环境社会学”，都有着较为广泛和深入的探讨。

但是，对于环境社会学学科范式的探讨，即：环境社会学的学科边界问题，至今学界探究得还不够深入。国外一些学者主要是关注于学科的“研究主题”等问题，已有的关于学科范式的探讨还有待于取得认同。无疑，学科范式的明晰将决定我们对于一个学科的方法论的理解，也意味着一个学科的成熟程度的标志。

一　对环境社会学范式的考察

“范式”在一般的意义上，表征着一个学科成熟的边界与标志。美国学者托马斯·库恩（Thomas S. Kuhn）在其《科学革命的结构》一书中，对范式概念做了基本的表述，将其理解为科学家共同体的共有信念。或者说，范式是一段时期内某一学科的科学家共同体一致认同的学术研究的方法论规则①。而对于环境社会学学科范式是什么的思考，我们可以通过一些学者的阐释与研究窥见其一斑。

---

① 〔美〕托马斯·库恩：《科学革命的结构》，金吾伦、胡新和译，北京大学出版社2003年版，第43页。

(一)

卡顿与邓拉普在其早期的经典性的论文中，就曾经为环境社会学学科界定了一个基本的“研究主题”，这一主题的内容涉及得较为宽泛。主要包括：野生动物与娱乐管理问题；人工环境问题；组织、行业及政府对于环境问题的反映；人类对于自然危险与灾害的反应；技术风险与风险评估；能源和其他资源短缺的影响；社会不平等与环境风险问题；环境主义、公众态度和环境运动；对环境态度与范式改变的经验调查；人类的承载力与超越的问题；与环境有关的大规模社会变迁问题；人口增长、富裕与温室气体的产生问题等领域①。在这篇经典性的论文中，两位学者主要探讨了两方面的问题。一方面，探讨了“环境社会学”与“环境问题的社会学”这两种表述方式之间的区别与理论意义。对于后者，一些早期的美国社会学家进入环境问题研究是在传统社会学领域，其出发点就是社会学视野的，例如闲暇行为、应用社会学及社会运动等。随着环境社会学学科的发展，之后的环境社会学主要是聚焦于荒野娱乐（国家公园和国家森林）、资源管理及环境主义。另一方面，还探讨了环境社会学学科的研究领域问题，认为还没有形成一致的研究内容，而呈现为一种多样化与重叠性的研究样态，缺少一个长时态的经验主义传统。大多数领域的工作是概念化与推测性的，与经验研究的结合度还不够完善。

总体上看，这些研究主题涉及的领域比较宽泛，大多数研究体现的都是环境与社会的关系问题。但有些研究主题还是有着一定的跨界之疑，如“野生动物与娱乐管理”近于环境管理领域，“人类对自然危险与灾害的反应”与灾害社会学内容相交叉、“社会不平等与环境风险问题”、“环境主义”、“公众态度和环境运动”等也是环境政治学涉足的领域。只有“对环境态度与范式改变的经验调查”“与环境有关的大规模社会变迁问题”等与社会学内容相近一些，是专业社会学学者的研究风格。

应当说，这个早期的研究主题给出了一个较为宽泛的领域，有些领域属于学科跨界性质的研究，或者说是一种以交叉性研究为主的特征。此外，虽然学科的范式并不是很明晰，但是基本上也形成了两大研究主

---

① Rilley E. Dunlap and Willim R. Catton, “Environmental Sociology”, *Annual Review of Sociology*, Vol. 5, April 1979, PP. 243 - 274.

题，即以环境与社会的互动关系为研究主题的“环境社会学”，如研究工业社会和人类居住的“物理环境”的关系问题等，以及泛指与环境问题有关的“环境问题的环境社会学”，如探讨环境运动、公众对于环境问题的态度、环境政策的制定等。

此外，两位学者也提出了一种“新生态范式”（“人类例外图式”）的方法论原则，力求突破古典社会学理论的方法论传统，即迪尔凯姆（Emile Durkheim）主张的“一种社会现象只能通过其他社会现象去解释”的方法论原则。他们认为，这一方法论原则为社会学的理论研究划定了人类中心主义的理论边界，从而过于夸大人类文化的自主性，反对任何社会学研究中的生物学化的理论倾向，忽略了自然界的承载力问题，由此也在一定程度上限定了社会学对于人类赖以生存的自然界的理论关切。或者说，他们的观点阐释了社会学对于环境问题及“生态限定”问题研究的重要性，强调不应当把人类仅当作受到文化和社会因素的影响，而忽略自然界对人类社会的潜在影响。从学科范式视角看，他们虽然强调了社会学研究的方法论特征，但这也只是指出了人类社会在自然界中的生态位置问题。

美国学者弗雷德里克·H. 巴特尔进一步拓展和讨论了环境社会学的研究主题，他的阐述主要是建基于一种制度分析的方式。一方面，他认为环境社会学应当关注“后工业社会”的性质与经济制度，探讨生产方式的变革对环境危机的影响关系。此外，还应当关注经济危机与国家层面研究的“政治经济学”，尤其是探讨工业资本主义国家的经济衰退与环境恶化的关系问题。另一方面，也要注重家庭制度的物质基础与文化的相互作用的研究，即“新的家庭经济学”。同时，着重强调了比较历史研究的重要性，分析人类社会与“物理环境”相互作用的历史变迁过程[①]。相比较于卡顿与邓拉普的研究主题，巴特尔的范式分析更加注重与经济、社会发展密切关联领域的研究，如关注于社会结构的变化、经济制度的演化与环境问题的关系等。或者说，巴特尔主要是推进和丰富了“环境社会学”这一主题方向的内容。而卡顿也指出，环境社会学的研究主题正愈加集中于关于环境问题的产生原因，影响环境问

---

① 〔美〕弗雷德里克·H. 巴特尔：《社会学和环境问题：人类生态学发展的道路》，冯炳昆译，《国际社会科学杂志》1987 年第 3 期。

题的社会因素，以及如何解决环境问题的对策等方面的内容[①]。

此外，加拿大学者约翰·汉尼根在其《环境社会学》一书中援引邓拉普等学者的研究，也介绍了九种相互竞争的“范式”，如人类生态学、政治经济学、社会建构主义、生态现代化理论、风险社会理论及环境正义理论、批判真实主义、行动者——网络理论和政治生态学。但书中并没有对“范式”概念加以明确定义，我们也可以将其理解为不同的研究视角或解释框架，这九种所谓的“范式”实则体现的是当下环境社会学研究的多元化特征。而所谓“竞争性”意味着：这些不同的解释框架之间存在着一定的方法论的冲突，如真实主义与建构主义、生态现代化理论与风险社会理论等[②]。巴特尔也提出，农村社会学应当与环境社会学开展交叉领域的理论研究，尤其对一些重大的战略性理论与范式，以便将一些不兼容的理论和范式重新进行整合[③]。

（二）

所以，虽然环境社会学的创始人及先驱者提出过“范式”概念，但是并未进行过较为深入的探讨，我们还是可以从其对“研究主题”及“范式”的阐述中看出一些学科范式特征的端倪。从原初的两大主题到后来的九大“范式”，可以看出环境社会学的研究，正呈现为研究视角的多元化及方法论的竞争性，以及对“新生态范式”的质疑。

首先，从研究主题看，形成了“环境社会学”与“环境问题的环境社会学”两大主题，且这种区分随着学科自身的发展其边界变得愈加模糊，不再刻意地明确加以区分。

其次，研究视角的多元化，意味着多种不同学科的研究视角进入环境社会学的学术视野，呈现为一种较强的学科跨界研究的特征，但同时也易导致环境社会学面临着学科边界模糊的问题。

再次，方法论的“竞争性”表明，一些不同的研究视角或解释框架之间存在着一定的方法论冲突。如真实主义与建构主义的冲突，表现

---

① Rilley. E. Dunlap, “Environmental Sociology”, in Derek Mackenzie, eds. , 21*st Century Sociology*: *A Reference Handbook*, Bingley: Emerald Group Publishing Limited, 2007, pp. 329 – 340.

② 〔加〕约翰·汉尼根：《环境社会学》，洪大用译，中国人民大学出版社 2009 年版，第 12 页。

③ Frederick H. Buttel, “Environmental and Resource Sociology: Theoretical Issues and Opportunities for Synthesis”, *Rural Sociology*, Vol. 61, No. 1, January 2010, pp. 56 – 76.

为美国的“经验主义”和以欧陆学者为主的“社会建构主义”之间，存在着关于环境问题的事实性和建构性的理论争论问题；而生态现代化理论与风险社会理论、“生产的传动机制”（a treadmill of production）理论之间，也存在着对科学技术发展的积极作用及技术风险的认知差异。而从具体的研究方法看，也没有提出明确而具体的研究方法。这主要是由于研究领域的泛化所导致的，难以形成逻辑一致的具体研究方法。

最后，对“新生态范式”的质疑在于：所谓的“生态限定”实则表达的是一种自然科学层面的陈述，且其表述方式也过于抽象。但其实质在于怎样理解环境社会学视野中的“环境”概念，究竟是指“物理环境”还是“建构的环境”（built environments），一方面，如果是指“物理环境”（自然的环境，Natural environments），这种理解与“生态限定”的内涵是一致的。那么，这种研究的社会学价值还是在于社会性本身，而不是社会与“物理环境”的关系。毋宁说，社会与“物理环境”的关系是作为研究背景而存在的。另一方面，如果界定为“建构的环境”，则是一个内含不易把握的概念，其研究的价值在于对“建构”含义的理解。一般而言，“建构的环境”指人化的环境，这种环境一般是指特定的环境，如自然保护区（包括国家公园、国家森林）等。这种理解重在强调保护（人化的）生态环境系统，而其研究的社会性特征弱于前一种理解。如此看来，“物理环境”的理解更具有其学术价值的合理性。

通过前面的分析可以看到，环境社会学目前还面临着研究视角的多元化、跨学科特征，以及方法论的竞争性等问题，仍然没有形成一个比较规范的范式范畴。但我们还是可以从两个方面加以理解，即：关系（行动）主义和制度主义，这两个方面有助于凸显社会学的学科特征。一方面，关系主义意味着：环境社会学的研究应当是立足于人与社会的关系，透过这一关系再去把握社会与环境的关系。所以关系主义凸显的是学科的社会性特征，而不是“人”与“物理环境”的关系，这超出了环境社会学的解释范畴。应当说，关系主义是环境社会学最为本质的特征。而行动主义强调的是社会行动，其行动的最终目的是生态环境保护，通过集体行动来实现其目的。如环境主义、公众态度和环境运动等，行动主义具有较强的特定的社会属性特征。另一方面，制度主义是从制度分析的视角探讨社会与环境的关系。其中“制度”的含义较为宽泛，涉及结构、变迁及政策等因素，如社会结构及变迁、经济发展、政府相关政策等，这一视角是一种宏观层面的研究。需要指出的是，在这两方面的特征中，每一种特征既有理论研究也有经验研究的维度，理论研究大多承载着解释框架的作用，而经验研究则直面现实的环境问题，且正愈加成为环境社会学的显学。

二　国外环境社会学的拓展性研究

近些年来我们注意到，环境问题出现了一些新的特征，表现为：全球的气候变化与大气污染问题呈上升之势，自然灾害加剧频繁，其他如海洋污染、公害转移及核能污染等问题也日渐凸显出来。从环境风险的角度看，“人”与“物理环境”的关系变得愈加脆弱与不稳定。于是，围绕着“环境问题”这一庞大的研究视野，近年来国外学者进行了广泛的多领域的研究，且实证研究占据着其主流地位。我们依据关系（行动）主义与制度主义这两个基本特征，来考察一下国外环境社会学的研究状况。

（一）

在关系（行动）主义的范畴中，社会认同、社会运动等研究体现了这一特征。具体如，在“环境认同”与“环境身份”的研究中，社会学学者的研究强调将环境身份置于身份的多重性、层级性的社会结构中，力求凸显身份的类型化及结构性特征。显然，这一研究具有一定的环境伦理的理论色彩，通过对环境认同与环境身份的自我认识，力求解释“人”对“物理环境”的关切程度。美国学者斯代特（Jan E. Stet）提出了具有社会学意义的环境身份概念。他指出，环境身份是人与自然环境相关联时，所赋予“自我”的一系列意义。环境身份与职业身份、性别身份一样也是一种身份类型，并具体提出了“11 项 EID 测量”的方法[①]。克莱顿（Susan Clayton）也提出一个依据24个问题进行环境身份测量的方法，即“24 项环境身份测量”[②]。而且，环境身份研究也开

---

① Jan E. Stet and Chris F. Biga, “Bringing Identity Theory into Environmental Sociology”, *Sociological Theory*, Vol. 21, No. 4, December 2003, pp. 398 – 423.

② Susan Clayton, “Environmental identity: A Conceptual and An Operational Definition”, in S. Clayton and S. Opotow, eds., *Identity and the Nature Environment: The Psychological Significance of Nature*, Massachusetts: MIT Press, 2003, pp. 52 – 53.

始与环境行为、环境运动的研究结合起来。如邓拉普提出了“环境运动身份”的概念，用于指代个体参与环境运动的意愿及对环境运动的情感联系程度[①]。肯普顿（W. Kempton）也认为，有关环境身份的身份、认知及情感联系等指标对环境行为具有一定的解释功能[②]。

（二）

在制度主义的范畴中，由于涉及的研究领域十分宽泛，我们可以看到较多与之相关的研究，且多以经验研究为主。

首先，随着全球气候变暖问题的日益凸显，对于气候变化问题的研究显得愈加重要，这是一个由多方面研究领域构成的系统性的研究。既要理解气候变化对社会性的生产、生活造成的影响，也要反省社会的生产与生活对气候变化的作用，如气候变化风险。

在环境政策研究方面，吉罗德（Bastien Girod）研究了消费选择问题。他认为，在减少温室气体排放方面，尤其是在缺乏有效的国际气候政策的条件下，在减缓全球气候压力的潜在因素中，消费选择的改变无疑是更有效的办法[③]。巴尔克利（Harriet Bulkeley）等学者探讨了气候公正问题，主张气候公正不能只是国际政治中的话题，也应该在城镇中得到实证研究的论证。他们通过对班加罗尔、香港、柏林、费城等五个城市气候的研究，揭示了对气候变化措施的实践折射出了气候正义的观念问题[④]。在气候变化的风险研究方面，经验研究的特征显得更为突出一些。奈尔斯（M. T. Niles）等学者在对美国加利福尼亚州 162 户农户调查的基础上，检验了关于气候政策风险的假设。强调在研究气候风险反应时，应将其他社会经济政策、风险行为与农业行为的参与纳入到未

---

① Rilley. E. Dunlap and Aaron M. Mccright, “Social Movement Identity: Validating a Measure of Identification with the Environmental Movement”, *Social Science Quarterly*, Vol. 89, No. 5, December 2008, pp. 1045 – 1065.

② W. Kempton and D. C. Holland, “Identity and Sustained Environmental Practice”, in S. Clayton and S. Opotow, eds., *Identity and the Nature Environment: The Psychological Significance of Nature*, Massachusetts: MIT Press, 2003, pp. 317 – 342.

③ Bastien Girod and Detlef peter van Vuuren, “Climate policy through changing consumption choices: Options and obstacles for reducing greenhouse gas emissions”, *Global Environmental Change*, vol. 25, No. 1, March 2014, pp. 5 – 15.

④ Harriet Bulkeley, Gareth A. S. Edwards, Sara Fuller, “Contesting climate justice in the city: Examining politics and practice in urban climate change experiments”, *Global Environmental Change*, Vol. 25, No. 2, March 2014, pp. 31 – 40.

来的研究工作中[1]。此外，还有一些学者如贝尔（Michelle L. Bell）等，通过对拉丁美洲的一些城市的化石燃料的使用对一些行业的影响研究，分析了重度空气污染对该地区居民健康的影响问题[2]。

其次，在自然灾害风险研究上，一些学者主要是侧重于社区与自然风险这两个方面。格雷戈瑞（Geoff Gregory）专注于社区的研究视角，通过对一些复杂因素和公共感知的干预性行为的研究，强调民政部门在对灾害信息的合并处理上，应当加强对社区进行积极性的引导，这将有利于对自然灾害的治理工作[3]。佩顿（Douglas Paton）、萨加拉（Saut Sagala）等学者通过对新西兰、马来西亚等国的社区跨文化研究，探讨了国家和灾害风险（地震、火山灾害等）的模型研究问题，进而有针对性地提出了公共危险策略的教育性问题，认为当面对自然灾害风险时，应当增加社区的准备工作[4]。

再次，在核能研究方面，主要是关注核能的开发与利用对于环境与社会所产生的影响，同时也从环境与社会的关系视角来评价核能开发带来的风险，以避免产生不必要的环境污染、环境损失及社会风险等问题。斯特凡（Stefan Lechtenböhmer）通过对德国核电站的研究，指出由于核事故问题对于社会产生的严重影响，德国应当加强研究逐步淘汰建设核电站的可能性分析，并建立相关的法律制度问题[5]。斯里尼瓦桑（T. N. Srinivasan）研究了福岛核电站的核泄漏事件，提出在能源选择组合的背景下，需要可信的透明分析来保障核能的社会利益及如何应对其

---

① Meredith T. Niles, Mark Lubell, Van R. Haden, "Perceptions and responses to climate policy risks among California farmers", *Global Environmental Change*, Vol. 23, No. 6, December 2013, pp. 1752 – 1760.

② Michelle L. Bell, Devra L. Davis, Nelson Gouveia, Victor H. Borga – Aburto, Luis A. Cifuentes, "The avoidable health effects of air pollution in three Latin American cities: Santiago, Sao Paulo, and Mexico City", *Environmental Research*, Vol. 100, No. 3, September 2005, pp. 431 – 440.

③ Geoff Gregory, "Persuading the public to make better use of natural hazards information", *Prometheus*, Vol. 13, No. 1, June 1995, pp. 61 – 71.

④ Douglas Paton, Saut Sagala, Norio Okada, Li – Ju Jang, Petra T. Burgelt, Chris E. Gregg, "Making sense of natural hazard mitigation: Personal, social and cultural influences", *Environmental Hazards*, Vol. 9, No. 2, June 2010, pp. 183 – 196.

⑤ Stefan Lechtenböhmer and Sascha Samadi, "Blown by the wind. Replacing nuclear power in German electricity generation", *Environmental Science and Policy*, Vol. 25, No. 1, January 2013, pp. 234 – 241.

风险问题[①]。

最后，在海洋与河流污染研究方面，各个海洋国家逐渐将海洋污染风险的研究提上日程。爱新克（K. Essink）等学者通过对荷兰瓦登海东部的观测研究，指出海洋污染引起的人口与自然环境之间的变化具有其同步性特征，海洋污染物的排放是影响其变化的重要因素之一[②]。科卡索（Günay Kocasoy）在对土耳其滨海旅游的游客调查中发现，每当高温季节由于大量游客的增加，污染物的排放造成了严重的海洋污染，进而影响人们的身体健康[③]。

总体上看，近年来国外环境社会学的研究还是取得了一定的进展。一方面，在实践的意义上，能够积极地应对环境问题的新变化、新特点，不断地拓展其研究领域，保持了学术前沿与环境问题现实的同步性。另一方面，在理论研究上，对建构新理论的关注度呈下降趋势，在经验研究上更加走向实证化与应用化方向。虽然也存在着一些从宏观制度角度的理论分析，如探讨经济制度、社会制度与环境问题（如生态危机）等方面的研究，如福斯特（J. B. Foster）关于生态危机与资本主义的论述，施奈伯格（Allan Schnaiberg）提出的“生产的传动机制”层面的思考等。但其理论的解释力还难以评定。

具体来看，一是加强了环境与社会的关系性研究，无论是在关系（行动）主义还是制度主义研究中，既深入地探讨了自然环境的变化与人类社会（生产、生活）的关系，也指出了这种关系的影响是双向性的。二是进一步分析了环境与社会的互动关系的同步性与脆弱性问题，指出了各种形态的环境风险的可能性在持续增加。三是加强了环境社会学研究的实践价值，如与社区、环境政策相关的研究等。

同时也应当看到，尽管我们从关系（行动）主义与制度主义的视角梳理了国外环境社会学的研究现状，这种梳理还不是很完善。但是从学科范式角度看，还有些问题值得我们思考。一方面，在上述梳理的研

---

① T. N. Srinivasan and T. S. Gopi Rethinaraj, “Fukushima and thereafter: Reassessment of risks of nuclear power”, *Energy Policy*, Vol. 52, No. 1, January 2013, pp. 726 - 736.

② K. Essink and J. J. Beukema, “Long - term changes in intertidal flat macrozoobenthos as an indicator of stress by organic pollution”, *Hydrobiologia*, Vol. 142, No. 1, November 1986, pp. 209 - 215.

③ Günay Kocasoy, “The relationship between coastal tourism, sea pollution and public health: A case study from Turkey “, *The Environmentalist*, Vol. 9, No. 4, December 1989, pp. 245 - 251.

究中，专业的环境社会学学者还不多见，虽然他们的研究与社会性直接相关。另一方面，还有一些有关环境问题的研究，也涉及社会生活的一些领域，但由于其社会性不易把握，导致其是否可归入环境社会学学科还难以定论。例如，兰格维尔德（J. G. Langeveld）对气候变化影响城市污水处理的研究[①]；辛普森（David M. Simpson）等对国家和地方在面临自然灾害的脆弱性时，应采取何种有效的政策研究[②]；马奎斯（J. G. Marques）研究核电厂的放射性对周围环境的影响等问题[③]。

这意味着，环境社会学学科的范式尚处于一种不成熟的状态，还面临着要解决好其解释框架与范式的统一性问题。如果一个学科对于范式的定位尚不清晰，不论其研究领域如何宽泛，其学科自身的学术价值都值得质疑。这从近年来美国环境社会学在社会学学科的影响力呈下降趋势，就可说明这一问题。关系（行动）主义与制度主义的理解，在一定意义上有助于我们把握环境社会学学科的基本特征，这一理解应当是立足于迪尔凯姆的“用社会事实去解释社会事实”基础之上的，这会有助于确保环境社会学的研究领域不至于过于发散。

但这却是引出了另一个问题，在环境与社会的关系研究中，对于“社会”概念如何把握，社会性是不是唯一的标准，这一标准是否会导致“泛社会性”的问题。我们过去的探讨只是关注于“环境”概念，今天的研究却是应当反思如何理解“社会”的含义。

三　可能的借鉴

总体上看，对于中国环境社会学的研究而言，如果我们关注从事于环境社会学学者的研究来看，在关系（行动）主义的视野中，具有代

---

① J. G. Langeveld, R. P. S. Schilperoort, S. R. Weijers, “Climate change and urban wastewater infrastructure: There is more to explore”, *Journal of Hydrology*, Vol. 476, No. 2, January 2013, pp. 112 – 119.

② David M. Simpson and R. Josh Human, “Large – scale vulnerability assessments for natural hazards”, *Natural Hazards*, Vol. 47, No. 2, November 2008, pp. 143 – 155.

③ J. G. Marques, “Environmental characteristics of the current Generation III nuclear power plants”, *Wiley Interdisciplinary Reviews Energy & Environment*, Vol. 3, No. 2, March 2014, pp. 195 – 212.

表性的研究如“环境关心的测量”（洪大用，2006）、“环境身份”研究（林兵、刘立波，2014）、“环境抗争的中国经验”（张玉林，2010）等研究，这些研究的社会学学科特征较为显著。而在制度主义的视野中，如前所述其研究领域较为宽泛，但主要集中在海洋与河流污染研究（陈阿江，2000；王书明，2009；唐国建，2010）、气候变化研究（洪大用，2011）、环境风险研究（龚文娟，2014）等领域，这些研究兼具有一定的交叉性特征，且制度主义视野中的研究多以经验研究为主。但需要指出的是，目前我们对于“范式”研究的关注度不够，也少于宏观层面的探讨。

如果从借鉴的意义来看，一是要关注中国环境问题的新特点，如气候变化与空气污染问题、海洋及河流污染问题等，实质上都是一种复合型的环境问题，其问题的产生往往是多因素影响的结果。这意味着单一的研究视角其解释力有限，还应当加强宏观制度层面的研究。虽然其表述形式上有些抽象，但从解释框架的意义上看，对目前研究领域的多元化状态会起到一定的规范与限定作用，即对经验研究领域有一定的制约作用。但是如何在宏观制度层面研究中，坚持社会学的方法论特征还有待于明晰。二是对学科领域的拓展性研究要把握好其边界问题。相较于卡顿与邓拉普早期对“研究主题”宽泛的界定，中国环境社会学的研究领域相对较为集中一些，尤其体现在制度主义的研究视野，这主要是源自于中国环境问题的成因与制度性因素相关性较高。这使得其拓展性研究要注意不能无的放矢，既要立足于中国环境问题的现实性，也要遵循社会学的方法论原则。三是中国环境社会学应当有自己的理论解释框架，毕竟中国的环境问题在国情、影响因素及类型等方面有其独特性。简而言之，针对中国环境问题的事实，应当立足于经验研究，在此基础上去建构本土化的理论解释框架。

（该文刊于《福建论坛》2017 年第 8 期）

环境身份：国外环境社会学研究的新视角

20 世纪 70 年代末期，环境社会学学科开始兴起。环境意识、环境态度及环境关心等概念相继进入学者的研究视野，成为环境社会学研究环境问题与分析环境行为的主要理论视角。80 年代以来，一些学者通过实证研究发现，环境意识、环境态度和环境行为之间关系的确立需要引入其他一些因素加以解释。到 21 世纪初期，对环境行为产生直接作用的因素——“环境身份”则逐渐引起了社会学学者的普遍重视，并成为环境社会学研究的一个新理论视角。

一 环境身份的提出与测量

（一）环境身份的提出与内涵：从心理学到社会学

环境身份（Environmental Identity）概念一般有两种理解，即环境认同和环境身份。环境认同中的“环境”包括自然环境和社会环境两个方面，自然环境的环境认同①是指生活在特定自然环境中的个体对自身生存环境的认可和赞同程度，表现为个体对其所生活的建筑物及附近的草坪等自然环境是否认可的程度。社会环境的环境认同②则是指，生活在社会中的个体对其所处的社会环境，如人际关系、社会制度的认可和赞同程度。相比较而言，环境身份中的“环境”一般指的是自然环境，它是国外学者在研究人与自然环境的关系程度时提出的概念。

---

① William S. W. Lim, “Environmental Identity and Urbanism”, *Habitat International*, Vol. 8, No. 3 – 4, December 1984, pp. 181 – 192.

② John C. Smart and Michael D. Thompson, “The Environmental Identity Scale and Differentiation among Environmental Models in Holland's Theory”, *Journal of Vocational Behavior*, Vol. 58, No. 3, June 2001, pp. 436 – 452.

环境身份概念最早见于20世纪90年代，由美国心理学家魏格特（Andrew J. Weigert）在《自我、互动和自然环境：重新调整我们的视野》一书中提出来的。面对日益严重的全球环境危机，他从心理学的自我（self）概念出发来探讨人与自然环境（natural environment）之间的关系问题。他认为，自我是一个动态性的概念，在人与自然环境的关系研究中，处于与自然环境互动中的自我要符合时代的特征。而环境身份则表达了一种当代的、新的自我观念，即在人与自然环境的互动关系中，“我”是谁，“我们”与谁相关联，以及怎样关联作为“他者”的自然环境，从而形成经验性的社会理解。以往的环境身份是传统的、乡村式的，往往限定在一个当地的组织或社区中，而今天的“后物质主义”（post - materialism）的环境身份打破了传统框架的束缚，这归因于社会运动所带来的结果①。

在魏格特的环境身份概念提出之后的几年里，并没有引起其他学者的关注。直到2003年，美国学者克莱顿（Susan Clayton）指出，关于环境身份的社会心理学分析过度关注社会过程，忽视了与社会相互作用的非人方面（自然环境）的影响。因此，她进一步强调，环境身份是一种指涉环境和身份相关的自我概念。在自我的定义中，意指包含自我的、与非人的自然环境相关联的，并且影响我们觉察及行为方式的一种意识。环境身份与个体所具有的其他身份相似，如性别、种族及国籍等，它提供了一个我们属于哪一个组别或群体的意识。或者说，环境身份的形成来自两方面，即与自然的交往及社会性的建构②。

更为值得关注的是，另一位美国学者斯代特（J. Stets）摆脱了以往心理学研究的桎梏，将社会学的身份理论（identity theory）③ 应用到环境身份研究中来。基于魏格特对环境身份的阐释，斯代特提出了具有社

---

① Andrew J. Weigert, *Self*, *Interaction*, *and Natural Environment*: *Refocusing our Eyesight*, New York: State University of New York Press, 1997, pp. 159 - 175.

② Susan Clayton, “Environmental identity: A Conceptual and An Operational Definition”, in S. Clayton and S. Opotow, eds., *Identity and the Nature Environment*: *The Psychological Significance of Nature*, Massachusetts: MIT Press, 2003, pp. 45 - 66.

③ Identity theory 一词目前国内有两种译法，即认同身份理论和身份理论，本文采用第二种译法。身份理论认为，行为者的行为具有趋向性和目的性，在社会结构中依靠社会关系网络和角色使得个体有着更多的身份，这些身份是分等级地被组织到不同的层级中，其层级性反映了组织性的社会规则的存在。

会学意义的环境身份概念，即环境身份是人与自然环境相关联时，所赋予自我的一系列意义。个体在社会中有着多重的身份属性，环境身份与职业身份、性别身份一样也是一种身份类型。而且，包括环境身份在内，个体所具有的多种不同身份是按照层级进行排列的①。相对于心理学对环境身份的理解，社会学意义的环境身份不仅包括环境身份的主观自我意识层面，还重在强调环境身份的身份类型化和多重身份的结构层级性，凸显了其社会性特征，进一步深化了环境身份的理论研究。

（二）环境身份的测量

事实上，在魏格特环境身份概念提出之前，国外学者在研究心理学的自我概念时就已经提出了自我与他者的关系测量问题。在心理学领域内较早涉及自我与自然环境的关系测量的是美国学者阿伦（A. Aron）等人，他们提出了自我中应包含他者（一般指具体的人，如伙伴、合作者等）的测量（Inclusion of Other in Self scale），测量的基础在于假定个体（被访者）具有与自然环境存在关系的外部信念，简称“IOS 测量”②。后来，美国学者达彻（Daniel D. Dutcher）在此基础上将他者直接定位于自然，提出了自我中应包含自然的测量（Inclusion of Nature in Self scale），简称“INS 测量”③。其测量指标主要用来测量个体的自我认知陈述，涉及与自然环境、亲环境行为（pro - environmental behavior）④ 及环境态度之间的联系程度。

进入 2000 年以来，环境身份研究愈加受到重视，测量技术日渐成熟。克莱顿在“INS 测量”方法的基础上，发展出了依据 24 个问题进行环境身份测量的方法，即“24 项环境身份测量”（24 - item Environmental Identity Scale），又简称为“24 项 EID 测量”⑤。该测量方法采用

① Jan E. Stet and Chris F. Biga, “Bringing Identity Theory into Environmental Sociology”, *Sociological Theory*, Vol. 21, No. 4, December 2003, pp. 398 - 423.

② Arthur Aron, Elaine N. Aron, Michael Tudor, “Close relationships as including other in the self”, *Journal of Personality and Social Psychology*, Vol. 60, No. 2, February 1991, pp. 241 - 253.

③ Daniel D. Dutcher, Landowner perceptions of protecting and establishing riparian forests in Central Pennsylvania, Ph. D. dissertation, Pennsylvania State University, 2000.

④ “亲环境行为”最常见的定义是，“有意降低对环境负面影响的行为”，主要涉及个体日常生活中的环境保护行为，如低能源消耗的生活方式、破旧物品的回收及循环利用等。

⑤ Susan Clayton, “Environmental identity: A Conceptual and An Operational Definition”, in S. Clayton and S. Opotow, eds., *Identity and the Nature Environment: The Psychological Significance of Nature*, Massachusetts: MIT Press, 2003, pp. 52 - 53.

让被访者自我陈述的方式，通过对被访者得出的答案进行赋值，最后计算出总得分，进而判断其环境身份的强弱与否。“24 项 EID 测量”包括 5 个指标和具体可操作的 24 个问题，这 5 个指标及其对应的部分问题分别是：1. 显著性（salience）：体现的是个体与自然环境互动的重要性及程度。例如，开展环境行为对我来说是重要的；我在自然环境中花费了很多时间。2. 自我认同（self - identification）：通过自然有助于集体认同的方式。如我认为自己是自然的一部分，而不是与它们分离。3. 思想意识（ideology）：反映对环境教育与可持续性的生活方式的支持程度。再如，面向地球负责任的行为，以及可持续的生活方式是我道德准则的一个部分。4. 积极的情感（positive emotions）：表达个体在自然中所获得的快乐（如满意度、审美）。还有如，我宁愿居住在一个风景好的小房子里，而不是只有建筑物景观的大房子里。5. 自传（autobiographical）：基于个体与自然互动的记忆。如，在我的房间里保留了一些户外的纪念品，如贝壳、岩石或羽毛。

与克莱顿的“24 项 EID 测量”方法不同，斯代特不仅提出了环境身份的“11 项 EID 测量”方法，还重点突出了社会学的身份特征，即突出性（prominence）、显著性（salience）和承诺性（commitment）的特征及测量方法。她的“11 项 EID 测量”方法涉及 11 个问题，被问及被访者怎样看待自我与环境之间的关系。笔者将其概括为两个指标，这两个指标及其对应的部分问题分别是：1. 与自然环境的联结关系。例如，我们与自然环境是竞争关系还是合作关系。2. 对待自然环境的态度。再如，我们对自然环境是热情的还是冷漠的；我们是保护自然环境还是无须保护自然环境。然后，根据被访者对每个问题的选择答案进行赋值，并计算出总得分，得分较高的代表环境友好型身份（environmental friendly identity）和亲环境身份（pro - environmental identity）。

除此之外，斯代特还利用社会学的身份理论提出了测量环境身份的显著性、突出性和承诺性的方法。第一，测量环境身份显著性的指标包括：环境身份是否被社会承认；具有环境身份的个体能否从他处得到帮助；个体通过环境身份能否得到内在和外在的奖赏。如果被访者对这三个问题的回答越是肯定，则其环境身份就越显著。第二，身份的突出性主要表现在多重身份方面，某种身份在特殊情形中能够被号召，并采取符合身份意义的一系列行动。环境身份的突出性测量指标包括：当你与其他不认识的人见面时，你最先把你下面的哪些身份（职业身份、环境保护主义者身份、其他身份）介绍给对方。如果一个人越是把环境保护者的身份放在前面进行介绍，则说明其环境身份越突出。第三，身份的承诺性关系到通过身份获得被联系人的数量。通过拥有一个特殊的身份，被联系的人越多则身份承诺就越多。环境身份的承诺性测量指标包括：个体是否经常参加环保群体与组织的活动，并且是否能够通过环境身份联系更多的人。如果一个人越是经常参加环保群体与组织的活动，并且能够通过环境身份联系更多的人，则说明其环境身份的承诺性越强①。

从上述不同学者的环境身份的测量指标中可以看出，环境身份测量是国外学者从人与自然环境关系的角度对环境危机做出的学理回应。与心理学研究相比较，社会学学者的研究更强调将环境身份置于身份的多重性、层级性的社会结构中，凸显了身份的类型化及结构性特征，在一定程度上深化了环境身份的测量研究。

二　环境身份的影响因素及结果变量

（一）环境身份的影响因素

国外学者在环境身份的研究中，也在探究环境身份的影响因素及产生的后果，以便有助于寻求提升并构建环境身份的策略，进而期望影响人类的环境行为。

1. 性别因素

在环境身份的研究中，性别一直是受到关注的影响因素，有学者认为不同性别之间的环境身份存在一定的差异。相比较而言，“有同情心”（caring）是女性的一种特质，女性比男性更加关注她们的家庭和社区的健康与安全，这种特质容易使女性身份与环境身份相关联，使女性身份更容易唤起环境身份的觉醒，并产生亲环境行为。而且，由于个体在建立环境身份之前就已经形成了性别身份，女性性别身份和对

---

① Jan E. Stet and Chris F. Biga, “Bringing Identity Theory into Environmental Sociology”, *Sociological Theory*, Vol. 21, No. 4, December 2003, pp. 404 - 410.

“其他的关注”更易于联系在一起，这将会影响到环境身份的属性。

2003 年，斯代特在美国西北大学对社会学专业的学生做了一项关于环境身份的调查。一共有 437 名学生参与了该项调查，被访者中女性占 60%，男性占 40%。研究结果显示，性别身份与环境身份的突出性、显著性及承诺性呈高度相关。由于女性比男性更能够拥有一个“生态世界观”，以及和亲环境行为相关联的“社会利他主义”的价值观，因此，女性比男性更可能表达出环境身份的突出性、显著性和承诺性[①]。

2. 对自然环境的经历及个体的生长环境

一些学者认为，对自然环境的经历频次以及从这个经历中获得意义的程度将有助于积极地预测环境身份。

英国学者汉斯（Joe Hinds）对英国苏塞克斯大学心理学专业的 36 名大学生进行了调查，经过回归分析的检验，发现环境身份能够被自然环境的经历频次、个人意义及童年的生活地点等变量进行预测。尤其是自然环境的经历频次是一个较有意义的环境身份的预测值（$\beta=0.40$，$t=2.17$，$p=0.038$）。自然环境的经历频次越多，环境身份则越强。同时，经过方差分析还发现，生长在不同地区的人的环境身份存在着一定的差别［$F(2, 33)=2.97$，$p=0.065$］，与生长在城市和郊区的被访者相比较，生长在乡村的被访者显示了更强的环境身份[②]。

克莱顿等人在英国 4 个动物园（计 8 个展区）对 506 个人进行了环境身份调查。调查显示：动物园成员（Zoo members，$n=105$）的环境身份要明显地高于非动物园成员（nonmembers，$n=401$）［$F(1, 486)=5.5$，$p=0.01$］，其主要原因在于动物园成员长时间地与动物接触，培养了与动物相关的较强的环境身份[③]。

3. 特定的指示物

还有学者指出，一些以往的特定物品、话语及事件等能够唤起环境身份，充当环境身份的指示物。魏格特就认为，图像（与环境相关的

---

① Jan E. Stet and Chris F. Biga, “Bringing Identity Theory into Environmental Sociology”, *Sociological Theory*, Vol. 21, No. 4, December 2003, pp. 407 - 417.

② Joe Hinds and Paul Sparks, “Investigating Environmental Identity, Well - Being, and Meaning”, *Ecopsychology*, Vol. 1, No. 4, December 2009, pp. 181 - 186.

③ Susan Clayton, John Fraser, Claire Burgess, “The Role of Zoos in Fostering Environmental Identity”, *Ecopsychology*, Vol. 3, No. 2, June 2011, pp. 87 - 96.

老照片、图片等）、新的话语（生态和谐、环境友好等词语）、社会运动（与环境保护相关的运动）及范式冲突（人类中心说和生态中心说的对立）等能够唤醒人类新的自我意识和环境身份[①]。此外，美国学者托马斯修（M. Thomashow）也发现，童年时期有关特定的自然环境的记忆，以及这些特定的或相似的，但已被破坏的自然环境所带来的失落情感等，也能够唤起人与自然环境相联系的意识，并提升其环境身份[②]。

（二）环境身份的结果变量

在环境社会学的研究中，一般较为关注环境问题产生的社会原因及社会影响。而环境行为（作为原因）和环境运动（作为影响）则一直受到环境社会学学者的普遍重视，环境身份已经开始介入到环境行为与环境运动的研究中。

1. 环境行为

国外学者在环境身份的研究中，经常把环境身份作为前因变量，研究环境身份对环境行为产生的影响，这种研究模式源自环境态度与环境行为之间关系的不确定性。20 世纪 70 年代，环境社会学学者为了预测环境行为，借助于心理学的态度与行为的关系理论模式建立了环境态度的测量方法，进行了环境态度与环境行为的关系研究，如美国学者赖利·E. 邓拉普提出了“环境态度—环境行为”的研究路径。瓜纳诺德（A. G. Guagnano）进一步研究也发现，环境态度和环境行为之间关系的成立需要满足一些额外的条件，并且已有的关于两者之间关系的研究仅强调环境行为产生的心理过程，却忽略了社会结构因素的影响[③]。

有鉴于此，有学者从环境身份的多元化功能角度开展了环境行为的影响研究。第一，环境身份对环境行为的解释功能。美国学者肯普顿认为，环境身份的身份、认知及情感联系等指标对环境行为具有解释功能。他对来自于美国德玛瓦半岛和北卡罗来纳州两个地区的 159 个个案（大部分属于当地环境组织的成员）进行研究，发现环境身份和环境行

---

① Andrew J. Weigert, *Self, Interaction, and Natural Environment: Refocusing our Eyesight*, New York: State University of New York Press, 1997, pp. 176 - 181.

② Mitchell Thomashow, *Ecological Identity: Becoming a Reflective Environmentalist*, Massachusetts: MIT Press, 1995, pp. 169 - 194.

③ A. G. Guagnano, C. P. Stern, T. Dietz, “Influences on Attitude - Behavior Relationships: A Natural Experiment with Curbside Recycling”, *Environment and Behavior*, Vol. 27, No. 5, September 1995, pp. 699 - 718.

动的开展存在着关联性，具有积极行动者、环境保护主义者和动物关爱者身份的个体更倾向于环境保护的行为，三个变量可以共同解释公民环境行动的27%的方差①。德国学者卡尔斯(E. Kals）在对儿童蝙蝠保护行为的研究中也发现：对环境身份的认知指标（如对蝙蝠面临灭绝危机性的关注、对一般环境风险的关注），以及情感指标（如与蝙蝠的情感联系）等能够解释儿童的蝙蝠保护行为②。第二，环境身份对环境行为的预测与调节功能。斯代特通过引入环境身份变量建立了环境身份模型（见图1），提出了“环境身份—环境态度—环境行为”和“环境身份—环境行为”两个研究路径。在她看来，环境身份对环境行为有着直接和间接的双重影响，环境身份不仅可以直接影响和预测环境行为，还通过环境态度（包括生态世界观和后果意识）间接地影响环境行为③。

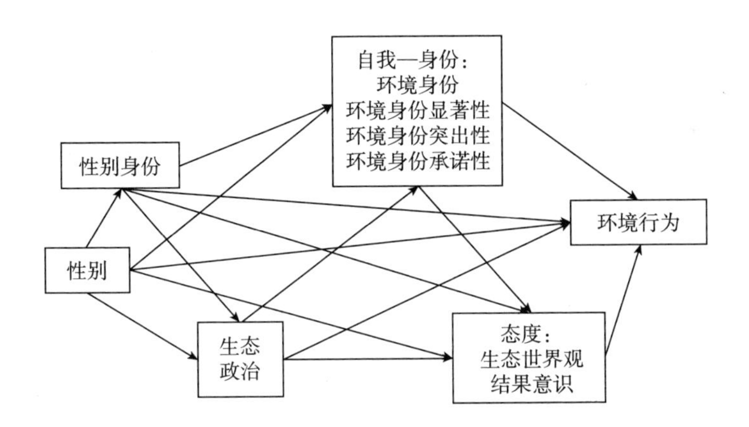

图1　斯代特的环境身份模型

此外，在环境身份和亲环境行为的研究中，德国学者弗雷特（Immo

---

① Wand Kempton and C. D. Holland, “Identity and Sustained Environmental Practice”, in S. Clayton and S. Opotow, eds., *Identity and the Nature Environment*: *The Psychological Significance of Nature*, Massachusetts: MIT Press, 2003, pp. 317 – 342.

② E. Kals and H. Ittner, “Children's environmental identity: Indicators and behavioral impacts”, in S. Clayton and S. Opotow, eds., *Identity and the Nature Environment*: *The Psychological Significance of Nature*, Massachusetts: MIT Press, 2003, pp. 135 – 158.

③ Jan E. Stet and Chris F. Biga, “Bringing Identity Theory into Environmental Sociology”, *Sociological Theory*, Vol. 21, No. 4, December 2003, pp. 404 – 406.

Fritsche）等还指出，亲环境行为往往容易受到其他因素的影响，如利己主义价值观及追求过度消费物质资源的生活方式等。而一旦环境身份能够发挥出其调节作用，即通过自我赋予的与自然环境密切联系的意识，抵制对自然环境不利的利己主义价值观和消费主义思想，进而调节个体破坏自然环境或浪费资源的行为，亲环境行为所受到的威胁就会被消除[①]。

2. 环境运动

一般而言，环境运动主要表现为组织性与群体性的行为，也表现为个体对环境破坏者采取的抵抗行为。有学者指出，环境身份对环境运动的发生具有其积极的促进作用。第一，通过环境身份的提升，能够让个体以不同的方式感受到不同于以往的自然环境，进而帮助人们发展出一种与外部自然环境相联系的情感，改变日益物化的价值观和人生目标，这将有助于引导环境运动的发生[②]。第二，环境身份能够影响个体对环境运动目标的认同。邓拉普[③]提出了"环境运动身份"的概念，用于指代个体参与环境运动的意愿以及对环境运动的情感联系程度。他利用2000年盖洛普"地球日"的民意调查数据（1004名成年人的电话调查数据），对环境运动身份与环境运动目标评价进行了相关分析，结果发现：环境运动身份与环境运动目标评价呈现为积极的相关性，一个人越是积极地参与环境运动且对环境运动表示高度的关注，就越是认同环境运动的目标。

3. 环境身份研究的简要评价

从魏格特的发轫到斯代特具有社会学意义的环境身份概念的提出，环境身份的研究已逐渐成为环境社会学研究的一个新的理论视角。近几年来，关于环境身份的研究愈加深入和拓展，如澳大利亚、新加坡等国

---

① Immo Fritsche and Katrin Haefner, "The Malicious Effects of Existential Threat on Motivation to Protect the Natural Environment and the Role of Environmental Identity as a Moderator", *Environment and Behavior*, Vol. 44, No. 4, January 2011, pp. 570 – 590.

② Tom Crompton and Tim Kasser, "Human Identity: A Missing Link in Environmental Campaigning", *Environment: Science and Policy for Sustainable Development*, Vol. 52, No. 4, August 2010, pp. 23 – 33.

③ Riley E. Dunlap and Aaron M. McCright, "Social Movement Identity: Validating a Measure of Identification with the Environmental Movement", *Social Science Quarterly*, Vol. 89, No. 5, December 2008, pp. 1046 – 1065.

家的学者也在积极地开展这方面的研究工作[1][2]，体现了环境身份研究所具有的开阔前景和积极的理论及实践意义。

首先，环境身份研究凸显了社会关系、社会结构因素的重要地位。一方面，指出了与身份相关联的行为必然受到个体的社会关系及所属的群体和组织的影响，即社会成员的环境行为受到其所属的环境群体、组织以及与这些群体、组织其他成员关系的影响。另一方面，把环境身份放到多重的身份集合中进行研究，如环境身份的突出性测量，体现了环境身份研究的结构属性特征。

其次，对环境身份的研究已经形成了一定的共识内容，如环境身份是对人与自然环境关系程度的测量，环境身份具有类型化及结构性特征，环境身份对环境行为与环境运动具有预测和促进作用等。这些研究推进了环境社会学的实证研究，成为环境社会学研究中的重要领域。

再次，我们也应当看到，关于环境身份的研究中也存在着有待于进一步深化的问题。第一，从方法论角度看，国外环境身份研究同当下流行的环境意识、环境关心及环境态度等方面的研究还存在着一定的交叉领域，尤其是在测量指标方面，还有待于进一步做出明确的方法论界定。第二，缺少综合研究方法的运用，多数学者以定量方法为主，而定性研究方法却鲜有出现。受环境身份难于从外部进行观察的影响，研究者多采用被访者主观自评的问卷调查方法进行数据的收集，这种单纯的量化研究方式在一定程度上会限定环境身份的研究视野，也易导致描述有余而解释不足的问题。因此，如何运用定量与定性相结合的研究方法是今后应当加以努力的方向。第三，如何进一步阐释社会制度、文化等社会结构因素对环境身份的影响，凸显环境身份研究的实践价值，也应当需要加以进一步深化研究。

（该文刊于《吉林师范大学学报》2014年第5期，第二作者刘立波）

---

① Joanne Dono, Janine Webb, Ben Richardson, "The relationship between environmental activism, pro – environmental behaviour and social identity", *Journal of Environmental Psychology*, Vol. 30, No. 2, June 2010, pp. 178 – 186.

② Chew – Hung Chang, John G. Hedberg, "Digital Libraries Creating Environmental Identity Through Solving Geographical Problems", *International Research in Geographical and Environmental Education*, Vol. 16, No. 1, February 2007, pp. 58 – 72.

中国环境社会学的理论建设

——借鉴与反思

随着全球性环境问题的日益凸显，社会科学的各个领域如政治学、经济学、法学等学科都从各自的学术视角积极地介入环境问题的理论研究。而社会学作为一门经验性、应用性及综合性较强的学科，介入环境问题研究的历史不是很长，20 世纪 70 年代，两位美国学者威廉·卡顿与赖利·E. 邓拉普在《美国社会学家》（*The American sociologist*）杂志（1978）第 13 卷上发表文章《环境社会学：一种新范式》，提出了“新生态范式”（NEP）的主张，力求将生态学法则引入到社会学的理论研究中，从而表达了一种新的方法论原则，也标志着环境社会学学科的创立。

国外环境社会学经过近 30 年的学科发展已渐趋完善，以生态学法则作为基本的方法论原则，以对现代性的反省作为理论出发点，以环境与社会的关系性质作为理论研究的基本内容，形成了相对完备的学科体系，从而展开了较为广阔的学术视野。这给我国环境社会学的理论研究提供了一定的参考和借鉴。当然，其中也有我们值得反思和警醒的地方。

一 方法论原则的认同

国外环境社会学从其建立之初就力拒人类中心主义思想而倡导生态学法则，反对迪尔凯姆主张的“一种社会现象只能通过其他社会现象去解释”的方法论原则，认为这一方法论原则为社会学的理论研究划定了人类中心主义的理论边界，从而反对任何社会学理论研究中的生物学化的倾向，由此也在一定程度上限定了社会学对于人类赖以生存的自然环境的理论关切。

为了突破这一方法论原则，卡顿与邓拉普提出的“新生态范式”主张社会学的理论研究应当拓展其学科边界，不应当仅关注文化、社会与人类自身的关系，而忽略自然环境对社会的潜在影响。在他们看来，几乎所有的社会现象诸如经济增长、生活方式以及社会进步等都存在着自然的和生物学上的潜在限制，这种限制是难以超越的。因此，我们不应当无视这种限制的存在，而应当警醒和反思社会学理论研究中的人类中心主义的倾向，以及这种倾向有可能导致的人类理性的社会行动所带来的不利的社会后果，并力求使“新生态方式”法则成为环境社会学的主导性的方法论原则。

无疑，对这种生态学方法论原则的倡导具有其积极的理论意义，它为我们反省人类中心主义思想的强势地位，重新认识人类自身在自然界的位置奠定了新的方法论基础。这种方法论原则不同于社会生态学之处就在于，它是在现代性的学术视野中来重新审视环境与社会的关系性质，而不是仅强调自然环境对人类社会的生态学限定作用。这对于我国环境社会学理论研究的借鉴意义就在于，我们既要认识到自然环境与人类社会的生态性关系性质，也要认识到人类社会对自然环境的社会性影响。这其中，我们主要应当把握好两个理论问题。

第一，正确认识和接受生态学法则的问题。对于中国环境社会学的理论建设而言，认识和接受生态学法则并不是我们借鉴的实质，或者说，接受生态学法则并不是环境社会学的学科专利，这个问题实际上在环境哲学领域关于人类中心主义与非人类中心主义的讨论中就已经阐释清楚，只不过表述形式过于抽象而已。美国环境哲学家霍尔姆斯·罗尔斯顿就曾经指出，“生态学告诉我们：人类必须服从某些自然和生态规律，并努力与之保持协调”①。因为我们人类也是自然界的普通一员，我们应当是以人的生物学性质与自然界保持一种“服从性”的协调关系。

环境社会学认同生态学法则也在于其所谓的关系性意义，但是，这种关系性质要较自然界本身的生态性关系复杂得多，既要考虑自然界对

① 〔美〕霍尔姆斯·罗尔斯顿：《哲学走向荒野》，刘耳、叶平译，吉林人民出版社2000年版，第83页。

人类社会的生态限定作用，也要关注人类的各种实践活动方式——经济、政治、社会以及文化等对自然环境的干预性影响。而且，这些影响随着全球性的社会发展进程愈加呈现为一种“整合性”的方式共同作用于自然环境，既有市场竞争、政治权力对自然环境资源的持续性压力，也有生存需要、消费欲求对自然环境资源的过度索取，更有生产活动对自然环境的破坏性干预，这也使得当下的环境与社会的关系性质比以往任何时期都更加难以把握和理解，尤其是理解人类的各种行为对自然界产生的不确定的影响。

所以，认同生态学法则的意义就不仅是要认识到自然环境对人类社会的生态学作用，更为重要的是要认识到人类社会对自然环境的人类学影响，这才是借鉴生态学法则的实质。当然，我们也必须意识到，如果我们在理论上过于强调自然环境对人类社会的生态限定作用，把人仅仅理解为生物学意义上普通生命存在物，这就又重蹈了西方环境哲学的老路，放弃了人的能动性、社会性而夸大了人的自然属性。我们承认自然环境对人类社会的生态限定作用，但绝不能因此就把人类社会等同于自然界，把人理解为本能生命的人，等同于动物，这样就把人生物学化了，同时把社会也自然化了，实际上也就是一种现代翻版的社会生态学的思想。在此，我们所理解的人应当是一种超越本能生命的人，强调的是人的“超生命”本性，超越于自然属性的本性①。只有这样理解人的本性，才能在理论上避免社会自然化的倾向。

第二，正确理解环境与社会的含义。一般说来，对于社会这一概念的理解分歧不大，不论我们将社会理解为社会结构、社会系统还是社会行动，都是与人的行为与活动相关联的。而且，环境社会学所关注的人的行为与活动是相对于自然环境而言的，因此，这种人的行为与活动可能承载着人的多元性的目的于其中。例如，对于当下中国的环境问题而言，既有“政治—经济”的影响因素（如发展理念和目标的设定、经济指标和政策的制定），也有社会、文化方面的影响因素（如社区环境问题，社会习俗、生活方式等）。所以，环境社会学视野中的社会概念关注的是人的综合性的环境行为方式。

---

① 参见高清海“类哲学”思想。类哲学对人的理解强调既要克服自然主义的倾向，也要消解绝对的人类中心主义思想，注重以人的“超生命”本性去重建人与自然的人类学关系性质。

真正的分歧是来自对环境概念的不同理解，究竟它是指自在的、物理的自然环境，还是指非自在的、已经社会化的环境，意见尚不统一，这种理解上的差异在一定程度上也决定着我们如何理解环境与社会的关系性质问题。日本学者饭岛伸子主张将环境理解为“自然的、物理的、化学的环境”，认为它对于人类的生存与生活是一种自然性的限定[①]。按照这种理解，所谓的环境也就是指生态学意义上的自然环境，而环境社会学就是研究人类群体、人类社会与自然环境的关系，或者说主要研究人类的生产、生活及其他各种与环境有关的人类实践活动对于自然环境的影响关系。这种理解方式其实就是将环境与社会的关系看作主体与客体的关系，即把环境看作外在的客观对象来对待。可问题在于，环境社会学注重的虽然是关系性的研究，但却不是主客观的关系性质，说到底，环境社会学是否能够解释作为客体的自然环境与作为主体的社会之间的关系实质则还是一个较为存疑的问题，对此我们应当持一种谨慎的理论态度，毕竟环境社会学的研究做不到像自然科学那样十分精致地分析社会对于自然环境究竟具有怎样的“客观性”的影响关系。

于是，我们对于环境的理解还是应当向人自身回归，这种对于环境的理解其实是将环境作为一种问题化的对象，从而以社会问题的身份进入社会学的理论视野。如美国学者弗雷德里克·H. 巴特尔就主张将环境理解为非自在的环境，或者说已经社会化的环境，而不是自在的、物理的自然环境[②]。这种理解方式重在分析和反思人类的各种社会行为和活动，如研究整体的或地域性的生活习惯、民间习俗，特定的生活方式、社会结构等对自然环境的影响，以及这种影响对人类社会自身意味着什么。它并不是要直接面对现实的环境与社会的关系性质如何，而是强调一种建构主义的理论路数，让现实的环境问题转化为学理式的表述，凸显为问题意识而进入学者和公众的视线。按照我的判断，大多数学者更倾向于这种社会化的环境的理解方式。当然，这种争论还尚未完结，有待进一步深化。

---

① 〔日〕饭岛伸子：《环境社会学》，包智明译，社科文献出版社 1999 年版，第 4 页。

② 〔美〕弗雷德里克·H. 巴特尔：《社会学和环境问题：人类生态学发展的道路》，冯炳昆译，《国际社会科学杂志》1987 年第 3 期。

二　研究主题的界定

国外学者在坚持以研究环境与社会的关系性质作为基本的研究内容的基础上，界定了一个较为宽泛的研究主题。卡顿与邓拉普在其早期的经典性的论文中就曾指出，环境社会学的研究主题主要包括人工环境，组织、行业及政府对于生态环境问题的反映，人类对自然危险与灾害的反应，技术风险与风险评估，社会不平等与环境风险，环境主义，公众态度和环境运动，以及人口增长、富裕与温室气体的产生等领域[①]。巴特尔则进一步扩展了环境社会学的研究主题，认为还应当包括工业资本主义社会的性质与服务经济，经济危机与国家问题的政治经济学，人生过程分析与新的家庭经济学等内容[②]。而卡顿在新近的文章中也指出，环境社会学的研究领域正愈加集中于关于环境问题的产生原因、影响环境问题的社会因素以及如何解决环境问题的对策等问题上[③]。

如上所述，国外环境社会学的研究主题涉及的领域十分广泛，从ENGO和环境意识、环境政策与环境问题的社会影响评价、公害问题，到后工业社会、风险社会与环境问题以及全球环境变迁等领域。其研究主题既有纯学术的理论探讨，也有综合性的研究及实证性的调查。在理论探讨方面，形成了以美国的经验主义和以欧陆学者为主的社会建构主义关于生态环境问题的事实性和建构性的争论。在综合性研究方面，也存在着关于“环境问题的社会学”（如研究公众的环境态度、媒体与环保组织的作用）与“环境的社会学”（如探究国家及“社会—经济”的状况与环境污染水平的关系等）之间的理论分歧。而在实证性调查方面，也有日本学者福武直等人关于“近代矿山工业和地域社会的展开”的区域性环境问题的研究，饭岛伸子关于地域的社会结构与生态自然环境关系的

---

① 参见〔美〕查尔斯·哈珀《环境与社会》，肖晨阳等译，天津人民出版社1996年版，第73页。

② 〔美〕弗雷德里克·H. 巴特尔：《社会学和环境问题：人类生态学发展的道路》，冯炳昆译，《国际社会科学杂志》1987年第3期。

③ Rilley. E. Dunlap, “Environmental Sociology”, in Derek Mackenzie, eds., *21st Century Sociology: A Reference Handbook*, Bingley: Emerald Group Publishing Limited, 2007, pp. 329–340.

“产业公害与居民运动”的研究等[①]。

国外环境社会学的兴起无疑有其特定的“社会—经济”背景，它在面对以现代性为导向的工业化进程中，以市场经济体制所带来的环境衰退为反思的起点，并从政治、经济以及社会的多维层面展开其研究视野，理论主线紧扣环境与社会的关系性质。而我国的“社会—经济”背景有其相对的特殊性，在发展的含义上我国虽然历史悠久但仍属于发展中国家，工业化水平不及发达国家，并且在自然资源的使用上还存在着管理乏力和政策性制约软化的问题。在制度和政策的含义上，也存在着环境政策滞后及“外部性”等问题。

因此，我们不能盲目照搬国外学者的研究理路，泛化我国环境社会学的研究主题，而应当以我国“社会—经济”背景为研究基石，将环境社会学的研究目的、方法和理论原则与我国环境问题的现实紧密结合，先理清我国环境问题的历史、现状及成因，然后再考虑相应的理论建构问题。具体而言，应当具体开展以下三方面内容的研究。

第一，开展“社会—环境”史的研究。通过文献研究、实地研究及制度分析等方法来考察环境与社会的关系历史。这方面的研究工作在史学领域已经开展，谓之为“中国生态环境史”研究，肇始于20世纪90年代，研究领域主要涉及人口与环境、土地利用与环境变迁、水环境的变化、工业发展与环境变迁、利用资源的态度与决策等内容，其研究重点侧重于考察历史上人类的各种生产活动、生活方式、组织方式等对于自然环境变迁的影响[②]。应当看到，历史学关于“社会—环境”史的研究与环境社会学存在着一定的交叉性，即两者都关注于环境与社会的相互影响关系，区别则在于历史学更注重于人类的各种活动方式对于自然环境变迁的影响关系，重在研究这种关系的历史演变过程。而环境社会学虽然也注重于变迁研究，但更专注于这种影响关系对于人类社会自身的作用和成因分析，重在探讨关系的现实性和因果性。

在这个意义上，环境社会学关于“社会—环境”史的研究就应当定位在研究特定历史时期的地域性的生活习俗、生产方式，以及社区规

---

① 〔日〕饭岛伸子：《环境社会学》，包智明译，社科文献出版社1999年版，第98—102页。

② 刘翠溶：《中国环境史研究刍议》，载《中国历史上的环境与社会》，生活·读书·新知三联书店2007年版，第9—11页。

范及人口迁移等因素对自然环境变迁的影响，尤其是分析这种影响的社会性因素而不是泛泛而论。如20世纪90年代初期，北京大学社会学人类学研究所在内蒙古草原地区所做的关于人口迁移、牧区体制改革对草场的使用及畜牧业管理的影响就属于此类研究的范例①。

第二，加强环境政策的社会影响评价研究。环境政策一般指关于环境的规制、管理的方法、政策和法规，内容涉及如国土规划、产业和科技政策、环境行政及自然资源的管理等，其主要的政策手段包括法律、行政、经济、技术及宣传教育等方面。而环境社会学作为一种社会科学的研究视角不可能做到一应俱全，而应主要侧重于对环境政策的制定和执行的过程性分析、环境政策的社会影响评估及环境公平等内容的研究，也就是侧重于对环境政策的实践效果及其社会影响方面的研究，属于后续性研究。这方面的研究工作是当前我国环境社会学理论研究中较为缺失的环节，而且也是政府环境管理中较为忽视的问题。这种缺失既不是我们缺少对于环境问题的理论解释能力的把握，也不是缺少对环境政策内容的理解水平以及关于评估方法的科学运用，而是缺少一种对环境政策主动性思考的理论情趣，进而把这方面的研究工作归为政府的管理职能范围。可问题在于，政府也存在着管理失灵的困境，也面临着政策失效的可能性。

有鉴于此，环境社会学就应当勇于承担起这方面的研究职责，既要认真思考环境政策制定的理论依据，也应当关注环境政策执行过程的实践效果，因为政府出台的一些环境政策往往缺乏后续性的跟踪研究，导致无法对其实践效果做出客观而及时的评价，尤其是涉及一些由于环境政策因素所带来的一些社会性问题，在一定程度上也超出了政府环境管理的范围。这就需要社会科学工作者能够为政府提供及时的情况反馈和科学的学理分析，这种分析不应当是工作报告式的繁文，而是应当针对环境政策所引发的具体的社会性问题以及环境公平等问题展开反思性的理论追问。如东北的环境问题（如资源枯竭性产业及公害问题）就并非完全由于东北的地理环境因素及东北人的生活、生产方式所导致的，而是与制度性因素如国家的东北老工业基地政策等有关。在这个意义

① 马戎：《牧区体制改革与草场使用、人口迁移、社区生活及草原生态系统的变迁》，载《社会文化人类学演讲集》，天津人民出版社1996年版，第658—688页。

上，一项环境政策的出台就不仅要考虑环境政策本身的目标、原则和具体措施等，同时也应当关注政策的实施效率，关注政策与社会及民生的关联性。

第三，关注环保组织作用的研究。应当说，我国的环境保护长期以来一直以“政府主导型”的管理模式为主，但近10年以来，ENGO、社会团体也在不断发展壮大。如以环境保护为主要活动内容的核心型民间环保组织已有三千多家，其社会影响和作用日益凸显出来，它们在影响政府的决策、宣传和促进环境意识的观念等方面起到了积极的推动作用，这也给环境社会学提供了新的学术阵地[①]。当然，环境社会学对于环保组织作用的研究应当体现出社会学的理论特点，我认为主要应集中于两个方面，一方面，立足于环境正义的基本理念，研究环保组织对此所应承载的社会责任，即环保组织是通过何种行动与方法来表达和践行环境正义的基本理念的。另一方面，则是研究如何启迪和教化公众关于维护自身环境权益的观念意识的手段与方法，即如何让公众意识到环境问题不仅是政府、他人的问题，而且是与我们每一个人密切相关的大问题。进一步说，这种启迪和教化的真正意义不仅在于一种环境意识的观念性的宣导作用，更应升华为一种环境正义理念的精神引导，这才是其本质性的内涵。

三　学科间关系的把握

由于环境问题发生的原因较为复杂，是一个多因素的影响结果，因此社会科学对于环境问题的理论反思也呈现出多元化的学科视角，美国学者查尔斯·哈珀（Charles L. Harper）将这种多元化的学科状况称为“环境社会科学”，基本上涵盖了环境政治学、环境经济学、环境社会学等学科，认为这必将进一步导致不同学科如环境经济学与环境社会学之间协作的可能性，有助于我们深化对于环境问题的全方位把握。

但是，对于发展中的中国环境社会学的理论建设而言，我们还是要持一种谨慎的学科态度，既要积极地借鉴其他相关学科的理论知识和方

① 洪大用：《中国民间环保力量的成长》，中国人民大学出版社2007年版，第16页。

法，寻求协作的理论结合点，也要注意把握好学科之间的理论边界，保持环境社会学学科的独立性。

第一，在理论上应避免构造过于宏大的多学科视野的解释模型，因为如此看似增加了解释性因素，但实际上并无益于环境社会学自身的理论建设。就当前国外环境社会学所涉及的研究主题来看，几乎涵盖了所有关乎环境问题的内容，如政治和经济、政策与管理、社会行动及科学技术等都被纳入其中，这就难免与其他学科在研究领域上存在着交叉性内容。例如，关于环境态度、环境组织及环境运动问题的研究，关于工业资本主义社会的社会经济状况、技术风险等与自然环境间关系的内容等都是这几个学科共同关注的理论问题。

问题在于，怎样才能在这种交叉性问题的研究中体现出环境社会学自身的理论逻辑，明晰自身的理论主线，这可能也是今后环境社会学理论研究中需要不断深化和明确的问题。环境社会学学科的优长之处就在于其实证性特征，以理论研究的经验性基础和因果分析就某一具体的环境个案展开实地研究，从多因素的视角给予因果性的理论阐释。只要我们坚持这一学科优长，在一定程度上就可以消解那种多学科视野解释模型的误区。当然，这种学科优长的本身也存在着由于太过于经验化而与理论研究相互脱节的问题，也就是说存在着经验研究与理论建构的鸿沟问题。

第二，警惕在理论形式上过于偏重抽象层面的理论建构，审慎地建立具有本土化特征的中国环境社会学的理论学说。环境社会学的研究不应类同于哲学纯逻辑化的思想方式，仅仅在思维当中去建构和表达现实，而应当强调环境社会学的理论逻辑与我国环境问题的事实逻辑相统一的要求，也就是说要立足于环境问题的社会性因素进行理论思考，而不是急于完成其学科的理论建构，因为理论建构得再完善也是为解决环境问题的现实需要而服务的。巴特尔曾经批评过“新生态范式”的理论假设过于抽象，认为这一假设对于环境社会学的实证性研究并无实质性的意义，易导致环境社会学成为一种“宏大叙事”的理论表达而有悖于其学科创立的初衷。这一批评对我们无疑是一个建设性的启迪。

当前，国内学者的理论共识是主张建立“中程理论”，也就是依据实证性的经验研究资料逐步生长出一些反映局部性、地域性关系的小理论，而不主张建立一种类型学的或图示化的抽象的理论体系。当然，这种研究路数也有可能导致这样一种局面，即存在着多种环境社会学的理论学说，而相互之间又缺少内在的理论逻辑关联。总体上看，目前国内学界在“中程理论”研究方面已经出现了一些有代表性的学术观点，如洪大用教授提出的通过组织创新优化社会结构，进而促进中国环境保护政策的研究，陶传进教授关于通过促进社区合作、完善社区治理来促进环境保护的研究等，都是这方面研究的典范。所以，在未来一段时期内“中程理论”的研究格局仍然是我国环境社会学主流的发展趋势。

第三，应当进一步加强社会科学工作者的作用，凸显其学术研究的实践意义。我国环境社会学理论研究的整体格局目前呈现为建构主义有待发展，经验研究稳步前进，理论研究开展不足的局面。如在宣传和建构环境问题的观念和意识方面，学者的作用远小于媒体的影响，许多环境事件都是由媒体率先报道而引起政府的重视的。而在社会行动方面，学者的工作更是难与环保组织比肩，此外，学者与政府（如与环保政策制定者）之间也缺乏必要的沟通与交流，这些问题的存在往往使得学者的研究工作流于形式而缺乏实践价值。这种情况要求社会科学工作者应当深刻地反思学术研究的价值所在，加强理论研究社会性意义。

因此，未来我国环境社会学的理论发展应当是注重建构主义、理论研究与实证研究三者的结合与统一，即以经验研究为切入点，发挥理论的逻辑功能，给予环境问题的现实以深切的理论关照，这应当也是从事环境研究的社会科学工作者义不容辞的学术责任。

（该文刊于《江海学刊》2008 年第 2 期）

中国环境问题的理论关照

——一种环境社会学的研究视角

环境问题一般是指以环境污染、生态环境破坏、自然灾害及资源枯竭为基本特征的人类与自然界的关系失调。它对于当下社会发展的运行，对整个人类的生存与永续发展都具有较大的影响和带来严重的威胁。当前，对于环境问题的研究正逐步走出自然科学的视野，而社会科学如经济学、政治学及社会学等学科正以强势的姿态进入这一研究领域，并愈加占有重要的学科地位。

一　环境社会学何以要对环境问题进行理论关照

环境社会学就其最一般的含义而言，是研究环境与社会关系性质的学科，它把生态环境破坏、资源枯竭等现实问题作为一种反思的研究对象，从而考察其形成的社会影响因素及所导致的社会后果，并寻求应对的策略和措施的理论思考。在这个意义上，环境社会学的研究实则体现了理论与方法，历史与现实以及政策与实证等综合性特点。

首先，环境问题之所以能够进入社会学的研究视野，主要在于两方面的原因：一方面，环境问题对社会发展的制约作用愈加凸显，在一定程度上已经成为各国社会发展的主要障碍和制约因素。第二，环境问题带来并导致了不同程度、不同地域及国家之间的矛盾和冲突，产生了日益严重的社会问题和政治经济等问题。并且，这些问题并不能完全随着科学技术的发展和水平的提高而有所缓解，也不能仅依赖于自然科学做出合理的理论解释，而是需要一种更为综合性的学术视野。

相对于其他社会科学而言，环境社会学则主要侧重于从社会结构、社会意识、社会行为及社会运动等方面切近环境问题的研究，既注重对环境问题的理论阐释，也力求发挥理论的实践功能，以有助于推动环境问题的有效解决。这也意味着，环境问题及其解决并非单一性的尺度，不是仅依靠科学技术、经济及政策等手段所能完成，而是涉及政治、经济和社会等多方面因素共同努力的结果。

其次，环境社会学作为社会学的分支学科，无疑也要坚持社会学最为基本的方法论原则，这一原则就是用社会事实去解释社会事实。遵循这一方法论原则，环境社会学就应当直面当下环境问题的现实，在环境与社会的具体关系中去把握环境问题何以成因的社会性因素，并力求寻找可能的解决方案。事实上，早期的一些环境社会学家所从事的研究工作就基本上体现了这一学科特征，如20世纪50年代日本学者福武直等人对群马县矿山公害问题的实证性调查，美国学者威廉·卡顿关于环境污染和资源约束的社会影响因素研究工作等。他们的研究正如卡顿所言是一个“真实的环境社会学”，为后来环境社会学的兴起与发展奠定了一个以“经验—理论”研究为基础的良好开端。

再次，在坚持基本的方法论原则的基础上，还应当进一步明晰环境社会学学科自身的研究范式，也就是环境社会学研究所应遵循的方法论原则，以此确证我们所从事的是环境社会学而不是其他学科的研究方式。

环境社会学所应坚持的研究范式主要体现为三个基本特征：关系主义、结构主义及行动主义。关系主义显然是社会学最为基本的学科特征，探讨人与人及人与社会的关系。体现在环境社会学的研究中，就是探讨环境问题视野中的人与人、人与社会及人与生态环境的关系，如从社会变迁的视角去研究环境与社会关系性质的演变。结构主义强调分析结构与功能的关系，相应的环境社会学则注重分析社会结构因素与生态环境的相互影响关系。行动主义则注重改造社会环境，关注组织目标的实现，力求通过集体行动的力量去发挥大众的社会作用，以此起到监督与促进环境保护工作得以顺利实施。这三个特征在一定意义上既表达了学科共识的方法论原则，也规定了可能的理论边界，这将有助于我们把握好环境社会学的研究范式，从而使得我们在明确学科研究主题时不至于泛化理论边界或流于常识化的态度。

研究范式的明晰在一定程度上也规范和限定了环境社会学具体研究

方法的运用。社会学研究方法一般呈现为多元化的特征，既有定性研究和定量研究的差异，也存在着理论研究与经验研究的区别，尤其是还能够将定性研究与定量研究有机地结合在一个理论模型中，这充分提高了理论的解释效度，使之更便于应对复杂的社会现实问题，这一点有别于其他社会科学学科的解释方式。研究方法的多元化特征体现了研究视角的变化以及解释方式及结果的不同，这为环境社会学提供了丰富的收集资料的工具与手段。

但是，研究方法的运用并非无原则可循，而是应当遵循两个基本要求：第一，方法论原则优先的要求，就是要以环境社会学的方法论原则作为总的指导原则，以规范我们的研究应定位在环境社会学的学科视域内。第二，社会事实先于研究方法的要求，强调应根据所要研究的环境问题的事实来确定收集资料的方法，而不是用既定的研究方法去意图套用事实。总之，研究方法的运用不能将其简单化理解，这要取决于方法论原则的立场以及研究对象的具体性质。

二　环境社会学怎样对中国环境问题进行理论关照

本文中所指的中国环境问题主要是指新中国成立以来的环境问题。这种界定主要是出于环境社会学研究范式的要求，探讨当下中国环境问题何以形成的社会影响因素。或者说，探讨中国环境问题同作为社会现实背景的社会发展状况之间的关联性问题。因为在某种程度上说，环境问题也是社会发展进程中的伴生物。

就中国环境问题的总体状况而言，应当说是一种发展中的环境退化的趋势。从发展的含义上看，我国仍属于发展中国家，工业化水平及程度不及发达国家，目前仍处于工业化发展的中期阶段。且长期以来一直实行计划经济体制，发展目标重于环境保护的要求，使得我国的生态环境逐渐趋于恶化。市场转型以来，虽然我国加大了环境保护法律和法规建设的力度，生态环境恶化的趋势有所缓解，但并未从根本上解决问题，旧的影响因素尚未根除，而新的影响因素又凸现出来。因此说，要理解中国环境问题的成因，就应当从国情本身入手，这才是一种切实可行的研究思路。

首先，就中国环境问题的成因来看，主要在于三方面的影响因素：第一，计划性发展目标的影响因素，指以发展理念为主导的计划性经济发展政策所导致的环境外部性；第二，环境管理及环境政策方面的影响因素，指有关环境管理的乏力及环境政策的滞后性；第三，社会生活方面的影响因素，主要指社会生活的副产品如生活污水及垃圾等愈加成为主要的污染源。

新中国成立之初，我国为了尽快实现工业化国家的发展目标，提出了具有纲领性的“一五”（1953—1957）计划，其核心是优先发展重工业战略的经济发展政策，强调应当首先发展冶金、燃料、电力、机械制造及化学等项重工业。在这一战略思想的主导下，全国各地在“一五”期间纷纷上马和改建了一些重工业企业，使得工业企业规模迅速膨胀，一些技术装备落后且污染较为严重的行业如黑色冶金（钢铁）、电力工业及煤矿工业的企业数量高达 300 家之多①。

而且，后继的纲领性计划也间接地强化了这种工业企业规模扩张的现象。如“大跃进”期间，全国各类工业企业如小炉窑、小水泥厂及小电站的数量迅猛增加，由 1957 年的 17 万个增加到 1959 年的 60 多万个。这些企业既无自身的治污措施，也无相关的管理部门进行有效的制约，使得工业“三废”随意排放，导致环境污染在全国许多地区蔓延开来②。“文革”十年期间，一些工业企业在“靠山、隐蔽、进洞”的方针下，迁入了远离城市及交通要道的山区，进一步扩大了污染的范围。我们仅就 1981 年的一些数据，可以看出当时环境污染的严重状况，如固体废物年排放量为 4 亿吨，工业废气中二氧化硫和烟尘的年排放量为 2825 万吨，而工业废水的年排放量则高达 233 亿吨。且在部分工业城市中，烟尘和某些有害气体的浓度超过标准值数倍之多③。

改革开放以来，伴随着市场转型的进程，原有的环境影响因素尚未能完全消除，而新的影响因素也逐渐凸现出来，且愈加呈现为复杂的格局。表现在，我国目前已经进入了以重化工业快速发展为主要特征的工

① 中国社会科学院、中央档案馆编：《1953—1957 中华人民共和国经济档案资料选编（固定资产投资和建筑业卷）》，中国物价出版社 1999 年版，第 323—324 页。

② 李周、孙若梅：《中国环境问题》，河南人民出版社 2000 年版，第 2—5 页。

③ 李周、孙若梅：《中国环境问题》，河南人民出版社 2000 年版，第 31—35 页。

业化中期阶段，正经历着资源、能源消耗和污染物排放密集化的客观历史过程。而且，由于我国人口规模庞大，油气、水、土地及重要矿产等战略资源供需形势日趋严峻，还面临着难以应付的复合型的跨界环境污染问题。作为世界温室气体的第二排放大国，我国更是面临着巨大的国际减排压力[①]。同时，还要应对各种具体的经济与社会问题，如利益主体日益多样化问题，巨大的就业压力问题，城乡二元社会结构问题以及环境不公平等问题。这些问题错综复杂，压缩在一个时空状态下，它既是我国社会发展状态的真实写照，也是构成影响环境问题的新的综合性因素。

此外，环境管理的乏力以及环境政策的滞后性也是我国环境问题成因的主要影响因素。我国环境保护工作起步相对较晚，如在“一五”期间，我国的环境保护工作并未列入政府的管理工作日程。尽管这一时期国家也出台了一些与环境保护内容有关的法规，如《工业企业设计暂行卫生标准》（1956）、《中华人民共和国水土保持纲要》（1957）等，相应地提出了环境保护的要求，但实际上这一时期工业企业所排放的废水、废气及废渣基本上是不受控制的。“大跃进”至“文革”期间，为了应对日趋严峻的生态环境问题，国家又进一步发布了《森林保护条例》和《矿产资源保护条例》（1963），关停并转了一些盲目上马的企业，在一定程度上减轻了环境污染的状况，但仍然难以扼制已经既成事实的生态环境恶化的趋势。

直到1973年，国务院环境保护领导小组及其办公室的成立，才标志着我国环境保护工作开始进入正轨。此后相继出台和建立了一系列法律和法规，如20世纪80年代逐步形成了谁污染谁治理，预防为主、防治结合以及强化环境管理等三大政策，与此同时还建立了三同时制度、环境影响评价制度等八项制度。90年代又明确提出要实施可持续发展战略的目标，陆续出台了《中国21世纪议程》（1994）、《关于环境保护若干问题的决定》（1996）等重要决策和决定。2000年以来，又相继出台了国家环境保护的“十五”及“十一五”计划，强调要转变经济发展方式，下大力气解决危害人民群众健康和影响社会可持续发展的

① 中国科学院可持续发展战略研究组：《2008中国可持续发展战略报告——政策回顾与展望》（报告摘要部分），科学出版社2008年版，第14—16页。

突出的环境问题。到目前为止，我国已经建立了30部法律法规及100多项行政规章制度，在一定程度上起到了监督和促进我国环境污染的治理和改善，使得“三废”的总量呈下降趋势[①]。

但同时也应当看到，法律法规及规章制度的健全和完善并没有带来令人满意的环境治理的效果，还存在着许多不尽如人意的地方。一方面，环境法制存在着失灵现象，使得环境政策得不到有效的实施，环保目标不能如期落实。如我国规定的“十五”计划污染控制目标，即城乡环境质量改善及全国主要污染物排放总量（2005年相比2000年）减少10%的目标没有能够如期实现。而《政府工作报告》中提出的2006年单位GDP能耗降低4%左右的目标也未能真正完成，2006年上半年全国能耗增长仍快于经济增长，单位GDP能耗同比不仅没有下降，反而上升了0.8%[②]。另一方面，规划环评程序还不够完善与合理，导致一些高能耗、高污染企业如火电、钢铁、建材及有色金属等行业仍然发展较快。如火电投资仍以每年50%的速度递增，而我国大气污染源90%以上来自于重化工业，其中70%的空气污染来源于火电。此外，环境政策也未能及时地对新出现的环境问题做出积极的应对，如电子垃圾污染问题、外来物种入侵问题等都需要相应的政策与措施来加以防范和治理。

还应当值得注意的是，社会生活所带来的环境污染问题近年来愈加突出，生活污水、垃圾等都已经成为主要的污染源，且呈不断增长之势。如城市垃圾在1979至1995年的16年间，平均以每年8.98%的速度递增，1998年中国城市的垃圾清运量已经到达14223万吨。而与民众生活关系密切的生活污水排放量更是有增无减，如1982年全国生活废水排放量为230.3万吨，而“十五”期间则上升到281.4万吨，生活污水的排放量已经占到全国废水排放量的一半以上，且污水处理率较低，到2005年也只有52%的生活污水得到处理[③]。这意味着，由社会

---

① 自然之友编、杨东平主编：《2006年：中国环境的转型与博弈》，社会科学文献出版社2007年版，第277-291页。

② 自然之友编、杨东平主编：《2006年：中国环境的转型与博弈》，社会科学文献出版社2007年版，第277—291页。

③ 自然之友编、杨东平主编：《2006年：中国环境的转型与博弈》，社会科学文献出版社2007年版，第277—291页。

生活方面所导致的环境问题已经到了不容忽视的地步。

从上述的成因分析来看，当前我国总体的环境治理形势不容乐观，呈现为发展中的治理格局，既体现出一定的环境治理的力度与成效，同时也存在着环境治理目标同社会发展之间难以调和的矛盾。由环境问题引发的社会问题也愈加突出，在一定程度上加剧了社会矛盾与冲突。据国家环保局的报告显示，自 1997 年以来，环境污染纠纷事件呈直线上升趋势，每年上升的比例约为 25%，2002 年已超过了 50 万起。而反映环境问题的“人民来信”也迅速增多，2003 年达到了 50 多万封，群众上访事件也超过了 8.5 万批次[①]。显而易见，中国环境问题的现状已不能直观地理解为一般性的生态环境问题，也不能简单地归结为经济问题或社会问题，而是一个综合性问题的集中反映。

其次，从环境社会学的理论视角出发去研究当下中国的环境问题，首先要解决好两个基本问题：第一，学科的规范性问题，即在理论研究中如何体现出环境社会学的学科特点；第二，研究的本土化问题，即如何直面我国社会发展的现实背景，从中去分析及生长出我国环境社会学的研究主题。

学科的规范性问题对于环境社会学的研究十分重要，也是不易把握好的问题。毕竟，环境社会学与相近的环境经济学、环境政治学等学科在研究方法上存在着一定的近似性，而在研究内容方面也存在着一定的交叉性领域，如环境政治学与环境社会学都涉及环境运动及环保组织方面的内容，而环境经济学与环境社会学也都在关注环境影响评价及环境政策的研究。因此，解决好学科的规范性问题关涉到学科理论边界的把握与否。所以，还是要坚持环境社会学研究范式的基本特征，以此作为我们把握学科理论边界的原则底线。

研究的本土化问题强调的是应以我国社会发展的现实背景为研究基石，反对盲目地套用西方环境社会学的研究路数，以避免泛化我国环境社会学的研究主题。事实上，由于各个国家社会发展的起点、路径和程度的不同，以及存在着地域差异和制度安排等因素，使得其各自环境问题的存在形态及其影响因素又不尽相同，不能完全一概而论。西方环境

---

① 自然之友编、杨东平主编：《十字路口的中国环境保护》，载《2005 年：中国的环境危局与突围》，社会科学文献出版社 2006 年版，第 16 页。

社会学的兴起无疑有其特定的经济与社会背景，它是在面对以现代性为导向的工业化进程中，以市场经济体制为制度背景所导致的生态环境衰退的过程，并以此作为理论研究的反思起点。而我国是发展中国家，正处于工业化发展的中期阶段，虽然已经初步完成了市场转型，但在制度安排及市场化程度方面又与西方发达国家存在着较大的差异。我们应当正视这种研究背景的差异性，审慎地界定我国环境社会学的研究主题，这就是：研究社会转型期中国环境问题的社会影响因素。只有这样，才可以避免泛化研究主题的倾向。

当前，对于中国环境问题的研究，国内一些学者已经从环境社会学的视角进行了深入而广泛的研究，这些研究既有针对具体的、地域性的环境问题所做出的理论阐释，也有关注于政策、文化及价值观方面的学理探究。从研究主题的范围来看，基本上属于“社会学的环境社会学”，即围绕着环境问题及其社会影响因素而展开的。具体说来，第一，关注于社会结构与生态环境的关系研究。如探讨历史、社会、文化、价值观及生活生产方式等与生态环境之间的相互影响关系①。第二，关注于社会组织与社会意识方面的研究，主要是探讨公众环境意识的认知水平与影响因素，以及环保社团组织的社会作用与价值②。第三，以实证研究为基础，探讨环境政策的实施效果及其影响因素③。第四，以社会调查为基础的经验性研究，这些研究重于对环境问题事实性的深描，而少于相关的理论阐释。

总体上看，这些研究涉及理论、实证及政策等诸多视角，无论在研究主题、学科内容还是在研究方法上都较好地体现了社会学的学科特征，对于推进我国环境社会学的本土化研究及理论建设起到了一定的积极作用。

但同时也应当看到，目前的研究状况还仍然存在着一些值得我们关注并需要进一步思考的问题。第一，学科规范问题仍需要一种共识的态度。虽然在研究范式上有关系主义、结构主义及行动主义的特征，但并不包括关系至上主义。关系主义并不是明晰学科研究范式的唯一条件，

---

① 麻国庆：《草原生态与蒙古族的民间环境知识》，《内蒙古社会科学》（汉文版）2001年第1期。

② 洪大用等：《中国民间环保力量的成长》，中国人民大学出版社2007年版，第42—72页。

③ 林梅：《环境政策实施机制研究——一个制度分析框架》，《社会学研究》2003年第1期。

不等于说所有研究环境与社会关系的内容都可以纳入环境社会学的学科视野，这还要取决于研究的理论分析框架。如我们在分析中国环境问题的成因时指出了三方面的影响因素，但其实我们并不能对这些影响因素都逐一加以研究，对有些影响因素的研究我们往往缺乏合理的理论切入点。第二，相比较于其他社会科学而言，社会学研究更侧重于解释性理解，即对社会事实何以如此给予一定的因果性解释。但问题在于，如果我们对于环境问题的理解仅使用少数几个社会学解释变量，并停留在其何以如此的原因解释层面，满足于一种事后的解读，那么环境社会学的存在价值也就值得存疑了，无非就是增加了一些解释因素而已。事实上，我们缺乏的恰恰是需要能够切实反映经济与社会现实背景的政治经济变量。因此，可能的出路就在于要拓展解释变量，审慎地借鉴“环境学的环境社会学”的理论分析框架。当然，这要冒承担宏大叙事的理论风险。第三，也需要进一步加强经验研究与理论阐释的结合性问题，避免走入常识化的误区。毕竟，作为一种学术研究其首要的功能还是在于可解释性，而不是沉湎于对环境问题的直观描述。

三　几点理论思考

按照一般的理解，环境社会学应当是一门以“经验—理论”为基本特征的学科。或者说，环境社会学强调理论建构的经验基础，而弱化宏大叙事的理论表述。这种理解既继承了学科的理论传统，也体现了学科研究范式的基本要求。而且，对于环境社会学理论性质的理解也关涉到我国环境社会学的理论建设问题，这其中有两方面的问题需要我们进一步地深思。

首先，我们能否用少数或单一的理论分析框架来解释中国环境问题的诸多现象，还是针对不同的环境问题来选择相应的理论分析框架。

其实这里面既存在着理论分析框架的多元化的问题，也存在着理论研究视角的差异问题。一方面，我们应针对不同的环境问题寻求相应合理的理论分析框架。如对城市环境问题的研究，采用社区及社会组织的视角具有较强的针对性。而对于全国性或总体性环境问题的研究，则可以依据社会运行论来作为合理的理论分析框架。当然，这其中也存在着不同的理论分析框架之间的衔接问题，还有待于进一步研究。另一方面，也存在着理论研究视角的转换问题，即我们可以出于不同的研究目的从而转换理论研究的视角，这意味着研究结论的变化及解释程度的差异。如我们既可以从行动者与社会空间的视角来切近城市环境问题的研究，也可以从制度分析、社区及社会组织的视角介入研究。但是，这种研究视角的转换不应当仅仅是一种解释方式变化的要求，而应是一种关涉到理论价值及意义变化的要求。

其次，宏观理论与“经验—理论”之间的逻辑关系问题。从理论的建构过程来看，“经验—理论”是依据扎根理论方法建立起来的，具有扎实的经验事实基础，这充分保证了环境社会学能够在理论与现实之间保持一种必要的张力与敏锐感。但随之而来的问题是，何种经验事实可以构成扎根理论方法的基础？不同的“经验—理论”之间是否存在一定的内在逻辑关系？由“经验—理论”是否可以上升为宏观理论？进一步说，环境社会学是否需要一种宏大叙事的理论学说，而宏观理论建构的基础又在于什么？

这些问题目前还尚无明确的结论，有待于进一步地夯实基础与完善理论建构的准备工作。但无疑，这些问题的解决对于中国环境社会学的理论建设至关重要。总之，中国环境社会学的发展正愈加体现出强大的理论生命力，通过不断完善研究方法论，努力寻求新的理论生长点和研究主题。

（该文刊于《吉林大学社会科学学报》2010 年第 3 期）

生态现代化理论的本土化建构研究

“生态现代化”理论是在20世纪80年代，由德国学者约瑟夫·胡伯（Joseph. Huber）[①] 提出的，是对西方在现代化进程中产生的严重的环境问题所做出的一种理论回应，强调在经济发展与环境保护之间寻求一种平衡。马丁·耶内克（Martin Jänicke）、西蒙斯（Simmons）、莫里·科恩（Maurie Cohen）等学者在胡伯思想的基础上，将生态现代化理论进行了扩展性研究，认为生态现代化是西方工业国家实现转型的必由之路。戴维·索南菲尔德（David A. Sonnenfeld）等学者也提出，在市场经济条件下，应用并发挥技术条件在改变经济发展与环境改善过程中的作用，政府应当如何在生态现代化过程中扮演好自己的角色[②]等。

生态现代化理论以其理论性及实践性在欧洲和北美得以迅速传播，如以德国、荷兰为代表，在面临严重的环境污染问题时，对于生态现代化理论的推崇和实践，使该理论由理论层面转向了实践层面。由于各个国家的国情不同，在对生态现代化理论的运用过程中，还需要考虑如何对其进行本土化建设的问题。

一　何以要研究生态现代化理论的本土化问题

首先，在思考生态现代化理论的本土化建设时，应明确生态现代化的概念。胡伯将其定义为：以发挥生态优势推进现代化进程，实现经济

---

① Arthur P. J. Mol and Gert. Spaargaren，“Ecological Modernisation Theory in Debate：A Review”，*Environmental Politics*，Vol. 9，No. 1，March 2000，pp. 17 – 49.

② David A. Sonnenfeld and Arthur P. J. Mol，“Ecological Modernization，Governance，and Globalization：Epilogue”，*American Behavioral Scientist*，Vol. 45，No. 9，May 2002，pp. 1456 – 1461.

发展与环境保护的双赢，不能以牺牲环境为代价来换取经济的发展。[①]随着全球化的发展进程，生态现代化理论也在不断地国际化与全球化，其研究核心也随之发生变化。如耶内克认为，生态现代化的核心是四大要素：技术革新、市场机制、环境政策与预防理念[②]；也有学者认为，生态现代化在传统视角下研究核心应为：社会实践、体制规划、社会政策与政策话语[③]等。

至今，学界对于生态现代化的概念还没有形成一个明确的范畴，如果按照胡伯（2008）提出的狭义与广义的现代化概念来看，狭义的生态现代化只是关注技术过程，以及对技术过程的规制和经济控制等；而广义的生态现代化还应包括更为广泛的政治和文化层面，甚至可以归为更为广阔的社会科学理论范围[④]。

亚瑟·摩尔（Arthur P. J. Mol）从三个方面对生态现代化的理论内涵加以阐释，进一步明晰和解释了生态现代化理论。第一，生态现代化的概念应当运用于社会理论的探讨中，其范围从环境社会学到关于现代性和后现代性等更宽泛的理论。第二，通过社会科学家的分析，20 世纪八九十年代的环境治理及治理的变化特点，生态现代化是作为一个新的政策范例展现出来。第三，20 世纪末期，工业化国家为了解决所面临的生态问题，将生态现代化作为环境和经济政策设计的理论依据[⑤]。因此说，生态现代化理论既可以理解为一种规划策略，也可以看作一种社会理论[⑥]。

总体来看，在工业化和现代化的背景下，生态现代化理论倡导一种积极乐观的态度，按照马藤·哈杰尔（Maarten Hajer）等人的观点，尽管生态现代化理论存在着几种思想流派，但其主要的理论观点还是倾向

---

① 马国栋：《生态现代化理论产生和发展的理论背景分析》，《南京工业大学学报》（社会科学版）2014 年第 3 期。

② 郇庆治、［德］马丁·耶内克：《生态现代化理论：回顾与展望》，《马克思主义与现实》2010 年第 1 期。

③ 王宏斌：《生态现代化语境中的中国生态文明建设》，“当代世界社会主义的理论与实践”学术研讨会论文，福州市，2014 年。

④ 参见李彦文《生态现代化理论视角下的荷兰环境治理》，博士学位论文，山东大学，2009 年，第 28 页。

⑤ 郭熙保，杨开泰：《生态现代化理论评述》，《教学与研究》2006 年第 4 期。

⑥ 林兵：《环境社会学理论与方法》，中国社会科学出版社 2012 年版，第 116 页。

于生态现代化理论的积极作用，强调利用技术的进步性、潜在性和可替代性，来解决工业化和现代化过程中所引发的环境问题。如在“社会—经济”背景和条件下，技术对一些环保材料的创新与应用，减少了原有环境有害物质的排放和流动。

其次，生态现代化理论的提出，符合当下经济社会发展与环境保护之间协同共进的要求。该理论提出之初，其着眼点在于：科学与技术在环境保护方面发挥的是一种变革或改革的作用；市场经济和经济主体的重要性在不断增加；民族国家发展方式转变的重要性；社会运动的地位、作用和意识形态的转变；话语实践的改变和新意识形态的出现[1]。此后，对科学和技术在环境变革方面的注意力开始减弱，在转型期条件下，注重政府和市场之间的作用和关系[2]；形成相关的政策和理论学说，解释和融合生态现代化理论[3]；从不同方面阐述生态现代化作为一种社会理论引起的社会变迁[4]；结合经验研究来探求生态现代化的多样性[5]；生态现代化理论在行业背景下引导国家行业的发展[6]，对欧洲联盟的发展研究[7]等。

这一时期生态现代化理论的研究主要集中在欧洲大陆，比如德国、荷兰、挪威等国家，这些国家的社会科学学者将生态现代化理论不断扩展和完善，并从多个视角进行理论探讨，同时也结合经验研究不断推动

---

① David A . Sonnenfeld and Arthur P. J. Mol, “Ecological Modernisation around the World: Perspectives and Critical Debates”, *Environmental Politics*, Vol. 9, No. 1, January 2000, pp. 1 – 14.

② John. S. Dryzek, “The New Politics of Pollution”, *Journal of Public Policy*, Vol. 12, No. 3, July 1992, pp. 296 – 297.

③ Simon Shackley, “The politics of environmental discourse: Ecological modernization and the policy process”, *Global Environmental Change*, Vol. 7, No. 2, July 1997, pp. 181 – 183.

④ Arthur P. J. Mol and Gert. Spaargaren, “Sociology, environment, and modernity: Ecological modernization as a theory of social change”, *Society and Natural Resources An International Journal*, Vol. 5, No, 4, October 1992, pp. 323 – 344.

⑤ Arthur P. J. Mol, “Ecological modernization and the environmental transition of Europe: between national variations and common denominators”, *Journal of Environmental Policy and Planning*, Vol. 1, No. 2, September 1999, pp. 167 – 181.

⑥ Robert Baylis, Lianne Connell, Andrew Flynn, “Sector variation and ecological modernization: towards an analysis at the level of the firm”, *Business Strategy and the Environment*, Vol. 7, No. 3, July 1998, pp. 150 – 161.

⑦ A. Gouldson and J. Murphy, “Ecological modernization and the European Union”, *Geoforum*, Vol. 27, No. 1, February 1996, pp. 11 – 21.

生态现代化的实践进程。

目前来看，生态现代化理论作为一种分析框架，已进入一种具体化、行业化的过程。进入21世纪以来，依靠自身的实践性和特有的适应性，该理论被全球许多国家应用于实践过程。如美国、日本、澳大利亚等国家，各个国家对此也确立了不同的研究主体，且开始具有针对性地进行了深入研究。比如莫里·科恩对美国环境运动的研究[①]；马丁·勒尼汉（Martin H. Lenihan）、凯瑟琳J. 布拉塞尔（Kathryn J. Brasier）对美国农场法案的研究[②]；戴维·索南菲尔德对马来西亚、泰国、印度尼西亚的纸浆和造纸工业的研究[③]；埃格伯特·哈德曼（Egbert Hardeman）、亨克·乔奇姆森（Henk Jochemsen）对欧洲农业生态现代化的意识形态研究[④]等。而且，发展中国家在实现其现代化的过程中，在寻求经济发展和环境保护之间的平衡点方面，对生态现代化理论给予了较高的期望，这也为生态现代化理论的发展提供了必要的现实基础。

二　生态现代化理论在中国实践中所遇到的困境

在当下中国现代化进程和社会转型的背景下，生态现代化理论如何能够对中国环境保护问题做出有效的回应，发挥指导和示范效应，这值得我们进一步思考。由于中国的国情不同于西方国家，我们对生态现代化理论这个“舶来品”的吸收与应用，要适合中国当下的国情需要。

---

① Maurie J. Cohen, “Ecological modernization and its discontents: The American environmental movement's resistance to an innovation - driven future”, *Futures*, Vol. 38, No. 5, June 2006, pp. 528 - 547.

② Martin H. Lenihan and Kathryn J. Brasier, “Ecological modernization and the US Farm Bill: the case of the Conservation Security Program”, *Journal of Rural Studies*, Vol. 26, No. 3, July 2010, pp. 219 - 227.

③ David A. Sonnenfeld, “Social Movements and Ecological Modernization: The Transformation of Pulp and Paper Manufacturing”, *Development and Change*, Vol. 33, No. 1, January 2002, pp. 1 - 27.

④ Egbert Hardeman and Henk Jochemsen, “Are There Ideological Aspects to the Modernization of Agriculture?”, *Journal of Agricultural and Environmental Ethics*, Vol. 25, No. 5, October 2011, pp. 657 - 674.

在国家推动工业化与现代化的道路上，尤其是在政府职能转变、市场经济体制趋于完善，产业结构调整、能源结构不断优化以及公众环境意识的觉醒与积极表达自己的话语权等方面，都可以看到生态现代化理论的身影。因此，生态现代化理论的本土化，既是对这一理论在全球范围内积极应用的一种应对，也是对中国在应用生态现代化理论时对该理论做出的有效建构和话语的解释。

党的十八大以后，生态文明建设作为国家战略格局的一个重要方面，也对生态现代化理论提出了新的要求。一方面，如何在生态文明建设的要求和格局下来推动生态现代化的建设。另一方面，生态文明建设战略格局的确立也为生态现代化理论的本土化提供了一个制度契机。在生态文明建设格局的要求下，生态现代化理论的本土化与生态文明建设的目标和实践操作有许多相似之处，这也间接为生态现代化理论的本土化减缓了理论压力。同时，生态文明建设对于经济和环境之间的平衡关系的解读与要求，对生态现代化理论也有很多指导意义。

中国在推动现代化的进程中，在强调经济发展与环境保护的宏观层面上，会不可避免地打上生态现代化理论的烙印。但是，在经济发展的过程中，环境恶化的趋势仍旧没有明显的减弱，反而呈现一种“总体恶化、局部好转”的怪诞现象，这与生态现代化理论并不完全协调。究其来看，生态现代化理论在中国当前的发展实践中遭遇到了哪些困境？一些学者提出了一些看法，如生态现代化的五大困境：技术条件不足、经济发展不充分、经济地区发展不平衡、以制造业为主的产业机构问题、政府主导模式下的发展①；中国环境污染问题以及潜在的环境污染问题压力的不断加大，对生态现代化的影响②；科技的异化也会引发环境问题；政府环保部门在执行环境政策所遇到的尴尬地位③等，这对于我们研究生态现代化理论当前的困境有所启发，我们拟从以下几个方面来阐释中国生态现代化道路所处的困境。

---

① 洪大用：《经济增长、环境保护与生态现代化：以环境社会学为视角》，《中国社会科学》2012 年第 9 期。

② 朱芳芳：《中国生态现代化能力建设与生态治理转型》，《马克思主义与现实》2011 年第 3 期。

③ 周雪光、练宏：《政府内部上下级部门间谈判的一个分析模型：以环境政策实施为例》，《中国社会科学》2011 年第 5 期。

首先，环保资金投资力度不足，环保产业有待升级和转型。回顾欧美国家的生态现代化道路的历程，尤其是在环境污染问题出现之后，政府对于环境污染问题的治理方面，其在资金的支持上力度较大。

与国外环保资金的投入力度的比较而言，欧洲国家在环保领域处于世界领先地位，特别是德国、瑞典等国的环保产业已非常的成熟。目前，欧盟27国每年在环保方面的投入超过800亿欧元，占GDP的比例已超过2.25%[①]。而中国的环保投资占国家GDP的比重仍有较大的上升空间，国家统计局的数据显示，2012至2013年，中国的环保投资占GDP的比重为1.36%，相对以往比例有所下降。尽管2000至2015年环保治理投入资金数额的总体趋势呈不断上升态势，但是环保治理投入所占GDP比重也仅在2010年达最大值，即1.66%。远落后于发达国家2%的水平[②]。在这种所占GDP比重水平的情况下，面对在经济发展过程中不断出现的环境污染问题，由于治理资金支持力度不够，环境污染问题即使有所缓解，也会随着时间的推移、资金链的断裂等因素，致使原有的环境问题仍旧会复发。

关于环保产业的发展，在十八届五中全会上确立的“十三五规划”中，成为新增的重要内容已经是不争的事实。而且在《关于加快发展节能环保产业的意见》（2013）中，要求在2015年，节能环保产业的总产值达到4.5万亿美元。同时，“十三五”期间环保产业的产值也将会实现产业年产值增速超过15%[③]。尽管如此，国内相关环保产业的发展转型仍旧很慢，跟不上社会发展的要求和国家现代化发展的需要。国内环保企业在总体上仍旧呈现出规模小、分布范围较散、竞争力弱等特征，与发达国家相比较为落后。而且，在环保产业的领域内，也存在着监管不力、企业责任缺失，以及体制、机制和科技的创新力度不足等问题。无疑，环保产业的发展与转型对于中国实现生态现代化有着重要的作用，所以，如何在市场经济条件下，实现环保产业的转型与快速升级

① 《环保行业投资展望三大战役添砖加瓦》，北极星电力网，http://news.bjx.com.cn/html/516236.shtml，2014年6月5日。

② 参见“环境污染治理投资总额/国内生产总值”，中华人民共和国国家统计局，http://data.stats.gov.cn/easyquery.htm? cn = C01.

③ 《国务院：加快发展节能环保产业2015产值达4.5万亿》，人民网，http://politics.people.com.cn/n/c70731-22525761.html，2013年8月12日。

是当务之急。

其次，产业结构的调整步伐缓慢，环境污染治理问题仍然举步维艰。产业结构作为决定经济系统是如何利用资源和废物排放的核心因素，对于经济的发展有着举足轻重的作用，它不仅决定着经济的发展和增长方式，而且还决定着经济发展与环境保护之间的关系。而中国在实现工业化、现代化的过程中，第二产业占据主导方式，原有的“高投资、高消耗、高污染”的发展方式与现代化一直相伴而生，直接或者间接地造成了严重的环境污染。统计数据显示，在 2000 至 2012 年间，在产业构成中，第二产业仍旧占据主导地位。而在产业对 GDP 增长的拉动上，第二产业对 GDP 增长拉动所占比值最大①。在分行业中，工业增加值构成仍占据 GDP 的三分之一以上②。这也说明了在经济发展方式中，工业仍旧占据经济发展的主导地位，第二产业虽说在近两年比例有所降低，但“边生产、边污染”“边治理、边污染”的情形依旧存在。

产业结构调整缓慢，一方面，与长期以来的国家政策引导的工业化方式有关。数据显示，进入 21 世纪以来，第二产业所占比例已接近于第三产业，这也说明第二产业在国家发展计划中仍具有重要的作用。而且从其对 GDP 的影响来看，第二产业对 GDP 的影响高于第三产业和第一产业③。另一方面，也与相应的国际大环境有关。从国家的发展策略来看，以往的发展策略是“投资、出口两驾马车”，而后开始向“投资、出口、消费三驾马车”进行转变。发展方式的转变也会引起相关的产业构成及资源配置的调整。在三大产业的构成需要中，第二产业和第三产业的比例有些小幅度的变动。因此说，在产业结构构成上的调整是需要相应的时间保证的。加之国民消费水平比较弱势，相关的服务业发展缓慢，也是影响产业结构调整缓慢的一个重要原因。

再次，新技术、新能源的发展并没有改变传统能源消费结构。近些年来，中国在新技术的发展、新能源的使用上投资较大，但是并没有从

① “国民经济核算：三次产业构成、三次产业对国内生产总值增长的拉动、分行业增加值”，中华人民共和国国家统计局，http：//data. stats. gov. cn/easyquery. htm？ cn = C01.

② “国民经济核算：三次产业构成、三次产业对国内生产总值增长的拉动、分行业增加值”，中华人民共和国国家统计局，http：//data. stats. gov. cn/easyquery. htm？ cn = C01.

③ “国民经济核算：三次产业构成、三次产业的贡献率”，中华人民共和国国家统计局，http：//data. stats. gov. cn/easyquery. htm？ cn = C01.

根本上改变中国的传统能源消费结构。而新技术、新能源产生的效益呈现出时效长、回归期长的特征，也使得相关企业在创造效益上出现短期困境。同时，还受到企业利润率、生产成本的影响，一些企业也不愿意花费相对较高的成本来使用不太成熟的新技术。统计数据显示，2000—2013年间，煤炭和石油的消费比例在能源消费比例中最高时达90.8%，最低时是84.4%，下降了6.4%。而水电、核电、风电这些新能源的能源消费比例构成，最低时是6.4%，最高时是9.8%，仅上升了3.4%[①]。从数据可以看出，在进入21世纪以来，中国的能源消费结构始终是以煤炭和石油消费为主。但是，这种能源消费结构产生的环境污染是十分严重的，加之产业结构调整步伐的缓慢，传统的能源消费结构仍然会在发展过程中长期居于优势地位。可见，中国生态现代化道路还有很长一段路要走。

三　生态现代化理论的本土化建构探究

首先，在理论层次上，应当明确生态文明建设与生态现代化理论的契合点，以便于理解在生态文明建设的视角下，如何推动生态现代化理论本土化建构的可能性。

生态文明建设从总体上看，是一个综合性、发展性及系统性为一体的发展方式，并非单一的处理经济发展与环境保护之间的关系。它不仅包括人与自然的关系，还包括人与社会的关系，两者都强调在现代化进程中如何促进经济社会发展的问题。生态文明建设强调的是和谐的发展，即人与自然及人与社会的和谐发展；而生态现代化理论则是强调通过使用新技术、新能源来解决经济发展与环境污染的矛盾。

从理论的视角看，一方面，强调生态文明建设的价值取向，将生态文明建设中所体现出的人文因素融入生态现代化理论中去，而不仅仅是寓于对技术因素的单一性解读。这也恰恰弥补了西方生态现代化理

---

① “能源：能源消费总量：煤炭消费总量/能源消费总量＋石油消费总量/能源消费总量，天然气消费总量/能源消费总量，水电、核电、风电消费总量/能源消费总量”，中华人民共和国国家统计局，http：//data. stats. gov. cn/easyquery. htm？cn＝C01.

论的三大局限性，即价值观念上的局限、问题解决方案的局限及理论适用性的局限[①]。另一方面，在完善从生态文明建设中汲取人文因素进行融合时，要明确将生态文明建设居于一种战略性的指导地位。在运用生态现代化理论的过程中，如在利用技术、机构这些技术力量的同时，还应对于社会组织、社会力量这些包含着人文因素的"软性"力量予以重视。

其次，还要加强生态现代化理论本土化建设的自觉性，着眼于生态现代化未来方向上的发展。可以说，生态文明建设也是中国对自身经济社会发展所做出的理论和实践的自觉性的反思。洪大用对此曾有过深入的阐述[②③]。所谓生态现代化理论本土化建设中的理论自觉性就是要明确：对中国生态现代化建设中所出现的问题要有合理的分析视角。一方面，在研究内容上，要从中国的国情实际出发，如水环境、草原生态、工业污染及农村环境污染等问题。另一方面，在研究范式上，西方生态现代化理论的趋向是"环境或者环保组织范式"的取向；而在中国进行本土化建构时，应先立足于"政府主导"取向，辅以"环保组织范式"。

再次，从实践层次来看，以期解决在实践过程中生态现代化面临的三大困境。第一，面对环保投入资金不足及环保产业发展相对缓慢的情况，应当加大对环保投资资金的力度。借鉴发达国家的标准，将环保投资额度的比例提高到 GDP 的 2% 以上，以保证环境污染治理有着坚实的资金支持。第二，应继续推动环保产业的发展，保证环保产业的投资力度和发展速度，提高环保产业产值在 GDP 中所占的比重，使环保产业能够规模化、健康化的发展，以改善当前环保产业面临的缺陷，凸显环保产业的作用。与此相对应，要做好环境政策中三大层次链的研究[④]，拓宽环保产业的融资渠道。第三，还应调整和优化相应的产业结构，结合市场经济的需要，协调好三大产业之间的结构比例关系，形成最佳的

---

① 周鑫：《西方生态现代化理论的反思与超越》，《中国特色社会主义》2011 年第 3 期。

② 洪大用：《理论自觉与中国环境社会学的发展》，《吉林大学社会科学学报》2010 年第 3 期。

③ 洪大用：《理论自觉的必要性及其意涵》，《学海》2010 年第 2 期。

④ 辛路、赵云皓、徐顺青等：《促进环保产业发展的环境政策制度链研究》，《中国人口·资源与环境》2014 年第 11 期。

产业结构。结合发达国家的发展经验，将第三产业占 GDP 的比重接近于“合理值”[①]，形成经济发展中第三产业居于主导性地位。第四，在市场经济条件下，应继续加大对新技术、新能源的投资力度，保证其科研能力不断加强，尤其是在核心技术和关键技术等高新技术环节上[②]。对于新技术、新能源等相关产业的发展，应给予重视和支持，并引导和鼓励其创造应有的产业效益和经济效益。

最后，从政府层次上来看，生态文明建设强调政府职能转变，建设“服务型”政府。生态现代化理论在本土化建构过程中，应当与所要建设的“服务型”政府相适应。作为后发展国家，政府作为资源的有效支配者和调节者，在生态文明建设的进程中扮演着重要的角色。生态现代化理论作为一种分析框架和理论指导原则，还应与政府在发展经济和环境污染治理、环境保护方面上有着良好的衔接，使政府在发展经济和实施环境保护上，能够认同生态现代化的理论价值和治理模式的转化[③]。生态现代化理论自身的发展，要体现出其作为生态文明建设的实践注解。在构建“服务型”政府的前提下，生态现代化理论的自身发展也面临着从理论向实践的深化问题，即将生态现代化理论的理念如何操作化的问题，操作为相应的指标体系，以便对政府的生态文明建设水平的评价以及实际应用提供一种思维模式。

需要指出的是，在生态现代化理论的本土化建构过程中，除了强调理论层次、实践层次以及政府层次，更要注重对技术的应用。毕竟，科学技术的应用是解决环境问题与环境保护的最有效的方法和途径。生态现代化理论对于新技术的推崇与应用，可以说是与生态文明建设有着一致的认同度。但是在实践过程中，对于生态现代化理论的应用，也要注意对技术的过度使用而带来的新的环境问题。

因此，在中国生态文明建设的视角下，对于生态现代化理论的本土化建构，需要从综合性、发展性的角度来看待。不仅要使其融入人文因

---

① 金碚、吕铁、李晓华：《关于产业结构调整的几个问题的探讨》，《经济学动态》2010 年第 8 期。

② 罗来军、朱善利、邹宗宪：《我国新能源战略的重大技术挑战及化解对策》，《数量经济技术经济研究》2015 年第 2 期。

③ 吴兴智：《生态现代化：反思与重构：兼论我国生态治理模式的选择》，《理论与改革》2010 年第 5 期。

素，增强其“软性”力量，同时也要更加注重对技术的应用。但是，更为重要的是：注重对技术的应用必须要在制度方面给予切实的保障，也就是在环境政策方面如何进一步加强制度建设的问题。

（该文刊于《吉林师范大学学报》2017 年第 4 期，第二作者刘胜）

我国环境社会学理论研究中所存在的几个问题

环境社会学自20世纪70年代创立以来，仅有近30年的学科发展历史。虽然其学科历史不是很长，但由于这一学科所具有的跨学科性、综合性和实证性等特点，其发展较为迅速。国外许多学者如美国学者赖利·E. 邓拉普、威廉·卡顿和施奈伯格，以及日本学者饭岛伸子等人都对环境社会学理论进行过较为深入和系统的研究与阐释。应当说，无论是就其研究内容还是理论学说来看都已经渐趋成熟，这给我国环境社会学的理论研究工作提供了较为丰富的学术思想资源和理论借鉴。

我国学者自20世纪80年代中期以来，才开始逐渐进入环境社会学领域的理论研究与探讨工作。近些年来，虽然有些学者对国外环境社会学的理论研究现状及其学术动向进行了一定程度的介绍与分析，也对我国环境问题的现状进行了一些政策性研究和经验性的实证调查，但从总体上看，我国学界在环境社会学领域的理论研究工作开展得还不够深入，在许多方面还存在着一些问题，如基础理论研究相对薄弱、学科定位原则不明晰、理论研究与政策及法规研究相脱节等问题。

一 基础理论研究较为薄弱、文献资料匮乏

我国学者由于介入环境社会学领域的研究历史较短，因此，相对于国外环境社会学的理论研究水平而言还有一定的距离，如教材建设不够完善，相关的研究性的学术专著及论文较少，且对于国外学者新近的学术动向也所知不多。

具体说来，一方面，有关系统化、理论化的环境社会学学科的教材不多。就笔者所掌握的资料，目前仅能见到四本左右冠以“环境社会学”名称的学科教材（如姜晓萍2000；左玉辉2003等）。从总体上看，

这些教材对环境社会学的研究对象、研究方法和国外环境社会学的理论观点进行了一定程度的介绍和阐释，也就当前环境问题的特点、产生因素以及环境与社会的关系等问题进行了较为深入的探讨与分析，这给我们全面而系统地了解环境社会学的理论内容和学科体系构架提供了丰富的知识背景和学科基础，在一定意义上起到了推动我国环境社会学理论建设的积极作用。然而我们也应当看到，这些教材之间还缺乏各自相对独立的理论体系结构，在内容上也存在着一些较为相近的部分，且较少涉及国内有关环境问题方面的实证性研究资料。另一方面，从近 10 年（1994—2004）中国期刊全文数据库（web）所收录的文章来看，冠以“环境社会学”名称或内容近于环境社会学学科领域的文章总计不超过 15 篇，平均一年不到两篇文章。而且，就所发表的这些文章的内容来看，多以介绍和述评国外学者理论观点方面的文章为主，而缺少有关反映和代表国内学界自身学术见解方面的内容。这种状况说明我国环境社会学的理论研究现状仍属于起步的阶段，在一段时期内还难以形成具有本土化特征的、能够真实地表征我国环境问题现实的环境社会学理论。

此外，由于受资料匮乏的局限，对于国外学者的前沿性的学术成果与新近的研究动态还所知不多。目前，只有美国学者查尔斯·哈珀的《环境与社会》（1998），以及日本学者饭岛伸子的《环境社会学》（1999）已经翻译过来，而其他一些较有影响的学术专著大多没有翻译过来，如加拿大学者约翰·汉尼根撰写的《环境社会学》（1995）一书就较有代表性，但目前还没有见到中译本。至于近几年来国外学者发表的原版的前沿性的学术论文，搜寻起来就更加困难。就目前掌握的资料，仅能见到两本英文版的学术论文集，*The International Handbook of Environmental Sociology*（1997）及 *Handbook of Environmental Sociology*（2002）。这两部论文集汇集了邓拉普、弗雷德里克·H. 巴特尔等学者 90 年代以来所发表的近 50 篇文章，内容较为广泛，涉及环境社会学的基础理论研究、可持续发展与环境问题，以及对环境与社会的关系等问题的探讨，如经济、政治、社会行为和技术等领域相关的环境问题等。但是，其中涉及环境社会学基础理论研究方面的文章还不到 10 篇，这还不足以完全反映 90 年代以来国外环境社会学理论研究的整体面貌，也使得我们还无法做到及时了解与追踪国外学者最新的理论研究动向。

二 学科定位原则尚存在理论分歧，难以达成理论共识

应当说，学科定位原则这一理论分歧事实上是来自国外环境社会学理论争论的延续与扩展。按照一般的看法，社会学无疑是一门以研究“关系性”为主的学科，它以人与人、人与社会的关系作为它的基本研究对象。也就是说，社会学坚持的是一种关系性的学科尺度。而环境社会学作为社会学的分支学科，显然也是要坚持关系性这一尺度，只不过构成关系对象的双方是环境与社会。对于这一点，无论是西方学者还是国内学人都已经形成共识，这种共识已经突破了以往社会学研究的基本理论范畴，将环境纳入了社会学的研究领域，并且赋予了其重要的理论地位。可问题在于，环境是以何种身份进入社会学的理论视野，我们又该如何理解和把握环境和社会的含义及其两者的关系性质。这其中我们主要面临和需要解决好以下两个问题。

第一，如何理解环境与社会的含义及其关系性质。“社会”这一含义较好理解，不论我们将社会理解为社会结构、社会制度还是社会关系与否，都是与人的行为与活动相关联的。在这个意义上，社会也就是人的集合性的代名词。因此，对社会含义的理解并不存在多大争议。而对环境一词的理解则存在着一定的理论分歧，究竟它是指自在的自然环境、还是指非自在的已经社会化的环境，意见尚不统一。这种理解上的差异在一定程度上也将决定着环境与社会的关系性质问题。

如果我们将环境理解为自在的自然环境，即物理的、化学的和生物的环境[①]，那也就等同于将环境理解为人的生存环境或生存条件，也就是所谓的生态环境。于是，环境与社会的关系实质上就变成了人与生态环境的关系。这样来理解，就等于把环境看作外在的客观事物来对待，而作为事物的环境又是被动的而不具有主动性。进一步说，这种理解其实就是将环境与社会的关系看作主体与客体的关系。可是，社会学虽然注重于关系性的研究，但更重视的是关系双方的互动性，而不是主客观

---

① 〔日〕饭岛伸子：《环境社会学》，包智明译，社会科学文献出版社1999年版，第4页。

的关系性质。说到底，社会学是否具有解释作为客体的自然环境与作为主体的社会之间的关系实质，则还是一个较为存疑的问题，需要我们对此持一种审慎的理论态度。

那么，如果我们将环境理解为非自在的环境①，即已经社会化的环境，那就意味着我们对于环境与社会的关系采取了一种广义的、历史的和综合的理解。它反映了人类在其历史发展的进程中，通过与自然环境的互动所形成的生活及生产方式、社会惯习，以及互动之后所生成的人化的环境（社会化的环境变量）等与社会的关系。这些关系既反映了人类在与自然环境互动的历史进程中与环境互动的方式及其后果，也体现出这些方式和后果在一定程度上又制约和影响了人类对待环境的行为效果与态度取向，如整体性或地域性的生活习惯、民间习俗、特定的生活方式及社会结构等与环境的关系。这种理解，实际上是把环境置于一个广阔的时空背景中，从一种动态的互动的角度去看待环境，从而使我们有可能以一种较为客观的理论态度去接近环境与社会的应然性关系。

第二，要把握好环境社会学的学科定位原则，就应当坚持以社会学的研究方法作为我们的基本学术立场。正如前面所言，环境社会学是要研究环境与社会的关系性质，这是它最为基本的理论目的。但是，社会学所要研究的这种关系是以社会事实为基础的，倡导以社会事实去解释这种关系性质如何与否。因此，这种关系其实还是内在于人与人以及人与社会的关系之中，或者说，这种关系具有较强的属人性和现实性特征。

属人性意味着环境与社会的关系应当是一种建构性的关系，是人通过自身的主动性活动与环境之间所生成的一种超越于人的生物本性的关系性质，而不是人作为生物性的人与自然环境之间形成的依赖性关系。而现实性则是指环境与社会的关系是一种历史的、当下的、此在的和特定的关系性质。人类在其历史发展的进程中既不断地建构着此在的、当下的、特定的环境与社会的关系内涵，同时又在这种关系中演绎和映衬着人类社会的历史进程和人自身的生存方式。这意味着，是否坚持社会事实的原则不仅决定着环境社会学的学科性质，同时也决定着环境社会

① Frederick H. Buttel, "Sociology and Environment: the Winding Road toward Human Ecology", *International Social Science Journal*, Vol. 38, No. 109, January 1986, pp. 337.

学的理论范畴和学科边界。

从社会学自身的学科特点来看，不同的社会学分支学科都应当指称和对应着一定的社会性的“现象群”，它们构成了社会学研究的社会事实基础。环境社会学所面对的社会事实是现实的环境问题，环境问题就其发生及其和人类生存活动的影响关系来看较为复杂，既有其历史发生的早期人类活动的痕迹及其历史延续性，也有其当下生成的社会的、政治的、经济的影响因素和事实。这也就决定了对于环境问题的研究不应是一种完全抽象的纯形式化的理论演绎，而只能是一种生成于对环境问题经验研究基础上的理论解释。换句话说，环境社会学的理论应是一种“经验—理论”的结构形式，其解释的根据和可靠性在于我们对环境问题的把握程度如何与否，除此以外别无其他更合理的理论路径。

当然，环境社会学对于环境问题的研究也不能仅仅满足于停留在理论解释的层面上，我们不仅要给出阐明环境问题原因的理论答案，也更重视解决环境问题的现行的政策和法规，从理论上关切人类社会怎样去行动及行动的规则，力求确立一种合理的环境行为的指导原则。这也是当前我国环境社会学理论研究中较为缺失的环节，这种缺失既不是我们缺少对于环境问题的理论解释和建构能力的把握，也不是缺乏制定详细的环保规章制度的思考能力和水平，而是缺乏一种对两者关系思考的理论情趣。说得具体一些，就是理论研究与政策及法规研究相互脱节。从事具体环保政策和法规的制定者对于理论研究缺乏一定的热情，而从事理论研究的学者又对政策和法规的研究投入的力度不够。这种研究状况所导致的后果就是两种倾向。一种倾向是使得我们对于环境问题的理论研究缺乏实践意义，而流于空乏的形式化的理论演绎。我们从早期的卡顿、邓拉普对于“生态复合体”（POET 模型）的研究中就可见到这种过于形式化理论研究的影子；另一种倾向就是使得我们的政策制定和法规研究由于缺少相应的理论支持，而变得过于应时性而缺少深层的理论关怀。所以，如何加强理论研究与政策及法规研究相结合的问题，这是我国环境社会学理论研究应当进一步展开和深化的重要内容。

三　过于强调环境社会学理论研究的普遍性特征而忽略其特殊性特征

应当指出的是，环境问题之所以能够进入社会学的研究视野，主要在于两方面的原因：一是环境问题对社会发展的制约作用愈加明显，在一定程度上已经成为各国社会发展的主要障碍和影响因素。二是环境问题带来并导致了不同程度、不同层面、不同地域和国家之间的社会矛盾和冲突，产生了日益严重的社会和政治问题，并且这些问题并不能完全随着科学技术的发展和作用的增加而有所缓解。

从环境问题的发生历史来看，可以说自从有了人类的生产实践活动以来，就已经产生了原初的环境问题。而现代意义上的环境问题则肇始于近代的工业革命，尤其是20世纪50年代以来，随着发展观念逐渐主导了社会进步的理念，社会时尚日益牵制着社会发展的目标，以及生存意识日趋扰动着社会发展的意志，结果使得人与自然的矛盾愈演愈烈，其主要表现形式就是环境问题已经变得愈加具有了全球性和一般性的特征。而相对于对环境问题的理论解释的环境社会学而言，无疑也应代表和反映这种全球化和一般性的理论趋向，力求站在一种人类的立场去阐释环境问题的实质，解读环境与社会的现实关系。或者说，它是对自西方工业革命以来的人类的环境行为及其态度取向的一种深刻的理论反思。

但是，这并不意味着我们只是认同了这种一般性的环境社会学的理论形式，似乎用它就可以解读所有可能的环境与社会的关系内涵，提供任何解决现实的环境问题的良策。这样来思考问题，也不是一种科学的和客观的理论态度。事实上，由于各个国家社会发展的起点、路径和程度的不同，以及地域差异和制度安排等因素的存在，使得其各自的环境问题的表现形式及其程度又不尽相同，不能完全一概而论。如果我们过于强调环境社会学理论的一般性特征，而忽略其特殊性的一面，就有可能会导致一种过度概化的理论倾向，从而使这种研究失去了社会学应有的理论特点和学术价值。因此，当我们在研究和分析个别的、特定的环境问题时，或者说，当我们在面对不同地域和不同国家的具体的环境问题的表现时，就不能盲目地搬用某些国外环境社会学的理论观点加以随意套用和发挥，而是应当针对这些具体的、个别的环境问题做精准的分析和研究，即以“扎根理论”作为基本的分析工具，分析经验事实在先，形成理论解释在后，而不是在分析经验事实之前要寻求一个具有普遍解释功能的理论学说。

本着这样一个理论思路来思考当前我国环境社会学的理论研究和建设问题，应当注意以下两个方面的问题：一方面，要做到坚持两个原则，即坚持环境社会学研究的理论逻辑与我国环境问题的事实逻辑相统一的原则，以及坚持环境社会学的理论内容和方法论要求相一致的原则。另一方面，在具体内容上应重点考虑以下三部分：一是环境史研究。即通过文献研究及制度变迁方法来考察环境与社会的关系演变历史；二是政府环境政策及法规研究。如对环境政策的理论分析及评估，政府环境行为的价值取向研究等内容；三是区域性环境问题研究。主要研究地区间环境问题的差异性及不平等现象等问题。当然，对于这三部分内容的研究，仅靠社会学自身的学术力量还难以完成，还应当积极地汲取其他学科相关的理论成就来加以充实和完善。

（该文刊于《吉林师范大学学报》2006 年第 2 期，第二作者陈希贵）

生态文明：从理论、观念到中国实践

生态文明理念的提出超越了一般性的环境保护意识层面，是立足于对人与自然关系性质的总体性反思。当前，对于生态文明观念的反思正愈加体现出理论、观念、政策的多元化统一的趋势。

在理论研究层面，环境哲学、环境伦理学、环境社会学、环境政治学、环境经济学等学科，都从不同的学科视角表达了对协调人与自然关系的学理诉求与实践取向。环境哲学试图从人与自然的总体性关系的视角去重新定位人类在自然界的位置，告诫人类别太妄自尊大，说到底人类只是自然界的普通一员，不可任意而为。环境伦理学意欲为人类重新确立一种环境道德，力求建立起一种人类对待自然的伦理性关系性质，并努力为这种关系性质的确立和完善提供合理的理论解释。环境社会学则立足于对环境与社会关系的思考，把生态环境破坏、资源枯竭等现实问题作为一种反思的研究对象，从而考察其形成的社会影响因素及所导致的社会后果，并寻求应对的策略和措施的理论思考。环境政治学更是直面当下人类社会的发展理念和发展现实，立足于可持续发展的基本思想，以寻求一种绿色政治的发展道路。环境经济学也开始注重生态学与经济学的结合，提出了生态经济、循环经济及低碳经济等思想。

这种全方位的理论反思既表达了一种多学科视野的理论反思，也内蕴着一种交叉性研究的理论趋势，形成了环境社会科学的理论态势，为生态文明理念奠定了坚实的学理基础。

1972 年，联合国首次召开了具有里程碑意义的联合国人类环境会议，会议的主旨如报告题目所示："我们只有一个地球"，人类不是地球的主人，因此应当改变以往主人翁地位的错误认识，与自然界和谐相处。这次大会的重要作用就在于使生态意识观念向实践层面迈出了坚实的一步。1992 年，时隔 20 年后联合国召开了具有第二个里程碑意义的联合国环境与发展会议，提出了可持续发展的基本思想，强调既要全面地促进可持续发展的进程，同时也要使环境保护工作同步进行，协调好经济、社会与自然环境的生态平衡关系。而2002年的联合国可持续发展大会，进一步明确了可持续发展的三大基础支柱，即经济发展、社会发展及环境保护，使得生态意识观念更加明确地融入可持续发展的具体实践过程。

我国政府的认同与行动堪与世界同步，2005年10月，党的十六届五中全会首次把建设资源节约型社会和环境友好型社会确定为国民经济与社会发展中长期规划的一项战略任务。2007年10月，党的十七大报告明确提出建设生态文明的新要求，强调要转变发展方式，加强能源资源节约和生态环境保护，增强可持续发展能力，建设生态文明。2012年11月，党的十八大报告更是首次单篇论述生态文明，并把生态文明建设放在五位一体的高度上加以阐述，尤其强调把“建设美丽中国”作为未来生态文明建设的宏伟目标。把生态文明建设融入经济建设、政治建设、文化建设、社会建设各方面和全过程，体现了我党对生态文明建设的要求达到了新的高度。

在学理层面上我们已经重新定位和厘清了人与自然的应然关系，从而开始反思人类自身的行为何以如此。经济行为何以能走出理性选择、最大化的困惑，与自然形成有机的生态性关系；社会行为何以能摆脱感性选择、欲望偏好的无度性，与自然形成合理的社会性关系。这里，我们对自然已不能简单地理解为自然环境或生态自然，而应是一种社会自然的理解方式，即自然的存在与社会的存在是一体化的。只有这样理解，才会有所谓的经济顺应自然、自然回归社会的行动。让经济顺应自然，其实质还是在于我们最大化谁的选择以及如何把握最大化的问题。而让自然回归社会，则在于社会对自然回归的态度认同，即所谓生态意识的认同度问题，或者说何以能生成生态意识的集体行动问题。

在实践的层面上，就是要把理论、理念的思考转变为政策与行动。毕竟，我们所面对的人与自然的现实问题是环境问题，而环境问题在一定程度上也呈现在经济、社会等诸领域中，或者说环境问题已经具有普遍的嵌入性特征。因此，对于环境问题的解决途径也应是一种多向度的努力，是理论、理念与政策的合力效果，即以理念为方向、以理论为向导、以政策为力量，来共同应对环境问题。显然，环境问题的解决不仅意味着人与自然的和谐，同时也是人与社会和谐的现实表达，这是一种相辅相成的关系。

（该文刊于《中国社会科学报》2013 年 5 月 3 日）

社会科学应当加强对环境问题的研究

环境问题是20世纪以来人类面临的最为严峻的生存现实问题。从理论层面来看，环境问题过去往往是自然科学工作者关注的领域。一方面，人类既可以利用科学技术来开发自然界获取物质资源，也可以用科学技术来维护自然界的生态平衡，寻求解决环境问题的技术和工艺流程。但另一方面，我们也应当看到，科学技术的功能与效果如何，取决于人类如何看待科学技术的性质以及人类自身的使用目的。科学技术的社会作用并不完全取决于其本身性质如何，而是取决于使用科学技术的主体——人类自身的目的与欲求。科学技术在生产技术方面虽然有助于人类解决环境问题的困境，但它并不能完全决定人类对待自然界的态度。

毕竟，人类的环境行为是十分复杂的。环境保护问题无疑是一个复杂的问题，它牵涉到一个国家的政治、经济制度，以及社会的发展目标、政策导向等诸多因素，也涉及与邻近国家以及经济上关系密切的国家之间的关系。更面临着一些难于解决的问题，其中最为关键的问题就是环境保护与经济发展之间的矛盾冲突。尤其是在今天经济全球化的大背景下，经济发展如何才能与环境保护协调同步至关重要。对于这样一些问题的思考与解决，正是社会科学理论研究的基本内容和探讨的核心，也是社会科学理论进一步发展所要面对和解决的现实问题。

从总体上看，社会科学对于环境问题的关注，主要集中于环境与（人）社会的关系的研究。也就是重在探讨人类的环境行为（个体的、整体的行为）及其约束问题，以及人们之间的合作方式对人与自然界关系的影响，力求通过对人与人的关系的协调来解决人与自然界的矛盾。并且，也试图为人类确立一种合理的环境行为寻求理论解释和根据。在社会科学领域，我们看到的是一种积极的、全方位的理论反思的局面。

首先，社会科学对于环境问题的关注，表达了一种多维的、积极的和广义的人道主义的理论态度。

哲学、社会学、经济学以及政治学等学科都从各自的领域表达了相应的理论态度。

哲学从人与自然的整体性关系入手，强调人与自然的和谐统一性，力求重新确立一种关于人与自然的和谐性关系的理论基础。这种确立就在于它要让人类知晓，我们不是无缘无故地去关心非人类的事物，而是有着深层的理论情结。一方面，这种情结就是人类作为自然界中的生命存在物，与其他存在物（生命的和非生命的）都是一种“类”的存在物，不论是过去还是未来，人类与其他存在物都有一种本质上的同一性关系。另一方面，人类作为自然界中高级的生命存在物，应当具有“类”的意识，意识到人类自身的责任，这就是要把实现“类”的同一性作为人类的己任。同时，应当深刻地反省人类现在的行为是否得当。当人类大多都在为各自的利益而奔波忙碌时，哲学在警示我们：难道我们不正在忽略对他人、他物的关切吗？

社会学则从历史和实证的两个理论视角去研究环境与社会的关系，既要考察历史上人类的活动对于自然环境的影响，探寻自然环境与社会的关系变迁史；同时，又要在实证的意义上，研究当代现实的环境问题发生的因素和机制，及其解决环境问题的理论和对策，重在研究当下环境问题发生的社会性因素。

经济学则从资源有限性的现实基础出发，探讨如何利用经济的手段，如市场机制和强制性等手段去控制和调节人类（如企业）的环境行为，以维系人类与自然环境之间的物质循环过程的平衡。

政治学则在经济全球化的大背景下，探讨如何通过政府之间的协商与沟通，以缓解人类对于自然资源的掠夺性开发的进程，以及对有限的自然资源合理使用和分配的问题。

总之，社会科学对于环境问题的理论关注，反映了人类正在从自身的关系性、价值目标以及精神和物质的欲求等方面进行深刻反思，这种反思的意义是深远的。

其次，社会科学对于“发展”理念的警醒。

社会发展问题是当前世界各国都普遍面临的现实问题。社会发展应当是一个全方位的、多向度的过程，而不仅仅是经济发展的唯一代名词。但是，今天的发展现实毋宁说就是一个单一的经济发展过程的表达。即社会发展的过程就是经济增长的过程，而其他的发展内容都变成了经济增长过程的附属品。这种发展观的后果显而易见，就是经济增长的目标高于一切，毫不顾及自然环境的代价如何。发展的目标成为高悬的、无终点的理念，而发展的现实又永远无法迫近这一目标，只有一味地走下去。这意味着，我们正在步入一种发展观的误区，即只顾追求单一的目标，而不顾及过程的代价。只想着各自利益的获取，而不管总体的结局如何。按照这种发展逻辑，发展就意味着一种掠夺自然资源的竞争，而结局却是一目了然的。并且，我们虽然都意识到了这一结局，却难以控制这一发展的趋势。

再次，认识到环境问题的现实困境并不难，难点在于认识和如何解决理论和实践的差距。在这方面，起码有以下两方面的工作正在进行研究。一方面，在实践上就是关于政府的环境行为问题。事实上，当前的许多环境问题大都与政府行为有关，尤其是政府的经济行为和政治行为，这些行为往往导致一些国家出现整体的和局部性的环境问题。正如我们所见，当前大多数发达国家和发展中国家的环境衰退已经成为一个不争的事实，这使得各国政府在处理国内以及国家间的各种事务时，都必须要将环境问题作为首要的因素来考虑，协调好政治事务和环境保护的关系。既要认识到当前许多环境问题都具有跨区域性和全球性的特点，在处理和解决这些问题上更需要政府间的合作。同时，也要处理好各国内在的环境问题，主要就是利用市场机制的调控作用，以及政策的强制性来解决和协调企业的环境行为，并注重市场与政策的结合性使用。虽然不能治本，但可以将环境污染控制在一定程度内。这些内容都是当前社会科学极为关注的问题。另一方面，就理论与实践的差距来看，主要体现于理论与政策相互脱节。一些具体制定政策的人对理论不太关注，研究得不够。环境政策制定得虽然十分细致、具体化，但许多环境政策的制定缺乏一定的理论依据。并且，在政策的实施与执行方面，也存在着一些不尽如人意的地方。而从事理论研究的人往往对现实的环境问题缺乏必要的了解，其理论形态又过于抽象和形式化，对于现实的环境问题缺乏较强的解释力。因此，怎样加强理论与政策的结合性研究，发挥理论的实际作用，也是今后社会科学研究的一个重点问题。

最后，作为一门广义的环境社会科学，它应当为环境问题的研究提供一个理论根据，即奠基性的解释概念。

我认为，这个奠基性的概念就是“环境正义”，它不是一个纯粹抽象的概念，而是一个与现实密切相关的“理想典型”。当前，对于环境正义问题的研究涉及的学科领域较广，如社会正义、社会不平等、生存权利、社区环境，以及土著文化、习俗等都与这一研究领域有关。社会科学对于环境正义的研究有其独特的理论视角，它向上承接着抽象的正义理念，向下又关切着现实的非正义的环境行为，从而力求体现理论与实践的结合性特点。

总之，社会科学在对于环境问题的研究上，正日益体现出其巨大的理论和实践价值，这将有助于我们深刻认识环境问题的实质，也为我们进一步探讨解决环境问题提供一种“人学”的理论视角。

（该文刊于《新长征》2005 年第 13 期）

环境管理的社会基础

——从单位组织到社会组织

环境管理在一般的意义上是指运用法律、经济、行政、技术和宣传教育等手段，限制人类损害环境质量的行为，它是一种综合性的管理活动。而环境管理的社会基础则是指从社会的层面去研究环境保护与管理问题，如探讨环境意识、环保组织及环境政策等问题。本文主要是从社会变迁的视角探讨我国环境 NGO 的发展及其在环境保护与管理方面的作用与参与机制。

一　社会转型：环境管理发展的时代契机

从社会变迁的视角来看，中国的环境管理可以分为两个发展阶段，第一个阶段是从新中国成立后到改革开放之前的时期，即从 1949 年到 1978 年。第二个阶段是改革开放以来的发展时期，即 1978 年以来的“社会转型加速期”。这两个阶段体现了我国环境管理从单一化的政府主导型管理模式到社会力量介入环境保护与管理机制的发展历程，这一历程的制度背景就是社会转型。所谓社会转型是指社会结构和社会运行机制从一种形式向另一种形式的转换过程①。首先，在改革开放之前，我国的环境管理工作主要是政府主导型单一化的管理模式，即政府是环境管理的主体，通过制定相应的环境政策，以行政管理执法的方式进行环境保护的管理工作，而没有重视和发挥社会力量的作用。

这一时期我国的环境管理工作主要有两方面的特征，一方面，环境管理工作起步较晚，组织机构的建立及环境政策的制定都落后于形势。

---

① 洪大用：《社会变迁与环境问题》，首都师范大学出版社 2001 年版，第 67 页。

如1973年，我国召开了第一次全国环境保护会议，并初步制订了《关于保护和改善环境的若干规定（试行草案）》，这是我国第一部关于环境保护的综合性法规。1974年，成立了国务院环境保护领导小组及其办公室，才标志着我国环境保护工作从组织机构上开始步入正轨。而环境政策的制定与修订也相对滞后，直到改革开放初期的1979年，才正式颁布了《环境保护法（试行）》，确定了“谁污染，谁治理”的原则。另一方面，在具体的环境管理过程中也存在着一定的政府失灵现象，体现为监督乏力与执法困难的窘境。在改革开放之前我国是计划经济体制，面临的主要环境问题是城市工业企业的环境污染问题，环境管理的主要工作是对城市工业企业进行环境监督与治理。但是，这一时期的计划性发展目标导致了工业企业规模不断膨胀，仅“一五”计划时期就上马和改建了300多家重工业企业，使得环保部门对企业的环境污染状况难以获得准确的把握。此外，这些工业企业自身（尤为国有大中型企业）又具有较为明显的单位组织的特征，兼有生产、政治及经济等功能，具有一定的相对独立性和自主性。尤其是企业与环保部门之间并不完全是一种行政体制上的指令性依附关系，因此环保部门在依法治理的过程中往往也存在着执行不力的境况。

此外，在政府主导型的环境管理模式下，环境信息既不完善也缺乏公开制度，这在一定程度上也遮蔽了环境问题持续恶化的现实。而且，这一时期也较少开展对公众的环保宣传与教育的普及工作，使得公众对于环境问题的认知水平和关注度较低，社会监督和公众参与得不到应有的重视和体现。

其次，改革开放以来，伴随着我国社会转型的进程，环境保护与管理工作也面临着新的局面和要求。一方面，伴随着市场化制度的逐步建立，以及单位组织特征的日趋弱化，过去那种仅依靠政府主导型的环境管理模式已经难以适应新的形势。例如，环境污染的来源就呈现为逐渐增加的趋势，不仅是来自于城市的工业企业，由乡镇企业及社会生活所导致的环境污染比重在持续上升，如城市垃圾在1979年至1995年的16年间，平均以每年8.98%的速度递增。另一方面，环境与社会的矛盾愈加凸显。据国家环保局的报告显示，自1997年以来，由环境污染导致的纠纷事件以每年25%左右的比例上升。同时，公众对于切身的环境问题的关注度也在不断地提高。2003年，反映环境问题的“人民来信”几近达到了50多万封。2007年，由中国社科院社会学研究所承办的“2007全国公众环境意识调查报告”中也指出，公众对于环境保护的重要性、必要性、责任感及紧迫性均有较高的意识水平[①]。2008年1月，由中国环境文化促进会编制的“中国公众环保指数（2008）”正式发布，调查显示有关“环境污染问题”的关注比例为37.3%，紧邻“物价问题”和“食品安全”之后，位列“三甲”[②]。公众对于环境问题关注度的提高，从一个侧面也反映出环境问题日趋严峻的形势。

可以说，社会转型的进程在客观上为社会力量介入环境保护与管理的要求提供了坚实的社会基础。1995年，随着《中国环境保护21世纪议程》的出台，又为公众及社团组织参与环境保护与管理工作提供了制度上的合法性依据，议程强调指出，要强化公众的参与意识，以发挥个人、集体、团体以及各个部门的作用，共同关心和参与环境保护事业[③]。这表明该议程的出台为我国环境NGO的发展与成长提供了制度上的保障。

二　我国环境NGO的发展与作用

环境NGO一般指民间环保组织，我国真正意义上的民间环保组织产生于20世纪90年代，以1994年自然之友的成立作为我国民间环保组织的发端。两年后，“地球村”和“绿家园”相继成立，构成了三大民间环保组织交相辉映的局面。此后，民间环保组织历经10多年的发展，队伍在不断地扩大，数量增加较快。如中华环保联合会、中国野生动物保护协会、绿色北京、天津绿色之友、上海绿洲野生动物保护交流中心、可可西里公益网以及绿色大学生论坛等。据统计，至2005年底，我国民间环保组织的数量已经达到2768家，总人数约22.4万人。这其中，既有政府部门发起组建的民间环保组织（占49.9%），也有民间自

---

① 中国社科院社会学研究所：《2007全国公众环境意识调查报告（简本）》，2007年。

② 自然之友编、杨东平主编：《中国环境发展报告（2009）》，社会科学文献出版社2009年版，第354页。

③ 国家环境保护局：《中国环境保护21世纪议程》，中国环境科学出版社1995年版，第249页。

发组成的草根性的民间环保组织（占7.2%），还有学生环保社团及其联合体（占40.3%），其他还有如国际民间环保组织的在华机构（占2.6%）[①]。

应当看到，我国民间环保组织的产生是公众以集体组织的方式参与环境保护与管理的自觉性活动，他们在环境保护与管理工作方面正在发挥着越来越多的影响和社会作用。毋庸置疑，公众积极主动的参与行为构成了我国民间环保组织的社会基础，也是其得以产生和发展壮大的群众性基础。

首先，在环境保护方面，我国民间环保组织主要在两个方面发挥了积极与重要的作用。一方面，通过开展多种形式的环境教育活动，积极宣传与倡导公众参与环境保护活动，努力提高全社会的环境意识水平。如2007年7月，全国50多家民间环保组织在北京、天津等16个省市区开展了以倡导低能耗生活方式与消费方式为核心的“节能20%的公民行动”[②]。2009年2月，又有17家民间环保组织联合发出了“大旱之时，善待水、善待环境”的公众倡议[③]。另一方面，通过舆论宣传和组织集体行动的努力，力求影响政府的环境决策。如2003年至2004年期间，多家民间环保组织对都江堰杨柳湖、木格措水坝以及怒江和金沙江虎跳峡电站的质疑活动等，在一定程度上起到了督促与影响政府环境决策的作用。

其次，在环境管理的参与机制方面，民间环保组织也通过不同的方式介入和参与环境政策的制定与修订过程，以及提出一些建设性的政策建议。如2001年，20个民间环保组织与奥申委及北京市环保局共同编制了《绿色奥运行动计划》。2009年11月，自然之友、地球村等民间环保组织联合发布了《二〇〇九中国公民社会应对气候变化立场》的倡议文件，最终有40余家民间机构响应并签署了这一文件[④]。无疑，

---

① 自然之友编、杨东平主编：《2006年：中国环境的转型与博弈》，社会科学文献出版社2007年版，第341页。

② 自然之友编、杨东平主编：《中国环境的危机与转机（2008）》，社会科学文献出版社2008年版，第270页。

③ 自然之友编、杨东平主编：《中国环境发展报告（2010）》，社会科学文献出版社2010年版，第323页。

④ 自然之友编、杨东平主编：《中国环境发展报告（2010）》，社会科学文献出版社2010年版，第335页。

民间环保组织参与环境政策的制定与修订过程，是我国环境管理机制的一大进步，这标志着在管理实践层面上认同了公民的环境权益，对于推进环境决策民主化具有积极的促进作用，也是公众维护其自身的环境权益的必要举措和有效途径。

总体上看，伴随着我国社会转型的进程，民间环保组织的产生在一定意义上改变了以往在环境保护与管理工作中有政府而无社会的单一格局，有助于协调、和谐环境与社会的关系。但是，要真正改变这一格局仅靠民间环保组织的力量是不够的，还应当进一步加强两方面的工作。一方面，要加强和推进公众参与环境保护与管理工作的积极性与自觉性，使环境保护意识能够变成公众的自觉意识与行为。另一方面，政府部门应当真正重视和发挥公众参与的作用，不断地完善公众参与的法规及法律，而不要让其流于形式化的层面。事实上，有关公众参与的法规和法律早已明晰。早在 1979 年出台的《环境保护法（试行）》中就已经明确规定，一切单位和个人都有保护环境的义务，并有权对污染和破坏环境的单位和个人进行检举和控告。而 2003 年开始实施的《环境影响评价法》中，更是规定了政府机关对可能造成不良环境影响，并直接涉及公众环境权益的专项规划，应当在该规划审批前通过举行论证会、听证会等形式，征求有关单位、专家和公众对环境影响报告书草案的意见①。

同时，也应当看到，当前我们在公众参与方面还面临着一些问题，如公众参与公共政策决策的积极性不高，参与渠道不畅通，政府有关部门对于公众参与的重视程度不够，公众参与决策的领域十分有限等。所以，如何充分调动公众参与的积极性与自觉性，增强公众参与程序的科学化和民主化，这是我们今后需要进一步思考与落实的重点。

我认为，应当从两个方面来加以努力。一方面，从环境管理的层面来看，首要的措施就是要环境信息公开化，承认公众的环境知情权和批评权，发挥公众舆论和公众监督的社会作用。如果环境信息不能做到充分公开化，所谓的环境决策民主化、环境公益诉讼就都无从谈起。另一方面，从社会的层面来看，加强和普及对公众的环境教育尤为重要。但是，环境教育的内容不应当仅仅停留在常识性的环境知识的教育层面，

① 《中华人民共和国环境影响评价法》，中国民主法治出版社 2002 年版，第 4 页。

而是应当逐步提升到学理性的环境伦理的教育层面。应当树立起环境保护意识不完全是一种以自我为中心的家园意识，而应当是一种关乎你我的道德意识的观念。从某种意义上说，这应当是公众参与行为的思想意识基础。毕竟，行为的动力来自思想的力量。

（该文刊于《福建论坛》2010 年第 11 期）

雾霾何以可能治理

一　环境问题的复杂性

近年来，我国雾霾天气愈演愈烈，呈现不断加重之势。从环境问题的视角来看，雾霾天气其实是综合性环境问题的表现形态。总体上看，近年来我国的环境问题虽然有所改善，但实际上并没有能够得到较好的治理。水、土壤等污染日益严重，固体废物、汽车尾气、持久性有机物等污染持续增加[①]。而据《环境绿皮书2007年度指标》表明，全国环境质量总体呈好转趋势，但形势不容乐观[②]。此外，中国温室气体排放情况也不容乐观。资料显示，1994—2004年，中国温室气体排放总量年均增长率约为4%。在排放总量中，二氧化碳的贡献高达83%[③]。还有的数据显示，近10年来我国许多大城市如北京、上海、广州等地，雾霾天数都超过了1/3，有的城市甚至超过了一半[④]。

虽然我国“十一五”期间“节能减排”目标基本完成，但依然面临着较为严峻的环境污染问题。如大气污染中，雾霾天气日趋严重的情况已受到公众的普遍关注。而在2010年的《中国环境状况公告》中，关于“大气环境”的指标中，还没有体现出PM10及PM2.5的数据。

① 自然之友编、杨东平主编：《2006：中国环境的转型与博弈》，社会科学文献出版社2007年版，第11—12页。

② 自然之友编、杨东平主编：《中国环境的危机与转机（2008）》，社会科学文献出版社2008年版，第240—253页。

③ 自然之友编、杨东平主编《中国环境发展报告（2009）》，社会科学文献出版社2009年版，第4页。

④ 自然之友编、刘鉴强主编：《中国环境发展报告（2014）》，社会科学文献出版社2014年版，第120页。

进入2013年以来，关于全国各地雾霾天气的报道接连不断。“杭州市今年雾霾天数已达210天”“北京市无论城区还是郊区，均属六级严重污染”“全国多地遭遇雾霾天气，104座城市空气重污染。”[①]。据近期中国气象局公布的数据显示，今年全国平均雾霾天数为4.7天……为1961年以来最多。其中，黑龙江、辽宁、河北、山东等13省市均为历史同期最多。事实上，在雾霾天气中，不仅是PM2.5严重超标，其他如PM10、SO_2及NO_2等主要污染指标都徘徊在较高的超标浓度水平。当然，雾霾天气只是大气污染的表现形态之一。

毋庸置疑，雾霾天气逐渐增多已成为一个不争的事实，而其形成的机理也已经十分明了，主要是污染物排放的持续增加，以及大气自净化能力的不断衰减，其形成是气象与污染相结合的产物。尤其是与工业排放、汽车尾气直接相关。我们仅看汽车方面的数据，2012年重庆市主城每天新增私家车近225辆，国家统计局2013年2月公告指出，2012年全国私家车保有量为9309万辆，比2011年增长18.3%。如此快速的汽车数量增加，对于大气环境治理显然是一个严峻的考验。

从环境治理的视角来看，雾霾天气只是诸多环境问题的表现形态之一，或者说是气候条件与环境问题相结合的产物。实际上，当下不同类型的环境问题之间都是相互关联与相互影响的。一方面，森林面积的减少不仅影响CO_2的吸收问题，也是导致水资源匮乏的主要原因。而草原沙化、荒漠化的直接后果就是沙尘天气的不断加剧，即环境风险问题日趋加大。而其主要原因在于：当代的环境问题是一个复合型的问题，当一种类型的环境问题加剧时，会引发或相伴其他类型的环境问题。另一方面，不仅人类的工业生产活动，而社会生活方面（消费方式、生活方式）也是当下环境污染的直接来源。这意味着环境风险不仅来自于自然界，同时也来自于社会，而且更多的是来自于后者。

因此说，当下不同类型的环境问题之间是相互关联、相互作用的。所谓的“蝴蝶效应”原理应当突破气候相互影响的范畴，用来表达不同类型环境问题之间的高度相关性。这表明，解决当下的环境问题会变得愈加困难，难度在于其成因的复杂性，就是说经济、社会及文化等综合性因素导致的结果。换言之，既是经济发展与社会生活交互影响的结

① 《全国多地遭遇雾霾天气104座城市空气重污染》，中国新闻网，2013年12月9日。

果，同时也使得我们面临着如何在经济发展与环境保护之间寻求一种“纳什均衡”的选择问题，更是政府与社会如何寻求一种“合作解”的问题。

可见，解决当下环境问题的途径，也就不是一般性的环境治理方式就可以实现的，而是还要思考如何应对经济、社会等领域的一些问题，而这些问题在一定程度上其实是一体的。我们既是环境污染的受害者，同时也是环境问题的制造者。所以说，当下的环境问题是“公共事务”，或者说是“公共性问题”。所谓的“公共性”意味着对于环境问题而言，既是国家与社会所要面对的问题，同时也是我们每一个人都应当面对的事情。而且，对每一个人来说，都已不存在环境问题“搭便车”的机会。因为从全球环境问题看，我们共有一个地球。而从国家层面来看，我们面对的是同一个生态环境问题。

二　对环境问题复杂性的思考

正如前面所言，鉴于环境问题的复杂性，我们也应当看到解决环境问题的困难所在。

首先，要应对的应当是经济发展方面的问题。当前，我们面临的最主要困境就是产业结构的不合理布局问题。我国的产业结构由于受经济发展阶段性的制约，重化工业从“一五”计划以来一直占有很大的比重。《中国统计年鉴》（2008）数据显示，改革开放以来我国第一产业（农、林、牧、渔业）在国内生产总值中所占的比重不断下降，第三产业所占比重不断上升，但是第二产业（采掘业、制造业、电力、煤气及水的生产和供应业、建筑业）所占比重基本稳定，甚至还略有上升，在2007年仍占48.16%。这种以高能耗企业为主体的产业结构不改变的话，我国的能源、矿产等自然资源何以能可持续发展，“节能减排”的目标何以可能持续性实现。如我国“十一五”计划的“节能减排”目标基本达标，全国单位GDP能耗下降19.1%①。同时，也存在着一

① 《“十一五”期间中国单位GDP能耗下降19.1%》，中国新闻网，https：//www.chinanews.com/ny/2896109.shtm，2011年3月10日。

些受政策导向及消费倾向影响而发展较快的产业，如房地产业、汽车产业等。可见，这些主要问题如果不能得到有效的解决，雾霾问题依然难以从根本上得到治理。

其次，而从社会生活与文化方式方面来看，我们面临的问题更是具有多元化和交互影响的特征。一方面，我们看到房地产业、汽车产业及餐饮业的“繁荣发达”。据报道，在 2012 年，重庆市主城区每天新增私家车近 225 辆，而北京市私人汽车保有量已经达到 407. 5 万辆。问题是，汽车数量的增加与大气污染程度是一种正相关关系，只能是带来环境问题的持续加剧。此外，餐饮业导致的空气污染问题也愈加突出，所占比重不断上升。“北京餐饮业污染调查”数据显示，今年元月北京发生的强霾，在其 PM2. 5 来源中，机动车排放占 20% 左右，而餐饮业排放则占 13% 左右，已经接近于机动车的排放水平①。而且，随着我国社会流动的增加、城镇化进程的加快，这些数据短期内难以下降。另一方面，与此相伴的是文化方式问题，尤其是大众的消费文化问题。改革开放以来，随着我国市场化的进程，“物欲”观念几乎占据了大众消费文化的主流，奢侈品消费、超前消费、炫耀性消费及“舌尖上的中国”，不一而足。据《2012 中国奢侈品市场研究报告》显示，2012 年中国人奢侈品消费总额就达到 3060 亿元，数据之高几近于世界第一位②。而我国餐饮业消费也是“发展喜人、浪费惊人”，仅 2012 年的一年中，在餐桌上的浪费就高达 600 亿元，这还不包括餐饮消费的数据。有学者警告说，我国仅餐饮业一项，每年就要倒掉约 2 亿人一年的口粮。浪费问题已不仅是“犯罪”，而是在浪费“生命”。这表明我们的消费文化观念值得我们进行深刻的反思，我们需要一种什么样的消费意识，并如何进行有效的引导，以指导大众形成合理的消费行为。

三　解决雾霾问题的思考

有鉴于环境问题的高度相关性特征，对于雾霾天气何以可能治理的

---

① 《北京餐饮业污染调查：污染物浓度快赶超机动车》，《新京报》2013 年 7 月 20 日。

② 《2012 年中国奢侈品市场研究报告》，《西安晚报》（数字报刊）2012 年 12 月 14 日，第 23 版。

问题，就不能简单归于大气污染的“生态环境治理”问题，而应当是一个综合性的全方位的治理与预防的问题，是需要政府与社会协同合作，以及共同努力来加以解决的问题。其解决的思路也应是十分清晰的，就是一种“综合治理”与“防治结合”相统一的原则。

首先，所谓“综合治理”原则意味着“生态环境治理”与“社会治理”相辅相成，以“生态环境治理”为主，以“社会治理”为辅。当前，我国的“生态环境治理”主要还是“政府主导型”的治理方式。虽然我们在环境规章及管理制度等方面的建设已经日趋完善，但依然面临着一些困难。如中央与地方的环境博弈问题：我们究竟是需要“绿色 GDP”还是作为经济指标要求的 GDP；我们应如何协调好环境行政执法与市场化调节的关系问题。困难虽然存在，但解决思路还是要坚持以制度建设为主，并进一步加强市场化调节作用以及完善环境法制建设。

而就“社会治理”而言，主要就是如何动员与引导大众树立一种合理的环境意识观念，进而形成自觉的环境保护行为。这应当与“生态环境治理”具有同等重要的地位。但我们主要面对的问题是：什么是合理的环境意识？大众认同环境意识的社会基础在于什么？政府、社团组织在动员及引导活动中应当发挥什么作用？一方面，各级政府的作用尤为重要，可以充分利用各种宣传机构如电视、报纸、广播等形式普及、宣传环境保护知识，加强环境意识的教育。而环境意识教育的核心内容在于“环境价值”观念的确立，否则“为何保护”就失去了思想根基。而社团组织则在于一种“组织示范”与“组织模范”作用，进而影响组织成员的行为规范。所以，大力发展环保民间组织的意义就在于此。另一方面，环境保护行为的培育应当加以制度化、规范化，同时也要落实到大众的日常生活中。如垃圾分类、垃圾处理问题，我国目前还没有明确及科学的方式，分类与处理方式也都没有规范化，这直接关系到垃圾处理的效率问题，这方面国外已经有许多成型的经验值得我们借鉴。

其次，“防治结合”原则强调的是：仅靠“治理”是不够的，它只是“治标”而不是“治本”，只有二者相结合才是可行的方式。如当雾霾天气严重时临时关停几个企业，以解一时之急；还有如污染企业的迁址、汽车市场的摇号等行为，都只是“治标”行为。应当从环境问题的发生原因方面入手，从环境问题的源头抓起，加以事前的规制，而不是走事后处理的老套路。当然，何为“治本”的标准还有待于明确，但至少应当是高于“治标”的标准。“治本”最高的标准无疑是人与自然的和谐。而中程的标准如果是在国家层面上的，那就是“环境公平”的原则，即大众应当享有公平的环境权利。或者说，国家在环境权利的行使方面，也应当是遵守“帕累托效率”原则。只有人与社会处于和谐状态，人与自然的和谐才会有现实的基础。

从生态文明建设的视角来看，雾霾问题何以解决是与生态文明建设息息相关的。一方面，生态文明观念的提出超越了一般性的环境保护意识的层面，立足于对人与自然关系性质的总体性反思。但是，从国家的层面来看，还是要解决好人与社会的关系问题，毕竟这是关系到人与自然关系和谐与否的问题。换句话说，社会和谐是人与自然和谐的基础。另一方面，生态文明建设目标的实现程度，还是要通过具体的、多元化的实践过程才能得以体现，尤其是社会实践过程。所以，在一定程度上，雾霾问题的解决是具有环境保护、社会公平、民生及社会和谐多重价值的。

（该文刊于《长春市委党校学报》2014 年第 5 期。第二作者乌尼儿其其格）

低碳经济何以可能

当前，低碳经济概念正日渐成为时下出现频率较高的概念，这一概念的提出是当下人类对全球气候变暖危局问题的一种综合性及全方位的反映。20 世纪 80 年代以来，全球气候变暖问题逐渐凸显出来，对地球生态系统的平衡以及人类自身的生存问题都带来严重的威胁。亟须我们寻求一种新的观念来协调人类的行为方式，以及对待自然界的认知态度。低碳经济概念就是在这种背景下应运而生的。

一　环境问题与低碳经济

显而易见，低碳经济概念是人类应对全球气候变暖问题的一种全方位的反思，是从经济、社会及环保等诸多方面的统筹性思考。毕竟全球气候变暖问题作为环境问题的表现形态之一，其形成的原因较为复杂，涉及历史的、经济的、社会的乃至于政治的多方面因素，不能将其简单地归结为单一性的问题。

事实上，从农业革命以来，人类就已经开始了干预自然界的历程。而且在农业革命时期人类对自然界的局部性破坏就已初见端倪，这种破坏活动甚至已经毁灭了一些局部性的人类文明，如古代两河流域文明的衰落就与其地域性的生态环境的恶化有着直接的关系。而近代工业革命则加速了这一进程的步伐，如第一次产业革命时期，就逐步建立了以煤炭、钢铁、采矿及化工等重工业产业为主的产业结构形态，生产力水平获得了大幅度的提高。由此也产生了一些由早期的工业生产所带来的环境问题，如煤烟尘、二氧化硫导致的大气污染，以及由冶炼、制碱造成的水质污染等。而以电力开发及其应用为核心内容的第二次产业革命，又进一步加剧了污染的状况与程度，带来了新的环境问题。如以汽车尾气为主要污染物的光化学烟雾污染，由石油化学工业生产所带来的各种污染等。尤其是石油化学工业生产所带来的污染日趋严重，其产生的废气、废水及废渣中往往含有几千种有毒的化学污染物，其污染程度之重、污染范围之广已经成为无法回避的问题。正因为如此，环境污染问题变得更为突出，受到全社会普遍的关注。

“二战”以后，尤其是20世纪50年代以来，伴随着以现代性为导向的世界性的工业化进程，发展观念逐渐主导了社会进步的理念，市场化力量则加快了资源的配置速度，这又进一步加剧了人类对自然界干预的程度。至20世纪60年代中期，环境退化问题已经成为大多数工业化国家面临的一个严峻的现实问题。二氧化碳排放的增加，同温层臭氧的减少，以及光化学烟雾、酸雨和城市有毒废料等问题的日趋严重，使得工业化国家中经济发展与环境的矛盾愈演愈烈，新老环境问题同时并存。就其对社会的危害而言，这些环境问题已经成为地球公害的代名词。如1952年在英国伦敦发生的雾都烟雾事件，短短四天之内就有4000多人死亡；1974年在日本东京、神奈川、千叶等地发生了硫酸雾事件，降了一场“刺痛眼睛的雾雨”，受害者有200人之多①。而发展中国家由于面临着严重的生存与贫困的双重困境，以及环境殖民主义的侵蚀，其环境问题也呈上升趋势，如不得不饮用有害健康的饮用水、土壤被侵蚀，以及炉火与煤烟造成的烟尘污染等问题。正如《1992年世界发展报告：发展与环境》中所描述的，世界总人口中有三分之一的人缺乏卫生设施，10亿人得不到清洁的饮用水，还有约3亿至7亿的妇女和儿童因灶火造成的严重室内空气污染而遭受痛苦，13亿人生活在受煤烟和烟尘污染的有害环境中②。可见，无论是工业化国家还是发展中国家都在承受着水污染和大气污染所带来的危害。

20世纪80年代以后，环境问题已经从局部性、地区性的环境污染问题上升为全球性的气候变暖问题，严重威胁到人类生存的家园——地球。2002年，由联合国环境规划署编撰出版的《全球环境展望3》一书，从全球的角度分析了近30年来（1972—2002）关于环境与发展问

① 〔日〕中山秀太郎：《技术史入门》，姜振寰等译，黑龙江科学技术出版社1985年版，第217页。

② 世界银行：《1992年世界发展报告》，中国财政经济出版社1992年版，第2页。

题的重要争议及行动等，尤其是较为关注 8 个环境议题，即土地、森林、生物多样性、大气和城市灾害等议题。其中，着重分析了生态系统、人类健康及经济发展与全球气候变暖的关系问题，并指出了人类对于环境变化应对的脆弱性的现实。

此后，全球气候变暖问题愈加受到各国政府普遍的关注，在应对的措施方面也开始向可操作化方向发展。从 2007 年的“巴厘岛路线图”主旨到2008 年的“世界环境日”主题，从2008 年到2009 年的“G8 峰会”的核心内容，都表达了一个“全新共识”，即通过国际节能减排的持续努力，以实现温室气体长期减排的目标。当然，这一目标的实现既需要世界各国之间达成一定的共识目标，也要在行动上真正有所作为。

低碳经济概念的提出也正是对当下全球气候变暖问题的真实反映，它强调以低排放、低污染及低消耗为基础的新的经济发展模式，从而控制和制约人类的环境行为方式，减缓全球气候变暖的趋势。显然，低碳经济的着眼点直指当下的经济发展模式，意识到了政治、经济及社会与环境的复杂关系。一方面，它指出了在现代工业社会中，全面追求各种经济指标增长成为各国社会发展的主要动力和内容，经济发展概念几乎就是社会发展概念的代名词。经济发展构成了当代人类物质需求及利益满足的社会形式，它通过市场制度的经济形式正在将世界连为一个“经济一体化”的体系，也使得人类对自然资源的开发与掠夺具有了制度化的特征。另一方面，它也指出与经济发展相伴而生的是消费欲望的无限度膨胀，“不消费就衰退”的观念成为经济发展的精神助推剂，而毫不顾及自然资源的代价问题及资源有限性问题。显然，这种不顾环境代价的经济发展模式的确已经到了亟须改革的时刻了。

所以，低碳经济概念的提出恰如其时，也承载着重要的理论责任及实践价值。但应当看到，全球气候变暖问题还不能完全归因于经济发展模式本身，或者说并不仅仅是经济与环境矛盾关系的产物。因此我们还要扩展思考的维度，不能仅停留于此，解决问题的出路在于，既要立足及发挥低碳经济的理念，也要探讨为何如此思考的依据及原则。

二 可能的扩展性思考

首先，对于气候变暖问题的思考应当关涉到哲学的思想层面。即我们对于解决气候变暖问题的思考，不应当仅是出于狭隘的人类自身利益的目的，而应当是内蕴一种环境道德于其中，即我们对于自然界应当给予一种道德性的关照。

从生态学的视角来看，气候变暖问题是人类与自然界矛盾关系的表现，但这一关系又不能完全归结为生态学研究的问题。生态学只是研究自然界内部的生物个体及群落与其他生物个体及群落之间的关系，或者说它只是关注于自然界内在的相互关联性，在这种关系中并不考虑人类的生态学位置。虽然其中也蕴含着人类对待自然界的行为与态度问题，但生态学理论并不能完全解决这一问题，所以需要我们提升到环境哲学的思想层面。

环境哲学的目的就是要改变人类在自然界中无生态学位置的思想误区，给人类在自然界确立一种合理的位置提供相应的理论解释。环境哲学告诉我们，人类是自然界整体的一部分，而不是自然界的主人。既如此，我们就应当尊重自然界的存在价值，承诺自然界本身存在着内在价值，它决定了我们应当去尊重与敬畏自然界，如“深生态学”所强调的原则——“地球上人类与其他形式生命的繁荣有其内在的价值。非人类的其他形式生命的价值独立于它们可能有的狭义的供人类之有用性。”① 即我们对于自然界的认知应当超越工具理性的层面，消解对其物化的理解，这一原则给人类的环境行为提供了道德原则的根据。

其次，对气候变暖问题的思考也体现在政治经济学层面，即关注于政府行为与态度问题。事实上，许多环境问题与政府行为都有着一定的关联性，如经济扩张政策中对环境资源的过度开发问题，环境污染的跨国转移问题，以及与环境保护有关的国际性公约如《保护臭氧层的维也纳公约》《气候变化框架公约》等的缔约及履行问题等，都充分体现

---

① 〔美〕戴斯·贾丁斯：《环境伦理学》，林官明、杨爱民译，北京大学出版社 2002 年版，第 242 页。

着政府的角色作用。正如法国学者埃德加·莫林（Edgar Morin）等所指出的，“20年来，生态已不仅仅是地区性的政治问题（生态系统恶化），而是成为总体性的政治问题（生物圈恶化）”[①]。这就需要各国政府在对待全球气候变暖问题上应当达成一定的共识目标，并履行各自承诺的义务。

但问题是，从1992年联合国《气候变化框架公约》（UNFCCC）通过至2009年联合国《气候变化框架公约》第15次缔约方会议的17年间，公约缔约的过程一直是充满艰辛与曲折。如1997年，美国在第3次缔约方大会上坚持要大幅度减少其减排指标，使得会议陷入了僵局。而在2000年的第6次缔约方大会上，美国执意退出了《京都议定书》，为国际减排的进程设置了障碍。而且，从联合国《气候变化框架公约》的履行情况来看，效果也不是十分理想，一些工业化国家基本上都未能兑现《京都议定书》的承诺。如从2005年（同比1990年）的温室气体排放量情况来看，美国没有下降反而上升了25%，日本也上升了16%，而加拿大则上升了64%，这意味着，国际减排的任务还任重道远。

可见，政府行为如果不能超越个体本位主义的立场，所谓的生态参政就毫无现实性可言。毕竟气候变暖问题不是仅以国家为本位就能解决的问题，需多方合作及共同努力。生态参政只有超越以个体为本位的观念才得以实现。否则，任何有关政府行为的思考虽然是积极的，但在实践上却不一定是有效的。回到哲学的思考，这其实是一个“类本位”的立场，我们需要这样一种态度。

（该文刊于《长春市委党校学报》2010年第3期）

---

① 〔法〕埃德加·莫林、安娜·布里吉特·凯思：《地球祖国》，马胜利译，生活·读书·新知三联书店1997年版，第154页。

走出本溪市城市环境问题的困境

本溪市是以生产钢铁、煤炭、建材、化工等产品为主的工业原材料基地，素以“煤铁之城”著称。但是，同世界上其他重工业基地城市一样，本溪市在经济社会发展和城市建设方面取得进步的同时，也经历了城市环境问题的困惑，付出了沉重的环境代价。近年来，本溪市通过环境综合治理，城市环境恶化的趋势得到了一定程度的控制。如在1988至1995年间，本溪市共投资4.8亿元用于环境污染的治理，完成治理污染项目44项，城市环境质量有了一定程度的改善与提高，多数环境指标相对稳定。

但这种状况只是相对而言，由于长期以来受传统的计划经济体制的约束，本溪市工业发展模式一直是以高投入、高消耗的粗放型外延发展为主。虽然经过长时间的治理，环境质量已经有了较大的改善，但城区环境问题依然较为严重，如大气污染和水体污染的状况仍然不容乐观，还存在着一定的隐患。

一　本溪市城市环境问题的现状

有关专家认为，本溪市环境质量的现状及其变化趋势表明，整个城市的环境状况还很脆弱，面临的环境治理任务还很繁重。

（一）大气污染状况依然十分严重

本溪市的环境污染主要是大气污染，每年排放到大气中的烟尘及其他工业粉尘达19.3万吨。此外，本溪市排放到大气中的有毒气体每年约为875亿立方米，如此严重的大气污染直接威胁着市民的健康状况。近年来，全世界普遍关注微小颗粒物对大气环境和人体健康的影响。据科学研究揭示，由呼吸道疾病、心血管疾病和肺癌造成的死亡均与颗粒物污染有关。目前，我国城市地区的肺癌死亡率呈现持续增高的趋势，肺癌死亡率大城市为35.2/10万，中小城市为23.7/10万，其中大气污染加剧是主要原因。从有关的数据上看，本溪市肺癌死亡率与大气污染有着密切的关联。具体数据如表1所示。从表1可以看出，就本溪市的城市规模而言，本溪市肺癌死亡率明显高于全国平均水平。而通过本溪市不同区域的对照也可以看出，工业区、居民区的污染都高于全市的平均水平，尤以工业区的污染最为严重。

表1　本溪市1985至1992年肺癌死亡率统计（1/10万）

比较年	1985	1986	1987	1988	1989	1990	1991	1992	合计（平均）
工业区（%）	11.1	32.81	27.72	23.25	34.90	27.35	32.15	32.30	27.33
居民区（%）	5.49	28.82	30.10	21.93	22.21	27.35	27.83	34.31	24.81
对照区（%）	10.90	17.23	16.82	10.87	14.45	13.79	17.22	23.26	14.07
全市（%）	25.61	33.78	34.17	25.83	33.59	26.06	30.16	27.78	29.58

（二）水体污染和生活污染状况堪忧

本溪市的水体污染状况十分严重，以本溪市的主要供水水源太子河为例，虽几经治理，使严重污染太子河的23股污水得到一定程度的治理，但总体上看，太子河污染的状况改善不大。位于太子河上游的本溪县县城，它是辽宁省肝炎高发区，城区的所有工业废水和生活污水都直接排入太子河，使太子河的水质受到了严重的污染。且太子河流经本溪市后，又接纳了本溪市的生活污水和工业废水，这些工业废水和生活污水大都没有经过处理，通过城区内11条重点排污河沟和16个较大排污沟（口）直接排入太子河，造成水体的进一步污染，使得太子河出市断面的水体呈劣V类水质，对下游城市的环境造成一定的威胁。由此本溪市也成为全省污染最严重的城市和区段之一。

因此，本溪市的环境治理工作的重点主要围绕着大气、水体污染而展开。

二　影响本溪市城市环境质量的因素分析

（一）工业布局不甚合理

从工业化发展进程看，西方工业发达国家一般都是走先发展轻工业和加工业（对环境污染较轻），后发展基础工业和重工业（对环境污染较重）的发展模式。我国却反其道而行之，把基础工业放在优先发展的地位，使工业结构趋于重型化。本溪市就是我国工业化发展模式下的产物。新中国成立后，按照国家确定的依靠本溪市独特的资源优势，由投资需求带动，走以钢铁、煤炭、化工、建材等以重工业为主的增长道路。但这种工业布局规划与产业结构显然不利于城市环境保护工作，一些国营大型企业如本溪钢铁厂、本溪水泥厂、本溪化肥厂等都建在城市中心区内，且工业用地与其他用地交叉布局，有的企业还混杂在居民区内。在这如此有限的城区用地内，竟有 33 家企业被纳入省控重点污染企业，有 106 个重点污染源。

（二）重工业以及服务业的发展也加剧了对煤炭资源的掠夺式消耗

以煤为主的能源结构，给本溪市带来了三方面突出的问题：一是以煤为主的能源供应意味着比较低的能源效率。本溪市工业用煤能耗高、能源消耗强度大，极大地浪费了煤炭资源，且单一的能源结构也使煤炭资源濒临枯竭。二是这种单一的能源结构形式也给本溪市带来了严重的环境污染。依据环保部门的调查，目前市区共有浴池 282 家，有锅炉 458 台，年耗煤约 5 万吨；燃煤餐饮酒店 86 家，拥有茶炉 109 台。此外，市区机关事业单位有生活锅炉 59 台，重点供暖行业有锅炉 153 台，年耗煤约 20 万吨。且这些污染还只是低空污染源。而本溪市工业企业的燃煤污染，其中以技术工艺落后的中小企业居多，大量烟尘及有害气体未经处理就直接排放到大气中，构成了高空污染的主要来源。三是高速发展的工业化进程也使得环境不堪重负，特别是重工业的发展造成资源过度消耗。如 2001 年，本溪市第二产业的增加值完成 91. 2 亿元，增长 10. 6%。而且，有些钢铁集团还在扩大生产线，力求使钢和铁的年生产量各增加 700 万吨，即所谓的“双 700”发展计划。

（三）制度的调整处于相对滞后状态

在本溪市，环境保护工作一直是采用政府主导的环境管理模式，政府是环境保护的主要监督者、协调者和仲裁者。然而随着市场经济体制的逐步建立，政府主导型环保模式的缺陷逐渐显现出来：一方面，政府内部职能的高度分化，使得政府行动的一致性逐渐削弱；另一方面，随着政府职能的转换和政企之间关系的调整，政府对于企业的控制方式发生变化，影响了其调动资源和进行控制的能力。这些因素都增加了政府直接主导环保工作的难度。因此，在今天这样一个特定的社会转型时期，若要以“小政府、大社会”为改革的基本导向，同时还要考虑提高环保效率，那就必须反思政府主导型的环境保护模式，探索环境保护的新途径。

（四）制度性内在摩擦降低了环境管理与监督的效率

现存的行政条块分割体制，以及制度设置的交叉和冲突降低了环境管理与监督的效率。以本溪市地下水的开发利用、管理与保护为例，按照《辽宁省实施〈中华人民共和国水法〉办法》的规定，各级水行政主管部门负责所辖区域内的水资源的统一管理，包括城市地下水资源管理工作。而按照《中华人民共和国矿产资源法》的有关规定，各级地质矿产主管部门也是监督管理地下水资源的主管部门。同时，国务院又规定，城市地下水资源管理与保护职能由城市建设行政主管部门承担。这无疑是制度设置的重复管理。具体到本溪市，城市地下水取水许可的审批发证由水利部门承担，城市地下水资源费征收由城建部门承担，如果是地热水或矿泉水，则又要到地质矿产部门办理审批手续，且又要缴纳矿产资源费，这样，无疑造成重复管理。如对于地热水和矿泉水的取水户来说，要到水利与地矿两个部门办理手续，且这两个部门都来收取资源费，这种状况显然导致了资源管理上的无序状态，也使得乱开滥采城市地下水现象十分严重。

三　本溪市环境问题的对策性思考

（一）强化环保制度的有效性和效率

要强化政府有关职能部门的监督与管理力度，使各项环保政策真正能落到实处，同时，力求减少制度内的摩擦情况，明确各职能部门的权限，避免交叉管理、重复管理。

（二）加大非制度性环保工作的建设，走组织创新之路

组织创新主要是指顺应社会重组之趋势，转换某些原有组织的功能，开发新的组织资源，如发展民间环保组织，并振兴一些濒临瓦解的组织，特别是社区组织。简言之，即促进现有社会组织结构的变革与功能转换，推进社会的民主化，通过促进公众参与以促进环境保护和可持续发展。从已有的经验看，组织创新可以发展壮大民间环保力量，改变政府主导型环境保护的局面。通过组织创新，可以整合分散于社会成员之中的非结构性的环保资源，使民间环保力量制度化、常规化。这种力量的持久存在将会形成民间环保力量与政府及产业部门相互制约的态势，解决环境问题要比单纯的政府主导更为有效。而且，通过组织创新而壮大起来的民间环保力量，也会成为一种有力的监督力量。

在本溪市，几十年来的政府主导型的环境保护模式，在一定程度上扩大了公众对于城市环境污染严重性的认知程度，提高了对城市问题的紧迫意识，为民间力量参与环境保护工作提供了合法性的组织创新的基础。一方面，随着政治经济体制改革的深入，大量社会性事务从政府与企业那里剥离出来，成为社会成员可以涉足的新领域。而且，相关的政策如《社会团体登记管理条例》《民办非企业单位登记管理暂行条例》和《城市居民委员会组织法》等已经出台，使民间社会团体得到了制度性的保障，也对促进社区参与环保活动有着积极的意义。另一方面，随着国家垄断一切社会资源的状况有所改变，在城市中相当一部分生产资料和资金脱离国家的控制进入社会。就自由流动资源而言，增长最快的应该是民间财富。以城乡居民储蓄存款余额为例，1998 年，本溪市城乡居民储蓄存款余额 124.43 亿元，比 1978 年 0.49 亿元增长了 252.9 倍。此外，随着城市单位组织的松动，居民自由支配自己劳动的机会和条件也在成熟起来。更重要的是，社会权力声望正在成为一些社会成员自由追逐的目标，正是这些变化使得组织创新成为可能。

（该文刊于《中国环境管理》2003 年第 5 期，第二作者杨华）

第三编　制度与组织研究

单位制度及其偏好

——经济社会学视域下的“传统单位制”国企研究

对中国单位制的研究在社会学、经济学中并非少见，经济学的研究大多集中在国企产权体制改革方面，探讨如国企产权的属性、国企产权制度及国企产权改革等问题，究其实质就是要解决经济效率问题。其中大多数文献聚焦于一种宏观性的理论解释，即在承认经济行为独立性的同时如何解决国企产权明晰的问题。当然，这一问题并非经济学理论本身所能完全解决的，正如罗纳德·哈里·科斯（Ronald H. Coase）、巴泽尔（Yoram Barzel）等人的表述，被完全界定的产权是不可能的，高效的经济体制也从未实现过完善的制度或完全的监督。

社会学对单位制的研究则呈现为一种多元化的理论视野，其研究视角较为开阔，研究如单位制的形成及成因、单位的组织特征及社会功能等问题。尤其是经济社会学兼具有跨学科、交叉性等学科特点，其分析工具可能有助于我们深化对单位制的理解与把握。本文力图从一个较为完整的经济社会学的理论视角，来重新审视自新中国成立以来至90年代初国企改制前的“传统单位制”国企问题①。本文对传统单位制的解释是：一种为本土文化所接受的支配意义上的复合式国有产权模式，并内在地附着了独特的关系网络。

---

① 田毅鹏教授曾提出“典型单位制”概念，这是一个特指东北老工业基地的空间概念。而本文希望从经济社会学视角审视单位制的一般发生机制，所以更倾向于使用一个时间概念。社会学界对单位制的概念认定不一，导致对单位制的分期没有一致看法。从经济社会学视角看来，80年代初的改革开放将单位制带入市场，而出于市场的不健全和单位的时间优势，市场对单位制的外在威胁并不发生在这一时期（路风，2000）。单位制真正的内生变化（包括产权结构和新的人际关系）是从90年代初的国企改制开始的，故本文以此作为节点，进而引用了传统单位制的概念。

一　单位制：一种复合支配方式的产权

（一）单位制的形成及特征

我国最早的一批单位制国企是1949至1950年在东北建立的，属于苏联援建的一部分。截至1950年，苏联援建中国的“煤炭、电力钢铁……军工部门的……实际建设项目为47个……东北建设项目占36个，占76.6%”[①]。在“一五”时期，苏联援建中国的“重点工程”项目达156项，如这一时期在黑龙江省建成的19个重点工程就是苏联援建的部分项目，即后来的中国第一重型机械集团公司、鹤岗新一煤矿等18家国有大中型企业[②]。田毅鹏教授曾以“典型单位制”的概念阐述了东北在单位制度的创制进程中扮演的典型示范角色[③]。而1956年的“全行业公私合营”的改造活动，基本上将私人企业纳入国家的统一管理中。“到1月底，全国累计有118个大中城市和193个县完成了对资本主义工商业的社会主义改造。”[④] 这标志着我国单位制体制的基本完成与实现。

应当看到，那一时期单位制国企制度的形成，一方面，得益于既有成形的制度参考系。由于国家缺乏对大城市、大中型企业的工作与管理经验，又不能完全以资本主义制度作为参考系，只能仿照苏联的计划性的工业发展模式和企业管理制度，但也在一定程度上节约了那一时期制度探索的成本。即将企业变成独立核算的单位，中央下达生产指标，各单位独立完成生产任务后将核算上报，再由中央汇总，核算成本的大部分由企业承担，这一举措通过降低政府的执行成本而保证了单位制的可行性。另一方面，也奠定了后来的单位制国企制度的发展基调，即形成了以经济建设为基本目标，以象征性偏好为主导，以有计划地“将工

---

① 沈志华：《中苏关系史纲》，新华出版社2007年版，第123页。

② 中共黑龙江省委党史研究室编：《一五时期黑龙江国家重点工程的建设与发展》，中共党史出版社1998年版，第1页。

③ 田毅鹏：《“典型单位制”的起源和形成》，《吉林大学社会科学学报》2007年第4期。

④ 《当代中国的计划工作》办公室编：《中华人民共和国国民经济和社会发展计划大事辑要（1949—1985）》，红旗出版社1987年版，第81页。

厂企业的管理逐渐统一起来”的制度安排。

后来，从“一五”时期到90年代初期国企改制前的这30多年时间里，也基本上是按照这一基调来完成国有企业的制度安排的，使得国有企业的数量得以不断地膨胀，我们从国有企业职工数量的变化数据中可窥其一斑。如1958年，我国全民所有制单位职工人数是4532万人，为计划的185.8%。1961年，由于国家实施精简职工和城镇人口的政策，全民所有制单位职工人数下降到1171万人。但此后还是呈一定的上升之势，至1966年，国有企业职工数量仍然达到了3934万人，超过计划人数的213万人。而在1976年，这一数值达到了6860万人（包括计划外用工）[①]。

单位制的建立在一定意义上体现了一种多元化、综合性偏好的特征，即单位制国企并非一个功能单一化的经济单位，而是承载了多种功能于一身的复合型的单位组织。1954年，在第一届全国人民代表大会第一次会议上制定的《中华人民共和国宪法》中，就规定了我国过渡时期的经济制度和政治制度，其中经济制度是指“依靠国家机关和社会力量通过社会主义工业化和社会主义改造，逐步消灭剥削制度，建立社会主义社会”[②]。同时，宪法还强调，国家要保证优先发展国营经济，而作为国营经济支柱的单位制国企必然要担负着多重功能的使命。一方面，以企业行政机构为基础，贯彻集体主义的价值理念。同时以行政科层制为模板，建立与之平行的党组织，即党政一体化。另一方面，企业还要承办相关的社会事务，即所谓的单位办社会，承载着社会功能，单位身份几乎可以代表着职工的社会身份。换言之，社会功能、经济功能及象征性偏好的相互嵌套构成了传统单位制时期国企最为主要的特征。

（二）象征性偏好与经济功能的嵌套

从产权分析的视角来看，产权概念一般指占有、使用一组资源的权利。建立产权的目的是因其有利于偏好对资源的安置，也是借此避免过多主体或偏好对有限资源的处置。当两种或以上偏好协同作为一组产权资源的处置方式且偏好之间互为前提，这种以偏好嵌套为特征的产权模

---

① 《当代中国的计划工作》办公室编：《中华人民共和国国民经济和社会发展计划大事辑要（1949—1985）》，红旗出版社1987年版，第129—377页。

② 《当代中国的计划工作》办公室编：《中华人民共和国国民经济和社会发展计划大事辑要（1949—1985）》，红旗出版社1987年版，第60页。

式可以称之为产权的复合支配方式。对单位制国企而言，就体现为企业产权的经济功能与党政组织作用、组织权威等象征性偏好的复合性支配特征。

首先，象征性偏好对经济功能的嵌套表现为，“单位制中的规范……甚至常常主要不是来自于组织效益的目标，而且包括很多政治、社会等国家的目标在内”①。1957 年的中国工会第八次全国代表大会上就明确指出，“一五”计划的完成是“在加强（职工）政治思想教育和改善物质生活相结合下进行的……这是我们胜利的保障”②。象征性偏好与经济功能复合性支配的意图在于：尽最大化努力将“单位人”的社会生活整合到单位制的框架中，这又不可避免地使其产权的支配性具有很强的社会偏好特征，有助于将“单位人”锁定在企业中。

其次，这种产权模式在资源处置上更多的是受到社会及政治因素而非市场因素的制约，即象征性偏好因被投入大量成本而相对于经济效益更为内在化。在对资源认同的意义上，产权又可以分为工具性和象征性两种。工具性是指产权是成本与收益的权衡，甚至对于产权自身的保护也要考虑其成本问题。在单位制国企的产权实施过程中，非显性的触犯工具性产权是极为普遍的现象，非显性是指侵权行为因外在性而没有得到惩罚。在触犯产权和实际惩罚之间有一个区间，在此区间中由于惩罚成本大于消除侵权的收益，于是侵权行为被制度所容忍。

但是，侵犯产权的行为并不等于非理性行为，产权法也只不过是通过追加惩罚成本使侵权行为更为外在化。外在化和内在化是制度变迁理论中使用的概念，前者指替代某种制度的成本过高，只能将其作为外在条件考虑；后者则指制度的变革收益大于成本，可以将其作为内在手段使用。结果就是：在现实的产权实施过程中，对某种资源的占有或处置越是受到主体的偏好，主体越是倾向于将成本投入在此偏好上，也就是使此资源对于他人更为外在化，而对于自身的支配更为内在化。

最后，象征性偏好表达着政治目标的社会期待与组织权威的合成性力量，因此在资源的处置上，非惩罚空间原则上是不能成立的，因为社

---

① 李汉林、李路路：《中国的单位组织：资源、权力与交换》，浙江人民出版社 2000 年版，第 118 页。

② 《当代中国的计划工作》办公室编：《中华人民共和国国民经济和社会发展计划大事辑要（1949—1985）》，红旗出版社 1987 年版，第 112 页。

会期待与组织权威的合法性均来自内在的完整性。对这种产权的保护有预先不可碰触的边界，即此类产权具有不可计算性和非交易的特征，对其任何形式的侵害必须要加以及时而严厉的惩罚。而复合支配方式的产权特征即悖论也恰在于此，偏好在价值的范畴中往往被赋予不同的社会期待，且不能保证相依存的偏好不会相互侵蚀。

还应当看到，当象征性偏好内在化于企业的经济功能时，也要支付可观的成本，如建立意识形态网络关系，限制职工的自由流动，使职工依附于组织权威等。而这些额外成本均出自单位预算和财政支出，即在内在化方面有绝对的控制优势。这意味着，在单位制国企中，象征性偏好是不容侵犯的，而工具性的经济收益却因有协商余地而不断地受到损害，其表征之一就是“不可能破产的企业和不可能被解雇的职工使国家不能不对国有企业承担起无限的责任和义务”[①]。越是强调单位制国企产权的象征性偏好，这种产权的非惩罚空间就越大，即为完成社会和政治目标而不计成本。如在1958年“以钢为纲”的运动中，全民所有制职工增加了2081万人，工资总额增加24亿元，造成了财政赤字21.8亿元[②]。

可见，单位制国企本身的缺陷是：企业效益的实现不受市场和法律的强制，并要对象征性偏好做出一定的妥协，这导致软约束成为普遍的事实，即政府越是重视产权的复合支配方式，企业的象征性偏好就越明显，其动用的经济资源就越多，经济绩效的参考价值也就越低。换言之，因单位制本身带来了经济非惩罚性空间的加大，高投入反而引发低收益的约束方式。

二 产权的偏好嵌套诱致的网络功利性

（一）网络嵌入性：制度的非正式选择

新经济社会学以网络研究著称，其理论前设是行为的嵌入性，即经

---

① 路风：《国有企业转变的三个命题》，《中国社会科学》2000年第5期。

② 《当代中国的计划工作》办公室编：《中华人民共和国国民经济和社会发展计划大事辑要（1949—1985）》，红旗出版社1987年版，第129页。

济行为只能被界定为社会行为的一个特定范畴，体现了一种结构主义的研究方式。所谓的网络是指因嵌入性资源的持续交易而形成的有约制力的社会关系，网络中以交换为目的的资源被称为社会资本。嵌入要素的多元性决定了网络的非正式制度特征，处于网络中的个体必须以这种特征为参照，以获得新的资源或寻求更优化的网络位置。这一理论弥补了那种宏观结构研究方式所缺乏的中观结构与微观动力分析的不足，并依此解释了网络对正式制度的亲和与反塑。

首先，前文提及的软约束行为实际表明，在传统单位制时期，企业的经济效益并不具有比较性优势。一方面，应被投入到经济偏好中的资源已被间接地转移到象征性偏好中，这致使经济效益面临了更大的不确定性，而并非不能完全实现。另一方面，投入到象征性偏好中的资源也是为了实现某种确定性，即目标的明确性是十分清晰的。象征性偏好的内在化（或者说是增加其对组织权威的确定性）体现在网络关系上，就是依托行政科层制展开多层次的关系渠道，即力求通过“国家—单位—个人”这种结构模式以及人际关系网络将集体主义的价值理念最大限度地置换成社会资本，并借此进行整体性的社会建构。

象征性偏好的实现程度，一般也有赖于网络关系的桥梁作用。网络理论认为，不同层面的人际关系往往因依托于某种制度而具有“等级制金字塔”结构[①]，存在着横向和纵向的资源交换与位置流动，而横向水平的个体更容易对同质性群体属性产生一定的认同感。然而，由于纵向水平联结着不同层次的群体及资源，其社会资本的实现机会一般大于群体内的其他位置，当个体以脱离原群体并进入更优位置群体为目的时，其行为就具有了功利性特征。

一旦我们考虑到网络的嵌入性，单位制国企的问题暴露得就较为明显：一方面，组织权威观念在网络关系传播中可能面临着来自不同层面的意见分歧；另一方面，企业还要为部分群体预留出更多的资源与流动机会，这使得其他人的比较机会就会下降。同时，与以上两点相关的依附性与封闭性也在阻碍着一般性的网络交换与流动，使得专业化的人力资本在实现中将受到压抑。

---

① 〔美〕林南：《社会资本——关于社会结构与行动的理论》，张磊译，上海人民出版社2005年版，第35页。

其次，单位制在我国的实行并没有遇到明显的阻力，且能在短期内覆盖全国，应主要归因于集体主义价值理念的倡导。但也应当看到，随着单位制的发展进程，国企职工对依附性、封闭性的不满以及对组织权威的意见分歧的存在，有可能导致象征性偏好在网络关系中的外在化效果，进而抵消了制度安排本身的成本，其实这也是单位制逐渐走向成熟的前提。新经济社会学将其解释为，"只要参与互动的行动者的资本投资产生了预期回报，另类制度可以转变为内生制度，因而另类制度场域在资本上赢得了本土制度的优势"[①]。路风也认为，由于中国城市资本主义从未得到充分发展，劳资间的契约关系实际上是被某种传统所支配，故"劳动组织中的控制—被控制关系被编织在同乡、亲友、师徒和帮会等一系列前资本主义的关系网络中"[②]。

再次，从制度学派的视角来看，象征性偏好也隐含着家长制的传统理念，这解释了象征性偏好对人力资本的制度限制在短期内被群体内在化的问题。作为传统单位制时期主导的资源分配方式与组织权威，早已被家长制这种"内生制度"所应用并形成惯习，即韦伯所说的"被选择性亲和"。一方面，"同占共耕"[③] 的产权模式是家长制权威的来源，土地等依附性资源原则上属于血缘共同体，而家长制权威表现在对这些资源的实际掌控，这正亲和了单位制的公有产权属性及其作为权威来源的依附性。但后果却是：认同家长制权威是缺乏流动与选择机会的结果，这在单位制国企中就演变成了封闭性，即"国家行政组织同个人之间的控制与依附关系成为单位家族式治理的力量源泉"[④]。另一方面，家长制强调意识形态对组织权威合法性的建构，通过伦理上的"血缘—家庭—血亲"的方式来实现社会控制的目的，如表达横向血缘亲疏的称谓、纵向层次间义务（忠孝）等的表述。此种建构演绎到单位制中就转变成了集体主义理念，对单位及其组织权威的忠诚既作为资源分配标准的参照，同时也决定了个人所获资源的可能性大小，这也在一定程度上强化了网络关系中个人与权威的关系距离。

---

① 〔美〕林南：《社会资本——关于社会结构与行动的理论》，张磊译，上海人民出版社 2005 年版，第 194 页。

② 路风：《国有企业转变的三个命题》，《中国社会科学》2000 年第 5 期。

③ 王治功：《论家长制》，《汕头大学学报》（人文科学版）1988 年第 4 期。

④ 路风：《单位：一种特殊的组织形式》，《中国社会科学》1989 年第 1 期。

可见，单位制在推行过程中由于面对熟知的制度而规避了部分社会成本，然而一旦其沿用家长制的产权处置资源模式，也就很难摆脱其惯习——差序的集体主义认知与经济的强嵌入性，尽管这种惯习在一定程度上已背离了象征性偏好的初衷。

（二）经济活动对象征性偏好的反向侵蚀

单位制国企产权从性质上是强调集体主义理念，谴责功利主义和私人占有关系，而现实的情况却是其谴责的内容在其内部转化成了部分事实。这是由于传统单位制时期未加批判地沿用了家长制惯习，这种沿袭对单位制的实质作用是："单位制的'科层制'受到破坏，单位组织中又不存在真正市场的情况下……特别是那些关系网络的形式，就成为人们获取资源、维持利益的基本选择。"①

首先，这种网络关系有两方面的特征：一方面，单位功能及其组织权威的日常化、人际化加剧了家长式作风的泛化，表现为象征性偏好可以直抵制度网络的最底端，使得单位功能及其组织权威在网络关系中的扩散导致了企业职工被伦理化和仪式化。正如网络理论"第一行为假设"所指出：损失最小化，但保守是其前提特征。另一方面，功利主义成为这种网络的特征之一。网络理论的"第二行为假设"强调收益最大化，即尽量利用网络关系实现个人的社会资本。象征性偏好实现的基础是以福利条件及资源、机会的再分配作为参照标准，以实现单位功能及其组织权威的目标，并将之发展成一套系统的"刺激—惩罚"机制。这意味着象征性偏好在此被工具化，可能导致出现非惩罚区间的存在，使单位功能及其组织权威的目标过多地停留在形式的层面上。于是，不同层次的"单位人"倾向于依据更为现实的功利态度来调整自己的行动方式。

其次，功利性网络的实质在于：产权的复合支配方式的经济活动反过来对象征性偏好的侵蚀。在软约束的制度格局中，单位制国企职工的个人利益不能有效地通过集体收益加以表达，而强势的象征性偏好也在弥合着不同层面群体间的多元化差异，这也导致了功利态度的盛行。制度学派之所以只强调借用固有文化来节约成本，实际是承认了意识形态

---

① 李汉林、李路路：《中国的单位组织：资源、权力与交换》，浙江人民出版社2000年版，第255页。

改造是制度变迁中最为外在化的环节。这意味着，象征性产权在压抑工具性产权的同时，反而向工具性产权的规则进行一定程度的妥协。

（三）网络关系对象征性偏好的内在消解

正如前文所指出，功利主义取向是被象征性偏好原则上否定的，这取决于其对家长制的路径依赖。路径依赖指非正式制度作为小成本模式，在内在化了正式制度的可行性同时，也通过正式制度内在化自身，导致正式制度对非正式规则的历史性依从。

首先，网络的真正动力在于广泛的“弱关系”的存在，横向水平上的关系位置越多也就意味着弱关系网越容易实现，因为横向水平交换的报酬是对等性的，它在节约个人成本的同时也减轻了整个网络的负担。而纵向水平的交换则面临着报酬不对等性的问题，以关系位置作为回馈往往导致“强结构性”及依附性的关系状态，等价交换机会的减少增加了网络的成本。

在传统单位制时期，单位资源和人力资本流动均受到单位的规章制度、群体封闭性的严格控制，这种“强结构性”网络特征导致了职工个体难以通过“弱关系”实现个人的社会资本。一方面，在横向的水平层面，单位组织可能利用权力及网络关系制约职工间的社会交往，进而导致这一层面的社会资源单一化，且交换动力疲软。另一方面，在纵向水平层面，职工向上流动的机会受制于单位组织的内部封闭性。这表明，出于组织资源匮乏而导致的资源同一性和封闭性带来了上升空间的紧缩，使单位组织中的大多数人无法通过小成本的“弱关系”实现资源交换，以至“强关系”结构获得了对社会资本的统治。因此，单位组织中职工个体的策略莫过于，与单位组织中的顶层位置尽力保持着“强关系”，以便获得更多的个人社会资本的实现机会。

其次，功利性网络的存在与“强关系”结构特征在一定程度上鼓励了个体的“搭便车”行为。这种行为实质上是利用了单位组织的监督漏洞，让群体分担个体或小群体行为的成本，分担群体的规模越大则个体或小群体付出的成本就越趋于零。但是，软约束并不直接构成这一行为的动机而仅作为外在的可能性。普遍的“搭便车”行为只能产生于网络关系中的实践效果，即个体的社会交换次数越多，越可能体会到个人与单位组织收益的差异性，进而趋于通过建立“强关系”获得个人收益，并通过广泛的“弱关系”分担自身成本，这一以“弱关系”

为代价的行为模式被格兰诺维特称为“阈值漫射模型”。

在单位制国企内部，职工身份是通过所在的单位组织获得的，原则上是平等的且不受个人效益决定。那么，职工实现个人社会资本的方式莫过于依附资源优势群体或在监督不严的情况下减少实际工作量。这一问题归结为：职工个体被封闭在单位组织中，且单位组织制度结构难以提供较强的内在化激励，功利性网络的存在也在刺激其转向非制度性表达：不努力工作是其消极的表达，而寻求并依附“强关系”则是其积极的表达。

三　小结

综上所述，传统单位制时期国企的困境来自于象征性偏好的运作模式对自身意图的解构。第一，象征性偏好以对企业经济功能的软约束为代价，致力于以单位制为模板而不断扩充其单位功能及其组织权威的彰显。第二，将单位组织制度化的意图除需花费经济成本外也面临着社会成本的效果，而单位制亲和了家长制的传统，以内在化这一意图的可行性。第三，象征性偏好极少会满足于现有的组织规模，也很少会意识到自身的手段相对于目标而言必须受到相应的限制，这等于默许了象征性产权的非惩罚性区间的存在。而传统单位制时期的企业制度安排往往没有触及象征性产权的运作机制，只是对功利主义做出形式化的批判，经济对政治的反向调整只能是在失范状态下展开的。第四，网络功利性对传统单位制的反噬体现为集体主义的形式化，这最终导致了制度监督的外在化。

（该文刊于《吉林大学社会科学学报》2012 年第 6 期，第二作者滕飞）

传统单位制中的家族识别方式

——基于制度与文化的解释

出于对制度惯性的考虑，本文中出现的“单位制”是一个历时性概念，特指从20世纪40年代末到80年代末、90年代初这一历史时段的传统国企单位制[①]。本文之所以对“单位”概念作此限定，是出于两点考虑：第一，从制度变迁的角度来看，这一时期的单位组织对社会的覆盖是全面与一致的[②]，可以作为分析的理想类型；第二，文中所涉及的文化与技术维度的冲突在当时的国企单位中表现得较为明显。

本文的基本思路在于三方面：第一，探究从革命根据地到单位制设计的历史，从制度的角度指出单位制对中国传统社会既是一种革命，亦是一种继承。第二，从制度比较的视角分析，单位制在社会功能上并没有完全超出传统文化范畴，近代工业化对传统文化的改造并非十分完善；第三，力求从文化的角度解释单位成员对单位制再认同的方式。由于单位制中的家族制传统的遗留，导致规模群体的行为方式并非完全是以效率为核心的，即技术性规范对传统人际识别方式的取代极不充分，这带来了单位制的象征性偏好相对于群体规模的匮乏以及由此产生的失范[③]。

---

① 李路路等学者出于对单位制变迁的研究，总结出了“传统单位体制”概念，之所以用“体制”表述是强调单位组织在中国的覆盖性广，内在一致性极强且所承担的社会功能非常全面。笔者认为，正因为这一时期的单位制是如此典型，成员对其识别的方式才能在文化上趋同。

② 路风：《中国单位体制的起源与形成》，《中国社会科学季刊》1993年第5期。

③ 周雪光、张小军等学者先后根据中国的产权特征引入了布迪厄的“象征性产权”概念，意在强调文化、价值对产权关系的重塑，这一概念的内涵自然区别于传统产权理论所强调的工具性。这实际是对诺斯、科斯等偏好理论的进一步诠释。产权的行使是一种偏好作为另一种偏好实现的代价，工具性偏好作为实现象征性偏好代价的情况，不同程度地存在于每一种社会形式当中。林兵、滕飞也从经济社会学的角度分析了单位具有区别于一般经济组织的象征性偏好特征。

本文所述的象征性偏好涵括具体和抽象的双重维度，具体的符号和活动可以使抽象的理念获得世俗性权威，而抽象的理念往往赋予群体行动以动力支撑。后一维度在让·波德里亚（Jean Baudrillard）的理论中被称为“象征性交换”，即现实的符号或活动与抽象的价值理念间的交换，前者为后者带来世俗的权威，而后者给予前者以信仰和行动力量。

一　传统单位制的起源与设计初衷

（一）单位制的起源

单位制的起源可以追溯到革命根据地建设时期的制度改革，而从制度学派“路径依赖”的角度来看，改革亦不过是继承的一种并不明显的方式[①]。根据地制度建设中对后来单位制有深远意义的内容包括：第一，革命根据地自形成以来就长期面对外部的政治与经济压力，其在创立之初就特别注重革命群体的规模，不断地加强群体认同（如集体主义、阶级意识等），以扩大革命群体的覆盖面并在此基础上开展了广泛的生产与政治的合作。第二，由于落后的自然经济缺乏对外部的比较优势，为了生存，根据地革命政权统一加强了计划性资源的管理。如陕甘边区的盐业由政府专营，1943 年成立的“中华商业公司”是这一统销专卖制度成熟的标志[②]。第三，通过日常的政治运动和生产活动贯彻象征性偏好，即以集体主义、平均主义扩大群体规模及明确群体的边界，在此基础上带动群众运动的开展。

根据地制度建设的内容中，已包含了本文所论及的单位制的基本结构维度：第一，根据地革命政权在偏好上兼具象征性和工具性。前者以社会理想和代表这些理想的权威为表征，这些内涵均带有一定的抽象性，因而也带有排他性和不可分割性的特征，并作为促动集体行动的信念。而工具性偏好是作为根据地革命政权与人民的生存手段而存在，这一偏好可以看作其他偏好的成本，可以通过整体、小群体或个体等多种

---

① 〔美〕道格拉斯·C. 诺思：《制度、制度变迁与经济绩效》，杭行译、韦森译审，格致出版社、上海人民出版社 2014 年版，第 111 页。

② 张建勤：《中苏传统计划经济体制比较研究》，湖北人民出版社 2004 年版，第 70 页。

单位方式来进行计算。从执政理念上看，工具性偏好往往是作为象征性偏好实现的手段。在多数情况下，加强群体认同并扩大群体规模的手段并不完全依据于成本，如当时的“统销政策”就反常规地以“高买低售”的形式来保障中小农户的利益。第二，对象征性偏好的深入认同是以“合作经济”展开的，由政府承担的“供给制”使阶级、集体主义等观念具有可比较优势，在保障物质需要的同时又表达了群众与革命政权间稳定的相互义务关系。因此，对象征性偏好的追求产生了内部认同。“合作经济”保证了群体规模与生存，对组织的依赖保证了集体安全感，以上三者的相互印证与促动是根据地组织运作的基本模式。毛泽东在 1942 年总结公营经济经验时曾指出：“从 1938 年开始的公营经济事业，有了巨大的成绩……我们建立了一个新型的国家经济模式……这是拿数字不能计算的无价之宝。”① 这意味着，公营的管理思路和模式必然会延续到日后的城市建设中去。

值得强调的是，以上所论及的象征性偏好、群体认同和规模经济均不是农村社会中可自生的社会因素，但又均是当时革命形势的迫切需要。所以，这些制度变迁均源于权力上的单边控制，即权威的合法话语是源于政治精英的陈述而非广泛的群体交流的产物。

（二）单位制的设计偏好

随着中国革命向城市的转移，出于工业强国的理想和国内外的多重压力，工作重心也转向了重工业。1952 年 12 月，中央明确提出“以发展重工业为大规模建设重点”②。上文所论及的工作方式的主要载体也转变成了现代单位组织。

首先，单位组织是政府职能和功能组织的合并。当时政府接手的工业组织主要是以官僚资本为主体，这是最早的国企单位形态。这一部分资本在 1949 年中国经济的比重中尚未占到 5%③。外部市场的存在抑制着政府对资源的支配力度，也抑制着实现工业强国的理想。为此，在单位组织中加强了政治管理职能，统一实施了党委直接领导的管理方式，各级党委和职能部门并立，职能部门接受党委的直接领导。

---

① 《毛泽东选集》，东北书店 1948 年版，第 815 页。

② 《当代中国的计划工作》办公室：《中华人民共和国国民经济和社会发展计划大事辑要（1949—1985）》，红旗出版社 1987 年版，第 32 页。

③ 张建勤：《中苏传统计划经济体制比较研究》，湖北人民出版社 2004 年版，第 91 页。

其次，通过扩大单位组织的规模与数量，单位制成为新中国最为典型的制度模式，而且其扩展速度是惊人的。在1952年，国营、合作、公私合营及私营经济在国民经济中所占比率分别为：19.1%、1.5%、0.7%和71.8%。这一比率到了1957年，就变成为：33.2%、56.4%、7.6%和2.8%。就工业产值而言，资本主义工业在1949年占工业总产值的55.8%，而到1955年仅存3%并在1956年被彻底改造。在商业方面，私营商业在1950年占商业总产值的85%，到1957年仅剩2.7%①。

最后，规模群体的保障问题，致使单位组织与其成员之间维持着历时性的义务关系。截至1949年底，2858个官僚资本企业中的129.5万工人成为国营单位的首批职工②。到1958年，全民所有制单位职工的人数增至4532万人，这一增幅来自经济发展目标的推动。仅在1958年的一年中，为响应“以钢为纲”的目标，各地全民所有制单位职工就增加了2081万人③。与此同时，国家计划调配物资逐年增加，1950年为8种，到1956年增加为385种④。这表明随着市场功能的基本取消，单位组织必须要满足大规模成员的多样性需求，而且成员除此以外也别无获得可比较性收益的外部机会。

二　家族与传统单位的制度比较

（一）家族及其文化特征

家族是新中国成立前最为典型的社会群体，可以被界定为有共同识别标志（基于共同男性祖先的血缘）、长期合作并具备内部正式或非正式规范的一个或几个家庭。其主要特征在于家族有合法的社会识别体系（包括基于共同血缘的价值崇拜和实际的血缘关系）以标识个体身份及相关的家族权利，通过“累世共居”的磨合建立内部等级及伦理关系，

---

① 国家统计局：《伟大的十年》，人民出版社1959年版，第32—36页。

② 路风：《中国单位体制的起源与形成》，《中国社会科学季刊》1993年总5期。

③ 《当代中国的计划工作》办公室：《中华人民共和国国民经济和社会发展计划大事辑要（1949—1985）》，红旗出版社1987年版，第129页。

④ 赵德馨：《中华人民共和国经济史（1949—1966）》，河南人民出版社1989年版，第171页。

并有成文或不成文的族规，作为功能性集体行动的基础。

中国传统主流社会的识别方式是一种基于家族结构对“天赋关系”的“二元相对认同”，其中“天赋关系”指角色是由血缘引申而出的，“二元”是指血缘的等级与差别被伦理明确规定了逐对的义务（如君臣、父子、夫妻、兄弟、朋友），相对也指其成员并不热衷于抛除这些差序的伦理而追求普适的理念。第一，依赖于血缘初级群体，或者通过群体内符号来识别外部关系（如将朋友喻为兄弟）。识别体系与等级伦理的结合可以激发出共同的情感，即产生布劳所说的价值性的“内群体”认同关系①。而等级与功能组织的结合往往倾向于集中权力以实现家族目标。同时，也能强化族内等级关系及成员的相对地位。个体成员识别身份的平台被赋予不同的伦理关系（“施予—回报”）与等级地位。因此，集体权力可被置换成裙带关系，即家族精英可以将权力置换为私人关系。而伦理关系间的实际冲突却被文化有意地加以忽视且成员也缺乏统一的反思标准，故权威的合理性很少受到质疑。第二，家族内权力集中的结果往往导致家族成员的地位分化，这会影响到家族识别体系的稳定。既然祖先与血缘是族人所共有，那么以此为逻辑推出的资源分配方式主要就是平均主义式的。但如果自认为没有受到公平待遇的成员达到一定的规模，利益的“外群体”也就形成了，此时基于血缘关系的家族的象征性偏好对成员的整合力就会受到相应的削弱。

（二）制度的可比较维度

将家族制与单位制进行比较的可行性在于：第一，象征性偏好在群体的整合力、群体内权威的来源以及资源实际分配方式等方面的问题，向来也困扰着传统单位制的载体，这使得两种制度在认知维度上具有了可比较性的基础。一般而言，这两种制度有着较为一致的内在结构，都体现出了象征性偏好、权力结构及功能组织特征等。第二，单位制的构想始于农村建设，而封闭的地缘社会正是家族制的土壤，假设二者之间具有较为一致的文化传承是符合逻辑的，那么，维持了数千年的家族制所留下的深刻社会记忆，固然也会随着社会的流动性投射到新生的单位

---

① 在布劳交换论的规模组织理论中，以意识形态或情感为纽带的小群体被称为内群体。与此相对的，以工具行为为纽带的大多数成员被称为外群体。前者更为积极地以某种偏好去影响组织，而后者的行为动机往往只是迫于功利的压力，对内群体偏好的态度是被动的。参见〔美〕彼得·布劳《社会生活中的交换与权力》，孙菲、张黎勤译，华夏出版社 2001 年版。

组织中，并重新塑造其人际关系结构。

首先，家族与单位组织都十分注重群体价值与集体活动的相互印证。自夏商周“家天下”后，“宗法制”日益完善，“宗”指代的是定居家族的祭祀活动，是祖先崇拜下家族权威的来源①。家族的权威及血缘的崇拜就是“象征性交换”的产物，“宗法”就是将血缘的神圣程度作为资源分割和权力继承的标准。尽管在范畴上宗族和家族互有补集，但家族规模的扩展均从强化家族观念开始，即血缘是通过“象征性交换”才构成群体崇拜的对象，进而成为具有凝结家族群体的动力，使得成员产生了先天的自我认知，而这种认知的深度与广度均与家族的规模呈正相关关系。

家族制的社会结构在新中国成立前一直普遍适行，其分散性造成了中国社会的松散，政治精英无法以这种内聚而外斥的观念来整合规模群体。但是，阶级、集体主义观念等也并非本土的产物，如果以其来作为凝聚社会群体的观念，就要面对制度改造的成本问题。实际的情况是，新中国成立之前的“工人阶级不但在数量上很幼稚，而且在质量上也很幼稚……大多数还沉睡在宗法社会里”②，同时，工人群体还“被编织在同乡、亲友、师徒和帮会等一系列前资本主义的网络中”③。这其实指出了面对缺乏阶级与集体认同的社会群体，就不得不对传统做出一定的让步。大规模地对单位成员进行集体主义观念的教育是从接收官僚资本时开始的，单位组织均是通过党政一体化来开展思想教育工作的，以强化对单位组织内部的认同过程，这一过程的结果之一就是集体活动及领导的权威被合法化。

其次，家族与单位组织均通过对其成员身份的规定以实现其控制功能。家族的集体行动是建立在谱系基础上的，并以此为蓝本建立合作性规则，以便将家族的价值观念与偏好世俗化和具体化。族谱是血缘观念的外部表达，它为家长制权威的逻辑预设了现实的排序。个体成员在识别自身位置的同时，也获得了相应的权利与义务的明示，而这又被视为自然而无须辩驳的。

---

① 徐扬杰：《中国家族制度史》，人民出版社1992年版，第69页。

② 陈独秀：《中国国民革命与社会各阶级》，转引自任建树等编《陈独秀著作选编》，上海人民出版社1993年版，第189页。

③ 路风：《国有企业转变的三个命题》，《中国社会科学》2000年第5期。

新中国成立初期，实现国有制的工商业组织的用工制度中已经产生了“编制”的雏形：单位组织对其成员负有技术培训的义务，而工资的发放也优先于单位的利润，除因政治问题外不得解除成员的职务（即使人数超员）等[①]。这样的政策应当是对根据地建设理念的继承。而且，也只有投入足够的物质和安全保障，单位的象征性偏好才会取得相对于市场的比较优势。到1956年，单位的外部市场基本上被取消。其结果是：单位成员获得资源的范围被严格地加以限定，单位的规章制度也对其成员具有了真正意义上的强制性，产品和服务的“内部配给”也成为其必备的功能，将成员“包下来”的义务也被不断地强化。于是，单位组织的权威地位在较为封闭的条件下不断地被自我强化，其象征性偏好就不可避免地趋向于单边化控制的倾向，这导致单位制度自我调整的可能性变得愈加困难。

最后，家族与单位组织均具有工具性活动的内在要求，但其功能性规范可能会受到价值观念的影响。家族的集体行动是“象征性交换”的结果，即以血缘为标识的家族价值给予家族行动以动力，而家族的工具性行为也在不断地做出反馈性行动，家族文化就是双方长期磨合的结果。耕种族田是家族最为典型的工具性组织活动，其经营方式是“同产共居”，原则上没有单一的产权所有者，这种相对模糊的产权方式可以为成员提供一定的安全保障。在家族中血缘是第一合法性的公有资源，其他资源的分派自然而然地要参照这种首要资源的分配方式。然而，族田收益的实际支配者是族内的少数精英，公有资源更可能是其作为实现个别偏好的工具。这意味着，将公共资源内在化可以将其他部分成员内在化及工具化，这会确保在控制功能分化的同时也维护了成员之间地位的稳定。

从“社会系统论”来看，即使在单位组织成为最典型社会群体的时期，传统文化的记忆也没有消失，家长制的权力结构仍然以一定形式得以保留。单位组织的生产活动是兼具象征性和工具性的复合性生产活动，但其往往以效率为代价来保证集体主义的实现。在根据地的公营企业中，曾先后出现的“三人团”“厂务会议”和“工厂管理委员会”

① 路风：《单位：一种特殊的组织形式》，《中国社会科学》1989年第1期。

等，均将厂长置于首要地位以保证生产效率[1]。从1955年开始，党委统一为国企单位的核心领导，厂长直接向党委负责，而不会因未完成计划而负行政责任[2]。但问题是，单位的集体利益是较为模糊的偏好，即成员的收入与向上流动机会被叙述为是平等的，其成员身份就意味着享受一定的保障。而实际上，成员向上流动的机会与标准均具有一定的政治色彩，可能导致效率、技术等因素在成员的行为表现中一般不作为首要的参考指标。

三　家族传统对单位制的再认同

帕森斯（Talcott Parsons）在其社会行动理论中强调了群体结构对个体行动的意义，即“文化系统”并非直接作用于规模群体的“人格系统”，而是“人格系统”通过对规范性的“社会系统”的识别，选择适度的文化以支持群体行为的连续性。

传统单位制尽管在制度改造中包含了全新的概念和组织内涵，但其仍然选择了与家族制相似的制度结构，这使得传统的社会识别方式能够得以部分保留。所谓家族传统对单位制的再认同，即因象征性偏好与实际绩效产生出入甚或矛盾，进而当象征性偏好的原则在识别系统中出现弱化时，源于传统家族制的识别方式就会在单位组织中呈现为显性并作为单位成员互动的基调。

（一）单位权力结构下的成员自我识别

如前所述，不同内容的象征性偏好也需要被具体的社会符号（地位、权力等）标识出来，而对一种观念的认知不可能在短期内成为群体成员的普遍行为。家族作为家长制的依托，其在生存压力下的共同行动先在于家族观念，即地缘是血缘的前提而非相反。对于新生的单位组织而言，只要其象征性偏好能保证在封闭环境中析出有序而稳定的人际关系结构，并通过“权利—义务”的承诺保证成员的需求满足，就不会导致成员对其认同上受到阻碍。故保留单边控制的传统可以节约制度

① 张建勤：《中苏传统计划经济体制比较研究》，湖北人民出版社2004年版，第307页。
② 张建勤：《中苏传统计划经济体制比较研究》，湖北人民出版社2004年版，第308页。

变迁的成本，而改变这一权力结构反而会造成成员对组织认同上的困惑。

首先，单位组织的象征性偏好在现实活动中表现为对集体利益的追求，而最初的单位成员的集体主义观念是模糊的，并没有把集体利益作为价值追求的惯习，因而单位组织的建构也就只能采用单边控制的方式，即必须不断地加强集体主义观念的教育，同时通过各种群众运动加以强化。这些功能性活动外的大量社会运动的目的，就是为了加强单位成员对象征性偏好的认同。如1958年的“大炼钢铁”虽然是经济活动，其初衷却是通过群众参与加强革命认同，是通过运动改变“精神上感觉还是受束缚……还没有得到解放”的群众状态①。

其次，单位组织权威的合法性也是由其象征性偏好演绎而来的，其支配地位在单位组织中并未受到明显的阻力，这是源于长期以来对单边控制的习惯性认同的结果。然而，不肯主动质疑受支配地位与积极响应单位权威的行为是有区别的。事实上，单位组织的权威与现实形成互证并不总是处于常态，有时甚至是背离了现实或处于形式化的状态。此时，传统的二元相对认同就会发挥出相应的作用。如“对单位组织的所有和控制……常常处于权利主体‘虚置’的状态，单位组织中的规范执行更多的成为一种‘仪式’而丧失了内在的实质”②。那些难以被剥夺地位的成员得到了安全感与实际需求，而对大多数成员而言，积极于象征性偏好可能并没有带来太多的选择性优势，甚至还存在着一定的风险，这意味着游离于象征性偏好的“外群体”其实是一种潜在性的存在。而且，单位组织权威对无效率行为的控制是有限的，其方法无非是取消单位组织以外的资源获取手段，但这仍无法保证其成员出于更积极的集体主义态度而选择有利于自身的行为方式。

（二）成员对组织的识别与工具性规范

许烺光曾经指出，西方文化的“个人中心主义”参与了近代科层组织的建构，强调组织与个体之间是一种契约关系而非义务关系，即个体倾向于服从明文规则而非依赖于关系群体。

---

① 中共中央党史研究室著、胡绳主编：《中国共产党的七十年》，中共党史出版社1991年版，第270页。

② 李路路、李汉林：《单位组织中的资源获取与行动方式》，《东南学术》2000年第2期。

新中国成立前我国的工业在国民经济中所占的比重较低，而当时工业组织强调效率、规范及技术分工等特质对传统文化的影响也是不足的，致使二元相对认同能够得到部分的保留，这导致容忍了不同的权威类型在工业组织中的共存状态。而且，这一倾向在一定程度上也影响到后来的单位制度。

首先，单位组织中的人际关系结构的存在，使得组织规范的有效执行并不是十分充分的。在结构主义的意义上，单位组织可以被视为一个大“家庭”，这本身是默认了对人际关系的传统认同。在这种认同中，人情因素往往多于规范作用。一般而言，单位组织对其成员负有多样性的义务，但这种充分的安全感与需求保障在一定程度上限制了单位成员的社会交往，其封闭性也强化了熟人关系的广泛存在。从人际关系的角度看，“单位内广泛存在的各种仪式性规则之外的空白和缺陷，甚至实质上违反仪式性规则的‘幕后解决’方式”[①]。所以，在具体且可以灵活变通的人际关系之上来加诸普遍的规范是困难的，相对刚性的规范难免会受到抵制。

其次，单位组织产权的模糊性与平均主义观念抑制了单位的组织效率。这一逻辑体现在单位组织资源的分配上，只有趋于均等化才能获得成员的广泛认同，即“团体成员间的广泛认同是以物质上的平均分配为基础的”[②]。对于因时间上的稀缺而无法面对所有成员的组织资源，只能是遵循论资排辈的方式，这一时间上的均等化抵消了分配不均的压力。这种由偏好导致的组织资源分配方式与家族制并无本质的区别，毕竟在平均主义观念的认同下，提倡个人技术、效率就可能会加大成员之间回报的差距，这必然会影响到象征性偏好在单位成员中的权威地位。

最后，象征性偏好与技术存在着不一致性。在一般的科层制结构中，分工的结果是技术更加专门化，技术间的合作依靠的是规范的组织规则。而随着分工的精细和规则的完善，技术本身也具有了一定的权威属性特征。可见，基于专业技术的权威形成过程是一个接受效率刺激的动态性过程。而作为单位象征性偏好的权威则是单边控制而非分化或协

---

① 李猛、周飞舟、李康：《单位：制度化组织的内部机制》，《中国社会科学季刊》1996年总16期。

② 路风：《单位：一种特殊的组织形式》，《中国社会科学》1989年第1期。

调的结果，具体的支配与服从的关系是预先设定的，即“每一项技术活动不是强调其技术结果，而是强调其制度性结果”[①]。但技术分化带来的人际关系的不稳定性，可能被视为对单位组织权威的潜在威胁，因此单位组织的集体行动中就隐含着抑制技术权威地位的倾向。而在二元相对认同中，组织的决策和整体绩效又并非大多数成员行动的出发点，对技术的压抑就不会受到成员认同上的阻力。

（三）单位组织的“内群体”与科层效率

在传统单位制中，单位成员一般具有双重的角色——拥有部分的单位组织的产权或部分的资源支配权，后者较前者更为实际，进而可以作为单位身份的象征。然而，平均主义观念限制了单位成员收益的增值，模糊的产权也使得其无法将组织资源充分地内在化。结果就是：资源稀缺性和单位成员的收益偏好共同指向尽可能多地使用单位组织的公共资源。这种方式违背了单位组织效率的初衷，也不为集体主义观念所容忍，但其确实存在于单位制的历程之中，它能够实现就在于二元相对认同的传统。因为在单位组织中，资源如何分配、成员地位的明确等均是作为单位组织权威的派生功能，即象征性偏好是与有形资产挂钩的，其决策也就难免带有非中立性，即通过关系性的“内群体”强化自身的控制，将私人关系赋予单位组织的权力之上，就是二元相对认同对单位制的再识别方式。这源于“成文规则的缺乏，多重的控制参数，就给评判者留下了相当大的处置权限或自由空间”[②]。只有与单位组织的权威建立较为稳定的私人关系才能保证成员的安全感与收益。于是，大多数成员会出于组织压力而服从象征性偏好和技术任务的安排，而其一旦识别出这二者之间的不一致性，就很难严格地做出行为选择。可能的情况是，一些成员在可预计的固定回报下不愿做出更多的投入，而会选择利益的“外群体”位置。

这也是二元相对认同中安全感及利益对权力诱惑的覆盖，因为分析单位组织的环境及整体绩效是单位精英的任务，而大多数成员的认知平台仍是现实而具体的人际关系结构。以上成员的行为方式刺激了单位组

---

① 李猛、周飞舟、李康：《单位：制度化组织的内部机制》，《中国社会科学季刊》1996年总16期。

② 李猛、周飞舟、李康：《单位：制度化组织的内部机制》，《中国社会科学季刊》1996年总16期。

织的两种倾向：一方面，组织决策独立于大多数单位成员，“内群体”的偏好被持续强化；另一方面，大多数成员虽然不能面对整体的单位组织环境，却能认同对单位组织资源索取的“隐性权力”[①]。当然，这也就减少了对自身消极怠工行为的负疚感。从这种认知方式来理解，就可以从文化层面解释了有学者提出的国有企业领导权威实际上并不充分的问题。

四 小结

综上所述，传统单位制并非简单的制度替代过程，而是特殊历史条件下制度与文化的交叠，其导致了两种不同内核的文化在制度结构上的交汇。二元相对认同支持权威的施行，但却分裂了权威来源的完整性。出于消除对稳定权威的威胁，科层文化对传统识别方式做出了相应的让步。因为二元相对认同从未严格地界定过整体与个人的关系，单边控制的权力模式代替了集体效益作为凝聚单位组织的纽带。也就是说，如果不将集体利益上升到价值层面高度，单位组织所承诺的社会责任是难以完成的。

现实中，单位的象征性偏好意在同化科层制中的异质性，而这种同化过程是通过权力结构逐层表达的。当单位组织出现效率问题时，家长制作风会习惯性地认为问题并非出在权威模式上，而是源于成员对象征性偏好的忠诚不足。而解决这一问题的方式简化为不断通过思想教育来加强单边控制，即在不断的自我认同中忽视了结构性问题，这使得更多的成员成了单位组织利益的“外群体”。在观念和技术一旦处于真空的氛围中，旧有的传统会重新占据科层文化的重要位置，结果是保障绩效的制度趋于弱化——单位组织中很大一部分的协作工作要靠人际关系来维系。

笔者认为，在国企改制二十余年后的今天重提传统单位制，其意义更在于文化范畴的解读，因为文化记忆相对于规则的识别总能历时更为

---

① 李路路、王修晓、苗大雷：《“新传统主义”及其后》，《吉林大学社会科学学报》2006 年第 6 期。

久远。以往对单位制的探讨多集中在组织的低效方面，却很少注意到其作为偏好所受到的社会阻力并不十分明显，且现实中对集体主义的违背极少受到群体性的质疑。对以上问题的解释往往被归诸权力，而权力获得合法性的途径又何以解释呢？这些问题可能只有通过对稳定性关系的留恋以及通过社会要素等因素来进行诠释。也许，我们更应该探讨的是这些要素加诸单位制的影响而非相反。

（该文刊于《吉林大学社会科学学报》2014 年第 3 期，第二作者滕飞）

“单位”研究的新思维

——评《“单位共同体”的变迁与城市社区重建》

应当说，“单位”研究是一个承受多重内涵且略为沉重的学术话题，也是一个紧扣时代脉络的中国社会转型的真实缩影。事实上，“单位制度”作为现代中国社会转型进程中的一个特定的组织形态，已经走过了近50多年的历程了。无疑，“单位制度”并不是一般性的组织和制度结构，而是中国在走向现代化进程中所建立的具有总体性的组织和制度结构，它真切地反映了自新中国成立以来的政治、经济、文化、社会乃至于它们的运行方式等的基本的组织结构和运作机制。在这个意义上，“单位制度”实质上是一种复合型的制度结构。

但是，把“单位制度”作为一种学术研究的主题，却还仅有不到30年的历史。虽然如此，国内学界在这一研究领域内还是取得了一定的进展，从原初的对国企改革问题的关注，历经对“单位组织”“单位社会”的深究，再到2000年前后对“单位—社区”问题的聚焦，都体现了“单位”研究所内蕴的深厚的历史、学术及社会意义。尤其是关于“单位—社区”的研究，凸显了极为重要的多重性的研究价值。正如作者所言，“单位—社区”研究捕捉到了转型期中国社会变迁的一个极其重要的领域，即社会体制转换问题。这其中所引发的学术思考在于：在单位全能社会走向消解的过程中，新旧社会体制是如何转换的，这也道出了当下我们还在继续从事“单位”研究的真实目的所在。

由田毅鹏和吕方合作撰写的《“单位共同体”的变迁与城市社区重建》一书，以东北老工业基地为地域性背景，以理论与现实、学术与经验、同时态与历时态相结合为研究思路，力求为我们全方位地展现中国“单位”研究的理论全景和发展脉络。全书以“单位共同体”的研究为逻辑主线，开篇以“单位共同体”的形成及变迁而展开生成与逻辑主线相关的两大部分，即“单位共同体”演进的经验视域及“后单位时代”的城市社区建设问题。结尾则收于“单位共同体”变迁与城市治理的未来。而对“未来”的思考，作者则期望于对“社会团结”与“新公共性”的理论探求。

通览全书，给我留下这样几处极为鲜明而又深刻的印象。应当看到，近年来探讨“单位”问题已经算不上一个较为新奇的研究领域，似乎有着远离社会学主流领域的趋势。但作者并没有循着以往的组织、制度的研究路数，而是另辟蹊径地引入了“地方性”这一关键性概念，意在摆脱那种“宏大叙事”“结构主义”的理论风格。而将理论视域锁定在特定的时空背景下，以“东北老工业基地”作为研究对象，借助于口述史、实地研究、参与观察等社会学研究方法，使得学术研究建基于坚实的经验层面上。作者强调指出：对于“单位制度”的研究不应当将其泛化与“结构化”，而是应当将其置于不同空间和地域文化的背景下，充分意识到这一制度结构本身所承载的理念、精神及现实等多重内涵，探讨其具体的多元化的意义，而不是简单地概言以“结构化”的方式和一般意义的理解。这种研究方式，无疑会使得对于“单位”研究更接近于经验直观，从而贴近于现实的社会生活层面，有助于长时态地、动态地把握中国社会的直观样态。

“典型单位制”概念的提出应是该书的另一大特色。其特色不在于其类型学意义如何，而是体现了作者对“地方性知识”的熟练掌握与运用。作者并未一味强调“单位制度”的“结构强制性”和它的普遍性特征，而是将理论目光聚焦于“东北老工业基地”这一地域性的现实场景。这里，“典型”的含义不在于“分类”，而是在于一种“本土化”的研究视角。进一步说，“典型单位制”是对东北地域以公营企业为核心的组织机构的准确表征，其寓意在于它没有停留在学术言说的层面，而是在述说着一段自 1949 年以来中国构建现代民族国家的真实经历。事实上，在从“一五”计划时期到中国退出计划经济体制过程中，“东北老工业基地”几经沧桑，但其“典型”的特征并没有褪色多少。虽然，伴随着改革开放的历史进程，中国步入了复杂多变的“社会转型”时期，但由于东北地域迈向市场化的步履相对滞后，加之“传统单位制”的堡垒仍然非常坚固，使得东北地域“典型单位制”的消解过程不会是迅捷和简单的，而可能是一种长期缓慢的过程。尤其是，期间还伴随着“单位人”命运的沉浮不定，使得“单位制度”的研究不仅彰显着一种深刻的“社会性格”，也更加带有浓厚的人文关怀色彩。这或许也是作者长期以来一直心系“东北老工业基地”研究的原因所在。

“单位共同体”应当是全书的核心概念。从理论逻辑来看，作为贯穿全书的逻辑主线，这一概念脱胎于欧美学界“共同体”概念，却又建基于“单位制”概念的基础之上。相较于“单位制度”与“单位社会”概念而言，这一概念的运用较好地体现了时空跨度、制度转换及理论与经验的衔接性。从内容逻辑来看，围绕着“单位共同体”概念的外延与内涵，展开了全书的各章节部分。而前两个部分对“单位共同体”的形成、变迁及实地研究等内容的阐述，实则为第三部分铺平了理论道路，即引出了当下城市“社区建设”问题的思考。的确，随着“单位制度”逐渐走向消解，原有的“国家—社会”的关系结构发生了较大的变化。这就是：在原有的“国家—单位—个人”的纵向控制体系背景下，几乎不存在基层社会问题。而在“单位制度”发生变迁之后，“单位”的功能与作用日渐式微，基层社会问题逐渐浮出水面，使得“社会建设”问题日渐凸显。当然，如何进行“社会建设”研究还需要脚踏实地，不能泛泛而论，毕竟“社会建设”不是空中楼阁。所以，作者将“社会建设”的研究定位于“城市治理”这一理论视域是不二的选择。

全书的“结语”部分落脚于“单位共同体”的变迁与“城市治理”的未来。显然，作者把这一部分放在结尾处是有着深刻寓意的。如作者所言，由于“单位共同体”的内在矛盾性，即在“单位共同体”消解与变异的过程中，“城市社会”的复杂性在不断增加，如“城市社会”的异质性日趋增强，城市的“公共生活”日趋复杂化，以及国家、市场及社会边界的重构等。因此，“单位社会”的体制注定是难以长期维系的。在我们告别“单位社会”的现实进程中，会相伴而生许多政治的、经济的、社会的乃至于精神生活领域等诸多方面的问题，如男女平等、社会公正、社会保障、社会信用及公共精神生活等，不一而足。这些问题的出现对于转型进程中的中国社会来说，无疑是一些新出现的“问题群”，亟须学术界予以积极反思与应对，应当如何去重新思考“社会建设”问题。

如前所述，作者是把理论目光专注于当代的“城市治理”问题，强调要建立一种新的"社会联结模式"和"公共性理念"，以此来回应当代城市社会生活中不断增加的公共需求。作者给出的理论出路在于：首先，应当努力地再造"社会团结"。随着"单位共同体"的消解与变异，中国社会出现了值得警惕的"社会原子化"取向，这归因于国家与社会成员之间"中间组织"的缺失，这种"缺失"实则反映的是国家与社会之间的"间断性"的不断增加之势，不利于"社会整合"的实现。所以，应当通过加强对社会"自组织"特质的培育与完善，重塑城市的"社会团结"格局，进而结束"社会原子化"的局面，这对于城市社会的"良善治理"意义深远。其次，要积极地培育"自治"的民情。民情是"社会晴雨表"最为直接的体现，也是社会发展与稳定的基础。我们要通过"公共生活空间"的培育与"公共生活惯习"的养成，来完善为"社会立法"的目标，以期能够形成一种"民情"的新传统。这一"新传统"强调人际交往的和谐互动新方式，以及社会多元化的"自组织"功能，即需求满足、服务供给和利益组织化的统一。最后，要重塑城市社会的"新公共性"格局。作者所提倡的"新公共性"，是指政府、市场、社会三者之间存在着的一种"共在"的公共性格局。这三种力量以开放、包容、对话、协作的方式共同致力于"新公共性"格局的建构。可见，在"公共性问题"日渐凸显的今天，作者的这种理论态度无疑是一种积极的、建设性的应对方式。

总体上看，我们从作者对"单位共同体"的言说中，能够感受到作者回应时代的责任感和面向实践的学术取向。在当今中国的学术氛围中，作为学者仅有学识是远远不够的，还应当有勇于担当社会责任的气魄。所谓"直面社会"其实强调的是学术研究，是承载社会价值的。在这方面，作者的学术态度是值得我们学习与尊重的。

（该文刊于《社会科学战线》2015 年第 5 期）

“单位社会”何以终结

——评《“单位社会”的终结》

一个好的学术课题的研究既需要一种深厚的学术底蕴，也需要一种对社会现实敏锐的经验感受和理论直觉，更需要一种勇于担当的学术勇气与社会责任。“单位”研究恐怕就是这样一个课题。

应当说，“单位制度”作为现代中国社会过渡转型进程中的一个特定的组织结构形式，已经存在50多年了，它真切地反映了新中国成立以来的政治、经济、文化、社会，乃至于它们的运行方式等的基本的组织结构和运作机制。但把“单位制度”作为一种学术研究课题进行探讨，其历史还不是很长，仅20年左右的时间。尽管如此，国内学界在这一领域的研究进展还是很快的，尤其是20世纪90年代以来，对于单位的研究几乎涵盖了整个社会科学领域，其研究内容从原初的对国企改革问题的关注，发展到近年来对于“单位组织”、“单位社会”以及社区等问题的深入研究与探讨。这些研究在一定意义上拓展了单位研究的学术视域，也强化和凸显了这一研究领域的理论氛围。但从总体上看，由于起步较晚，存在着这样那样的不尽如人意之处也是可以理解的。

近读田毅鹏、漆思两位学者撰写的《“单位社会”的终结》一书，深感作者在这一课题的研究中又取得了若干新的进展。该书以理论研究与经验研究相结合为理论宗旨，以同时态和历时态相结合的双重“时空观”为理论视域，以东北老工业基地的地域性背景为理论参照，力求给我们全方位地展现和阐释中国单位问题研究的理论全景和发展脉络。全书以“单位问题”的研究为逻辑主线，开篇于“单位社会”的起源和形成，期间以“典型单位制”作为全书关注的理论重点，由此而展开生成为与此相关的东北老工业基地社区发展问题、东北弱势群体问题，以及东北地域文化问题等内容的研究，而结尾则收于“单位社会”的“终结”。从表面上看，这一结尾似乎意在“终结”，而实则期望于“新公共性”的建构意向。

该书作者没有刻意模仿以往研究那种仅从组织、制度等刚性的角度去研究“单位问题”的理论路数，而是另辟蹊径，独具匠心地引入了“地方性”这一关键性概念，意在摆脱那种“宏大叙事”的理论风格，而将理论视域锁定在特定的时空背景下。这从作者对“单位社会”的起源与形成这一部分的探讨中就可见其一斑。作者通过引入“地方性”这一概念意在表明，对于“单位社会”的理解不应当将其泛化和结构化，而是应当将其置于长时段的社会历史背景下，充分意识到“单位社会”本身所承载的理念、精神、现实等多重内涵。这种思考问题的研究方式，无疑会使得对于“单位问题”的研究更接近于经验直观，更贴近于现实。

“典型单位制”概念的提出应是该书的另一具有特色之处。其特色不在于其类型学意义如何，而在于我们从中可感受到作者娓娓道来的“地方性知识”的丰渊博，对作者“典型单位制”概念细致入微的分析也有所体认。值得注意的是，作者并未一味地强调“单位制度”的强制性和它的普遍性特征，而是将理论目光汇聚于“东北老工业基地”这一地域性的现实场景，向我们细述了一个具有历史传承和地域特点的独特的制度结构——“典型单位制”。这里，“典型”寓意的深刻之处在于它没有停留在学术言说层面，而是在述说着一段自1949年以来中国构建现代民族国家的真实经历。这种经历作为一种“惯性”预示着它的消解不会是一个迅捷和简单的过程，而可能是一种长期缓慢的过程。这一过程正如作者所忧虑的那样，它可能潜存着对东北老工业基地社区发展与建设的阻滞作用。这或许也是作者多年来一直心系“东北现象”研究的“心结”所在。

“‘单位社会’的终结”是作为全书的“结语”部分出现的，从全书的章节安排上看，作者把这一部分放在结尾是有所考虑的，这并不表明作者的理论态度是完全认同“单位社会”已经走向“终结”的这一说法，而只是表明这一部分在全书中所占的理论地位极为重要。事实上，不论我们是否愿意，还是关注与否，“单位社会”走向“终结”已经是一个既定的事实性进程。所以，作者所关注的理论重心并不在于“单位社会”是否以及要怎样走向“终结”的过程性，而是在于思考在“单位社会”走向“终结”的进程中以及“终结”之后，我们在理论及实践上应该做出怎样的带有预见性的回应。易言之，作者的理论重心在于建构而不是破解。因为作者已经清醒地感到，在我们告别“单位社会”的现实进程中，会随之产生许多政治的、经济的、社会的和精神生活领域等诸多方面的问题，如男女平等、社会公正、社会保障，乃至于社会信用以及公共精神生活等问题。这些问题的出现对于转型进程中的中国社会来说无疑是一些新的“问题群”，而且对理论界而言也是一种无形的压力与挑战，需要理论界予以积极的反思与应对。

[该文刊于《光明日报》（理论与实践版）2006 年 3 月 20 日]

从象征性交换到简化交换论

——嵌入分析引申出的产权逻辑

一　导言

“象征性交换”是由马塞尔·莫斯（Marcel Mauss）提出并经让·波德里亚（Jean Baudrillard）总结的一种交换的理想类型，这种交换的前提是：群体的同一性先于一切社会行动，在交换中集体信仰和集体产权相互约束，所有交换都指向群体本身，从而无法分化出个体产权的观念。“简化交换论”则是以彼得·布劳（Peter Michael Blau）、霍曼斯（George Casper Homans）和林南等学者的理论为代表，所谓“简化”意指该学派直接将交换的前提界定为个体的收益，而悬置了支配交换的其实是收益的观念化这一问题。

莫斯给予我们最为深刻的启示在于其“社会形态学”研究，他强调通过“物”的使用去探寻产权的社会起源，即产权因素“只是人类群体的物质形式所依赖的条件之一，它通常只是通过它一开始所影响的许多社会环境的中介而有所作为……必须被纳入于完整的和复杂的社会环境的关系之中”[①]。从这个意义上讲，内容相左的社会交换，也可能具有类似的社会形式。尽管在内涵上与简化交换论相反，但象征性交换的几种维度仍然存在于当今社会，只是出于人口的规模化和组织化等原因被虚拟为另类的样式，莫斯及其继承者或反对者通过产权法则为我们指出了象征性交换和简化交换论间的演化线索。

---

① 〔法〕马塞尔·莫斯：《社会学与人类学》，佘碧平译，上海译文出版社2003年版，第326页。

产权的工具层面被解释为，主体对“资源的使用权与转让权，以及收入的享有权，它的权能是否完整，主要可以从所有者对它具有的排他性和可转让性来衡量，如果权利所有者对他所拥有的权力有排他的使用权，收入的独享权，和自由的转让权，就称他所拥有的产权是完整的”①。然而，被完全界定的私有财产只不过是一种理论预期，通过财产交易而获利从来没有想象的那么自由，而单纯地以边际成本对产权的外部性进行的解释也都是不完整的。

“嵌入式”分析的视角是，将产权原则视为嵌入在社会交换原则中的一部分，且承认二者在理论和实践中都是不可分割的。于是既然社会交换行为的历史远远长于产权行为的历史，产权研究也就应该着重分析当前的产权行为与较之更早的交换行为之间的共性和差异。而通过交换论来研究产权，就转化为社会原则如何渗透在产权法则中，亦即何种观念或形式是个体与其财产必然联系这一概念的可替代物，“产权不是指人与物之间的关系，而是指由物的存在及关于它们的使用所引起的人们之间相互认可的行为关系……是一系列用来确定每个人相对于稀缺资源使用时的地位的经济和社会关系”②。

二　科斯定理引出的古老产权问题

（一）相对主义产权观的道德问题

科斯定理被描述为，假设交易双方或多方的产权被明确界定且交易成本极低，那么将产权置于任何一方手中都基本可以实现资源的优化配置。这意味着在实际使用复杂性资源的过程中，将无法实现产权的排他性。这一理念的工具化倾向是，在什么都可以交换的社会中，没有什么是不可以被定价交易的，产权的临时转换是个常态问题。这种相对主义被罗纳德·哈里·科斯（Ronald H. Coase）发挥到极致：既然资源的使用方式是多样化的，那么资源的使用权不必也不可能是固定的，交易者

---

① 〔美〕罗纳德·哈里·科斯、阿尔钦、道格拉斯·C. 诺思：《财产权利与制度变迁》，刘守英等译，生活·读书·新知三联书店1994年版，第6页。

② 〔美〕罗纳德·哈里·科斯、阿尔钦、道格拉斯·C. 诺思：《财产权利与制度变迁》，刘守英等译，生活·读书·新知三联书店1994年版，第204页。

们只能在实践中达成具体的“地方性协议”[①]，如果土地可以在赔偿中获得更大的收益，耕种就是不正常的行为。从而，科斯宣称产权的相互损害是交易的常态，因其他个体对某物的使用而危害了其所有者的产权不是反社会的，而“反对任何引起危害他人的行为才是真正的‘反社会’行为”[②]。

科斯的命题触碰了道德的边界，即某些物与其所有者的关系具有更高的社会意义，对产权排他性的维护不会完全以工具化的成本计算。“在任何给定的时刻，个人都拥有创造某些形式的‘不经济’行为的权力。”[③] 即便在假设个人的收益最大化的经济学理论中，道德问题也是存在的。尽管经济学假定了个人因具有各自的产权而相互独立，但是在经济学家的理想范式中，市场和法律维度均抵制对他人产权的侵害。且鼓励积极的产权方式，即在宏观上提倡收益增值，不支持因个体获益而废置资源的行为。

经济学的道德性表明，完全不被界定的产权也是不存在的，经济学的范式中并非没有象征性，而只是将象征性划约到了个体及物的联系中，个体而非集体的产权充当着交换的主要载体。而经济学家的理念则是要建构以个体与其产权必然联系的共识为话语基础的庞大群体。工具性和象征性的共存表明，产权是以观念而非实体的形式支配着人们的行动。

（二）古老的产权处置方式

早在莫斯的人类学志中，就陈述过先民对模糊产权的处理方式，物并不直接而是必须通过一整套社会形式影响人的行为，因而物权关系实际是以物为符号映射出的人际关系。既然具体的物解释着不同的关系，对这些物的处理方式也就有所不同。对于那些代表着共同体意义的物，要尤其强调排他性，个别的损害共同体象征物的行为就必须诉诸社会而非经济惩罚，并将这些惩罚渗透进社会共同体的道德观念中。

---

① 科斯提出的这一概念是指，出于资源使用方式的特殊性，不得不对占用资源的成本分担和资源的收益分配进行临时和非正式的约定，从而使该资源的初始产权界定变得模糊的过程。

② 〔美〕罗纳德·哈里·科斯、阿尔钦、道格拉斯·C. 诺思：《财产权利与制度变迁》，刘守英等译，生活·读书·新知三联书店1994年版，第42页。

③ 〔美〕罗纳德·哈里·科斯、阿尔钦、道格拉斯·C. 诺思：《财产权利与制度变迁》，刘守英等译，生活·读书·新知三联书店1994年版，第210页。

在莫斯的文献中，先民的群体经济实践，就是用集体消费行为来抑制个体损害集体利益的滋生，通过先验的信仰事先消弭了个体功利性对整体的威胁。诚如波德里亚所言，“只有当不是人人都拥有土地的时候，才会出现‘地产权’”①。既然只有将物算作个人的必然附属品时，对其产权的侵害才能成立，那么像“夸富宴”一样，将无法明确分割的资源视为神赐并对之进行群体性消费，就不仅事先避免了争端，而且会加强群体的同一性。即任何物的集体消费和在个人手中的不断流动都是整体在场的标志。

但想必科斯也不会赞同以上做法，科斯定理并非一种经济理想，而似乎是在用一种警戒的方式陈述着产权，即以物为符号的社会交换的历史。从莫斯的以礼物连接整体性社会的阶段，到持有产权的个体被视为先天的孤立主体的阶段，能否发展到科斯构想的无视道德的全“地方性协议”阶段呢？这一困惑也意味着以下的疑问：象征性是否依然存在或仍然被社会所需要？个人是否通过对产权的控制提高了自身的社会地位？产权的工具性是否能独立于象征性？

三　莫斯的集体性产权观

（一）整体性社会事实——象征性交换的原型

莫斯对交换的定义是：“是一个被象征思想给予的综合，它在交换和所有交往形式中克服了自身固有的矛盾，即把事物看成是各种对话的要素，它们既处于自身与他者的关系中，又以相互过渡为目的……这些要素与原初的特征相比，总是派生的。”② 所谓“综合”的“原初特征”，就是莫斯的本体论概念——“整体性社会事实”，这种既成的客观性的集体整合是建立在符号体系之上，由某种集体信仰统领的全部社会要素。

这种交换与简化交换论的差异在于：一是群体内没有分化出专属性

---

① 〔法〕让·波德里亚：《消费社会》，刘成富、全志刚译，南京大学出版社 2000 年版，第 45 页。

② 〔法〕马塞尔·莫斯：《社会学与人类学》，佘碧平译，上海译文出版社 2003 年版，第 25 页。

的概念，各领域通过直接互动而映射出整体，无须独立的一般等价物。二是整体性社会事实的主体并非交易双方，而是涉及集体中所有的成员和资源。三是交换中起决定作用的是个体的无意识实践，没有将行为的动机上升到观念阶段，缺乏功利性思维导致没有明确的私人产权，从而，也就不存在个体和集体的对立问题。

可见，“整体性社会事实”指向一种较为纯粹的象征性体系，强调各种有形的社会形态可以还原为信仰形式，各种活动的价值不存在实质性冲突以及各类形态之间可以直接进行比较和交流，而不必虚拟出交换媒介。这种交换模式纯粹到连功利性行为的概念尚未被演化出来，因而具有理想类型的意义。

相较而言，简化交换论以个体间对行为收益的估计作为推理起点，其封闭性在于：交换极有可能止于缺乏收益的预期。而莫斯的交换论则强调，首次交换的目的是交换本身对共同体的补偿，即交换被视为对个体可能脱离于集体而行动的救赎，通过回馈就能拥有整体所赋予的生命意义，不踟蹰于利害得失就使交换具有开放性。

（二）礼物——不受个体支配的产权

在莫斯总结的先民的交换中，收受礼物名为自愿，但任何人也不能据为己有，与其说个人不愿或不能维护自己的产权，毋宁说物权并非从一开始就属于个人。莫斯将产权总结为，“一种所有权和占有物，一种抵押品和一种出借物品……因为它只是在为了另一个人使用或者把它转让给第三者，即‘远方的伙伴’的条件下给你的……东西如果没有充斥个人的灵魂，那么至少充满了它们从契约中获得的情感”①。如“夸富宴”的本意即为“喂养”或“消费”，它是以氏族群体为单位，以节日仪式为载体的综合实践，目的是保证本群体在更多的群体中的等级及维系成员在群体中的位置，从而不惜毁坏与浪费财产的行为。这些资源被认为是通过被群体消费而获得了价值上的再生，“集体—物—人”在交换中得以相互证明。

莫斯研究这种集体性消费逻辑的特征是：一是礼物必须通过仪式在个人之间流动，卑微的个人被认为无权长期持有附着信仰的礼物，甚至

① 〔法〕马塞尔·莫斯：《社会学与人类学》，佘碧平译，上海译文出版社2003年版，第139页。

个体本身也是作为信仰在世间的抵押品。二是收获礼物是因为拥有共同的信仰，而回馈礼物则是因为不想失去集体荣誉，即使有模糊的产权概念也是意指集体产权。三是收受礼物的多少仅意味着地位的表征，而不会使自身变得更为富有，被持续地转赠与被群体消费是物的社会形式，转赠在时间上确保整体的长期存在，而群体消费意味着空间上整体在场。四是拒绝交换或私拒礼物都是被禁忌的，亦即功利性的计算和个别化的产权思维都是非法的。

（三）内涵之外的交换维度

将整体性社会事实的产权模式作为理想类型，原因在于：尽管整体性社会事实的产权法则在内涵上与当前的产权法则背道而驰，但二者间的交换维度却是相通的，这些维度也可说明产权内涵是如何从莫斯式交换转化为简化交换论的模式。莫斯坚持认为，这些维度不能有独立的话语，即“无论这些要素是‘此’是‘彼’，与原初的特征相比，总是派生的”①，是天然的相互证明而不可分析的，这只在其以氏族为研究对象的理论中是可行的。尽管经济法则的概念缺乏明确性，但在经济实践中各种原则的形式是充分明确的，各种交换形式的实践原则并不是孤立的，是可以进行归纳的。

首先，交换的话语基础是集体的信仰，产权作为信仰的内涵之一是对共同关系的表达。例证是很多物只是为了交换而交换，其使用价值被直接无视。在莫斯的交换形式中，物品没有价值与使用价值的对立，对其处置及占有体现的是集体的灵魂，而非暂时持有者自身的意志，物要通过持续的流动才能回归其所象征的整体。

其次，交换的实质是处理集体与个人的关系，每一次交换都在提示某种固定的交换形式。交换的原则是以规范同一群体中个体间可能的关系为目的，这些原则只是向集体意识表明共同生活的必要条件，每次交换都带有仪式性，时刻在暗示象征性的伦理，而个体需要和整体观念保持着未分化状态。目的和手段统一在了时间的整体性中，亦即不会将有限时间内的信用作为实现个人目的的手段。

再次，个体产权及产权观念是长期交换的结果，是社会交换中权利

---

① 〔法〕马塞尔·莫斯：《社会学与人类学》，佘碧平译，上海译文出版社2003年版，第25页。

的一部分。只是在莫斯的交换理念中，群体性消费意味着放弃经济原则，业已消费的资源很难计算，也不会得到再生。反馈礼物的必然性抑制了群体内财富和权利的消长，交换的积极性在于遵循的并非控制原则而是消费的激情体验，群体领袖获得的是分享的骄傲而非控制权威。以上产权特征将群体的权利结构限定在极其有限的范围内，保持了结构的稳定。

最后，集体行动的力量来源，在于象征性的产权具有调动各类集体资源相互证明和转化的能量。只是在莫斯看来，象征性尚未被控制在具体的个人手中，氏族领袖的地位源于名望，而名望是以付出而非积累的财富计算的。这种象征性的交换是理念与事实建构的混合实践，无意识的拒绝功利化使其能保持一个文化原型的面貌。

四　概念的提出即时代的终结——波德里亚的象征性交换

（一）用莫斯反对莫斯

真正总结出象征性交换概念的是波德里亚。他指出："这就是象征交换，它建立在相反的价值废除的基础上，因此它可以建立那些建立价值的禁忌，超越父权法规。象征交换既不是没有法规的倒退，也不是纯粹而简单的超越，它是对这种法规的消解。"[①] 这一概念是作为理想类型来反思当前的交换和产权形式，即象征性的形式并未消亡，信仰的对象由人化的神明转为物化的个体，任何集体主义的存在都间接地证明了观念上个人与集体的分化。产权被个体化了，集体产权也被少数人操控，权力的落差导致多数人已无法进行对等的回馈，象征性资源开始被掌握在少数人手中并用于兑换其他资源。

象征性交换概念的提出就是对莫斯时代的盖棺定论，所谓"用莫斯反对莫斯"，就是用莫斯提出的交换内涵去反对其所提出的交换维度的分化。

---

① 〔法〕让·波德里亚：《象征性交换与死亡》，车槿山译，译林出版社2009年版，第157页。

（二）拟像——用莫斯掩盖莫斯

“象征性交换中的财产：不断地馈赠，归还，永远不受价值机制约束。”① 波德里亚的拟像理论，就是以这种整体性社会事实的交换来反思当前的产权形式，实则表达着一种焦虑：作为原型的交换内涵已不在当今社会中奏效，但其认知维度已经被人们习惯性地接受，使得一些个体可以通过仿拟象征性的方式让其他个体积极的接受控制，即用莫斯归纳出的交换维度掩盖集体价值内涵的空虚。

首先，从集体信仰的角度看，象征性交换终结的逻辑起点是死亡观念的科学化，由于人死后的世界并不可证伪，于是人和另一个世界不再可能进行交换。“死亡的困扰以及通过积累来消除死亡的一致性成为政治经济学合理性的基本动力。”② 莫斯式信仰体系的失效意味着，通过放弃暂时的财产而获得整体生命行为的非法化。当人被剥夺了集体信仰给予的时间感，就等于失去了集体血缘，随之一种以个体血缘为原型的关系就被用来填补这种剥夺感。父系的血缘及附带的财产继承制就是个体脱离集体的开端，父权意识是以人对财产的控制为原型，这也就是将部分人神话而将其他人工具化的过程。

其次，脱离了集体信仰所赋予的永恒生命观念，个体生命的有限性就凸显出来，稀缺的时间被视为个体的首属产权。这一产权的维护必须依托于集体，但集体已不再回馈给个人以价值。集体和个体产权的分化与对立随之产生，缓解方法是将部分人的产权法则道德化并虚拟为一种共识。这一法则将功利性视为人必然的追求，因迎合了个体需要而具有了合法性。但问题在于，功利观念及产权的契约形式的每一次出现，都同时指出了个人利益与集体利益存在的对立。

再次，信仰的失效意味着，只能通过对物的占有来表征个体的社会地位，产权就是人与物二者的同义反复到无法区分的结果。而个体要提高社会地位就不得不将自身不断地被工具化，用数字证明自身存在的意

---

① 〔法〕让·波德里亚：《象征性交换与死亡》，车槿山译，译林出版社2009年版，第310页。

② 〔法〕让·波德里亚：《象征性交换与死亡》，车槿山译，译林出版社2009年版，第203页。

义，即“这种永恒的生产系统不再交换/馈赠，只有数量增长的不可逆性”①。但是，个体的人具有物权仍然改变不了产权分化的事实，使得在交换中无法对等反馈的个体，在产权出让与否的问题上从来不是自由的。因而，虚拟出物的丰盛状态就有两种结果：一方面，每一次以个体为单位的消费都是在消耗自身生命的一部分，即消费的“死本能”快感取代了分享的愉悦。另一方面，将消费虚拟为所有阶层的共性，以之掩盖产权对人的刺激已从集体消费转为个人的积累这一事实，在消费前阶层观念已被“去差别化”，即“消费的唯一客观事实……如果没有‘集体意识’中对享乐的预料和自省时协同增强作用，消费就只会是消费而不会具有社会一体化的力量”②。

最后，所有拟像想要掩饰的事实：在当代社会组织中象征性并非代表所有个体，而是变成了权力结构调动各类资源的手段。换言之，象征性本身一旦进入了资本时代，集体概念则被部分个体所持有的概念所偷换。而纯粹的“象征是交换的循环本身，是馈赠与归还的循环，是产生于可逆性本身的秩序，它可以摆脱双重裁判，即压抑的心理体制和超验的社会体制”③。

（三）交换的演变——用莫斯支持莫斯

波德里亚对交换论的贡献在于：其他学者对莫斯理论的研究，往往是直接将整体性社会事实的原型同自己的理想类型进行内涵上的比较，或认为莫斯的理论带有严重的地方色彩而加以排斥，或认为其具有普遍意义可以和其他理想类型并列之。而波德里亚则是放弃了将具体的信仰、集体等显性概念作为切入点，直接用象征概念来描述交换。这等于将莫斯的本体论概念分解为两部分，一部分是“夸富宴”或礼物原型的交换中作为内涵的“社会事实”；另一部分是可以脱离这一特定时期的作为交换维度的“整体性”。

这种从具体社会交换中抽象出稳定交换形式的形式主义认识论，看

---

① 〔法〕让·波德里亚：《象征性交换与死亡》，车槿山译，译林出版社2009年版，第203页。

② 〔法〕让·波德里亚：《消费社会》，刘成富、全志刚译，南京大学出版社2000年版，第227页。

③ 〔法〕让·波德里亚：《象征性交换与死亡》，车槿山译，译林出版社2009年版，第191页。

似处处在描述莫斯的理想类型和简化交换论的区别，实际却依稀地指出了两种交换行为过渡的路径：一是后者中并不缺乏前者中的任何一种维度，只是每一维度中的内涵在历史的流变中难以被辨认；二是尽管每一社会交换模式的内涵都有区别，但整体化的倾向从未被任何社会所放弃；三是任何当代社会组织都力图虚拟出某种单纯的象征意义，以便调动规模群体或解决群体内争端。

所谓用“莫斯支持莫斯”，就是以交换维度的相通性证明莫斯的理想类型绝非与简化交换论相悖。因此，拟像的产权意义就在于：为了证明个体产权也可以产生一个时代的整体意义，并为之花费了多少成本。

五　布迪厄的象征性资本——反驳抑或证明

（一）质疑的实质：经济行为是否等同于功利性

所谓“象征性资本”阶段，即其必然被社会组织的代理用来调动其他资源，从而将资源集中控制的产权时代。皮埃尔·布迪厄（Pierre Bourdieu）倾向于认定，任何根植于组织的理念都是非真实的，是通过“游戏感”刺激直接的实践，并将人的行为封存在无意识领域，来自少部分人的象征性却能实际地调动组织中的每个个体。布迪厄希望通过揭示“客观关系”以反驳这些虚伪，他认为“这些利益将行动者们引向最确实、最稳固的可能性，或引向社会上可能建构好的事物中最新的可能性”[①]。这种“经济还原论”强烈暗示着拒绝某种信仰上的特权是其首要意图，如果将人的行动意义统一归于经济观念之上，那么在行为动机上个体就是平等的。象征性所体现的超功利性并非站在功利主义的对面，场域中超功利行为不过是特定位置上的个体表达自己功利性的一种方式——对功利形式的漠视才是真正少见的。

因而，布迪厄在言及莫斯时总是抱着质疑的态度，既然涉及财产问题，在赠予与回馈间必然隐藏着深谋远虑的讨价还价，即“集体不诚实被象征性财产的经济逻辑持续加强，这一逻辑鼓励并回报这种逻辑的

---

① 〔法〕皮埃尔·布迪厄：《实践理性》，谭立德译，生活·读书·新知三联书店 2007 年版，第 51 页。

两面性”[①]。而纵观布迪厄的理论，他与波德里亚在结论上并未有很多抵触，而众所周知的是，后者是莫斯的继承者之一。布迪厄偶尔会走入生态谬误，他在陈述“实践感”概念时，会将经济行为和经济观念混同。如果经济行为只存在于实践中而并未被分化为一种观念，则不会产生抽象的超功利观念，因为超功利观念是伴随着经济观念替代原有信仰并成为通行标准而产生的。所以，我们看到的并非布迪厄如何反驳莫斯，而是其如何拉近了布西亚和莫斯的距离：波德里亚的成就更多的是在于描述拟像的样态和走向，而布迪厄却实际地论述了拟像亦即象征性资本的运作方式。

（二）象征性资本的运作逻辑

首先，从信仰的角度讲，没有明确的宗教内涵反而使信仰成为无法自省的观念，比所有信仰都更加深沉，“当内化结构和客观结构协调一致的时候，当知觉是根据被感知东西的结构建构的时候……人们给予世界一种比所有信仰都深沉的信仰，因为这种对世界的信仰并不自认为是信仰”[②]。个体与财产的同一性就是隐性的信仰，是一种承诺了自利行为的道德。而完全自私行为的不可取之处，在于缺乏莫斯式集体原型的支持。于是，家庭成为象征性载体的替代品，以家庭为单位的社会再生产体现了对血缘的信仰，用代际遗传陈述了时间的总体性，并限制了个体利益的无限扩大。只不过布迪厄认为，家庭内部的权力结构是与国家相同的，因而是公共性的。

其次，从个体与集体的关系角度而言，当代的社会组织必须建立某种策略以接洽其与个体的联系，因为个体对社会的识别是以个人和家庭产权为出发点的。在家庭产权中，不可回避的教育成本支出是社会再生产策略的结果，这种社会化就是一种深刻的组织化，它是以文化资本的方式展开的。在教育机构的技术体系中隐含着对等级与权力的陈述，个体接受教育的过程就是对这些陈述的认同过程。而教育系统通过考试授予受教育者以社会地位，并控制社会精英的人数。权力与文化的融合，“因为符合社会建构而成的‘集体期待’……而发挥出的远距离的、无

---

① 〔法〕皮埃尔·布迪厄：《实践理性》，谭立德译，生活·读书·新知三联书店 2007 年版，第 191 页。

② 〔法〕皮埃尔·布迪厄：《实践理性》，谭立德译，生活·读书·新知三联书店 2007 年版，第 186 页。

身体接触的作用……使象征行为实施这种神奇的效力，而又没有明显的能量消耗”①。

再次，社会等级是通过对符号的感知而建构的。问题在于，以产权累积的数字表达形式的差异，可能是作为对等级中上层群体的威胁之一。而数字符号也可以用于中和这一威胁，一种方式是虚拟场域中的超功利性，既可以弥合不同阶层实际的差异，也使得既得利益的上层群体获得了道德满足感。另一种方式是培养“游戏感”，产权的经济指标已经能取代行动的意义而直接刺激个体行动的方向，其作为社会观念合法化过程，就是使个体仅关注眼前独特的数字事实，并且放弃对行动意义追求的过程。总之，群体的建构是过程也是结果，“这一过程既把它设立于社会结构里，又把它建立在适于社会结构的智力结构里……使人忘记它产生于一系列人为的法令”②。

最后，从象征性的操控角度讲，布迪厄认为，当代社会的任何“结构”或“实体性”概念都是在于人为地唤起某种精神层面的同一性，并将个别偏好表述为某种公共的属性。象征性资本的持有者“作为一种元资本的占有者，支配其他种类的资本及其所有者……能够对不同场域、不同种类的特定资本，尤其是对这些不同种类资本之间的汇率行使权力”③。然而，超功利性和“游戏感”也渗入社会组织结构的上层。这表明，受其影响的产权操作并无太多理性可言，只是将部分人的道德取向按其自己的逻辑编织起来，至于不符合这一逻辑的行动，或者被弃置，或者被陈述为具有深远的隐藏动机。

布迪厄的论断是，无论个体还是用个体产权模式塑造的集体，都只是在追求某种指标，他们都并非自觉的行为主体，象征性的真正作用在于，建立了一种目的与手段的观念对立后，又将二者中和在了实践当中。拥有象征性资本的个人只是在做自己相信的事，而其他的人则是在做别人让他相信的事，即所谓对问题中“对功能的专注导致了对文化

---

① 〔法〕皮埃尔·布迪厄：《实践理性》，谭立德译，生活·读书·新知三联书店2007年版，第168页。

② 〔法〕皮埃尔·布迪厄：《实践理性》，谭立德译，生活·读书·新知三联书店2007年版，第95－96页。

③ 〔法〕皮埃尔·布迪厄：《实践理性》，谭立德译，生活·读书·新知三联书店2007年版，第88页。

客体的内在逻辑问题的无知……更深刻地说，导致了忘却产生这些客体的群体”[1]。

（三）象征性力量的来源：将功利作为信仰

布迪厄似乎选择性地忽略了比较的前提是事先确定其可比性，如果一味地专注于历史的特殊性，而不考虑有无共同背景的话，比较结果的有效性就难以保证。莫斯的最大贡献是通过对整体性社会事实的描述引申出社会整体化的形式，在这个问题上莫斯和布迪厄没有本质区别，布迪厄可以否定莫斯的社会事实内涵，但其自身却复述了莫斯的整体化形式。

事实上，信仰体系等交换维度在这两个人的理论中是同时存在的，区别只在于具体交换的内涵。一是两种理论中都存在信仰体系，只是莫斯理论中信仰的内涵是氏族共同体的神灵，成员间的共性相对于个性有绝对的优势。而布迪厄理论中的信仰其实是个体与财产的社会必然性，这样产权才能作为个体社会活动的首要标准。二是集体和个体关系都是二者最关注的问题，只是莫斯的理论强调通过群体消费建构永恒的生命观，集体和个体的关系变得密不可分，且二者的观念反而不甚明确。而布迪厄指出的是，个体通过产权积累补偿了有限的生命，集体在个体眼中可能成为其实现自身产权的手段。三是任何规模群体内部都存在财产和权力分化的问题，只是莫斯认为普遍而不可回避的交换成功地限制了这种分化。而布迪厄强调，财产和权力的分化已经是不争的事实，规模群体必须用超功利性等形式掩饰多数人在交换中不能平等回馈的问题。四是在象征性的运作层面，莫斯理论中的象征性能成功地调动集体行动，却尚未被视为可操作的产权。而在布迪厄的理论中，象征性已经作为一种可以为个体所操纵的资本，该资本持有者的潜在收益是具有将他人工具化的能力。

“理解现代经济生活和社会生活的第一个要求，是要对与事件以及解释他们的观念之间的关系，有一清晰的看法。”[2] 象征性与工具性问题的关键在于，同是经济行为在不同的信仰中却被加以不同的解释，经

---

① 〔法〕皮埃尔·布迪厄：《实践理性》，谭立德译，生活·读书·新知三联书店 2007 年版，第 48 页。

② 〔美〕约翰·肯尼思·加尔布雷思：《丰裕社会》，徐世平译，上海人民出版社 1965 年版，第 6 页。

济行为可以是所有人的实践，但功利性却并非所有群体的共识，即使是当代社会的交换也未必是完全充斥着急功近利。布迪厄没有深思的是：通用的经济观念和简单的经济行为毕竟是两件事。而经济行为如何由单纯的行动变为观念，即用经济的思维方式使更多人有参与交换的机会，进而如何使这一观念得以合法化，反而在简化交换论的支持者中得到解答。

六 简化交换论：困境作为路径分析的契机

（一）简化交换论的困境：工具性能否划约一切

霍曼斯以“功利性”对个体的刺激作为理论假设，为了不将交换论演化为冲突论，又引入了“公平分配”的概念，但这一原则始终与具有特殊意义或难以量化的资源保持着距离。霍曼斯的心理学倾向，就是其所谓“平衡关系”实际是人为营造的象征性交换，用以补偿因产权独立而产生的孤独感，如“自我披露”有象征性交换的色彩却易被人利用，故只能囿于小范围[①]。这暗示着一种困惑：当物权的集体性被个体所消化时，交换的双方都要考虑回报问题。但在两种常规的情况下交换都难以实现：一是潜在交换中的任何一方对量化成本的估计有限；二是一方支出了象征性资源，却被对方以工具化的方式解释。霍曼斯希望通过“权力”来解决以上困境，但权力持有者总是有其个别的偏好，不能保证其将产权用在平衡群体内的关系上。

在林南的社会资本理论中，假设了同质性的“表意性行为”和异质性的“工具行为”[②]，但其显然更倾向于后者，即如何将表意性行为作为社会资本以累积更多的资源。这导致其理论中经常出现两组偷换概念的陈述：一是出于功利性动机还是习惯使然才导致表意性行为的出现；二是潜在的质量好的资源和潜在的数量多的资源获得机会，这两个概念经常被混同使用。这些混淆都源自产权思维的悖论：拥有某种关系

---

① George Casper Homans, “Social Behaveior: Its elementary forms”, *Revue Fran? aise De Sociologie*, vol. 3, No. 4, January 1974, pp. 479 - 502.

② 〔美〕林南：《社会资本》，张磊译，上海人民出版社 2004 年版，第 44—45 页。

而不加以利用就不是经济学的思维方式，而对象征性关系的利用本身会导致交换双方关系下降为工具性，即通过个体产权的量化无法真正界定个人（强关系的个体机会）和社会行动（弱关系中的普遍机会）的关系，前者无法作为后者实现的充分条件。

总之，简化交换论的功利性倾向将交换局限于微观层面，并且其只能解释部分的交换意图，在这个层面上布劳与以上两人的结论并无实质区别。布劳的宏观交换论强调了社会群体间的互动，认为如果缺乏在宏观上的功利性观念，个体间的功利性交换很难实现：熟人之间排斥功利性，而陌生人之间又难以取信，因此有必要用交换形式解释功利性观念普遍化的路径。布劳的成就亦即在此。

（二）布劳：功利主义进入象征层面的路径

首先，布劳的贡献在于将“群体规模”作为象征性交换的社会形态学基础而展开分析，他将“焦点集中在解释分化及其对社会结构的各个部分的相互关系的作用上”①。一般而言，群体内的初级人际关系与群体间个体的直接交往是同时存在的，尽管后者可能远不及前者广泛，但也唯有后者才能解释结构性变化。布劳的研究重点就是将群体的规模作为结构类别来考虑，如“内群体”有相对于“外群体”的交往优势，是因为有限人数的交往可以重复发生，而且这种交往大多具备独特而深入的内涵。这一交往形式如与地理环境相结合，就构成了莫斯的象征性交换的社会形态学基础：外界的文化难以介入内群体中，而其内部的稳定互动将导致其符号复杂化且具个性特征，这些符号难以将认识扩展到更广泛的领域从而带有稳定性。

从产权的角度看，先民社会中隔绝的小规模群体，对资源的使用和配置具有根植于文化的自主权，它用自身所属的文化解释着其经济需要，而非以一般等价物的形式界定着经济活动，财产没有价格也就失去了交易动机，交易主体的对立形式也就不会出现。但是，这种文化原型极易受到其他社会形态的威胁，最有可能改变其文化内涵的就是自身群体规模的扩大以及与其他大群体的交往。

其次，产权的象征性是社会群体内和群际交换的产物。群体规模的

---

① 〔美〕彼得·布劳：《不平等和异质性》，王春光、谢圣赞译，中国社会科学出版社1991年版，第7页。

扩大意味着三种社会形态的变化：一是群体内部直接交往的机会减少，这增强了个体与群内成员的陌生度；若要避免亚群体的分裂，就只能将象征性内涵简化为对个体而言更为直接和简单的内容；二是导致群体内部功能分化，不同角色的亚群体规则的出现，也会刺激出简化仪式和规范的行为；三是从个体角度而言，如果群内的成员间存在着陌生度，那么群内成员与其他群体成员的交换就会成为群内交换的潜在替代，导致规模群体开放度相对较高。

从群际交换的角度看，大群体和小群体单独交往的结果必然是小群体的交往率（参与交往人数与自身群体人数的比值）高于大群体，这意味着小群体更可能受到大群体的偏好影响，使得小群体的内部特征减弱，开始分享来自大群体的通行符号。而大群体的文化相对而言是简便而缺乏个性的，更易产生通行的识别体系，其多数需要可以通过内部分工得到满足，故其不必依赖于小群体的关系。总之，“随着社会城市化发展、社会的工作企业扩大以及社会的异质性增多，社会关系就越来越不具有排外性，同时也就越来越不具有很深的根基”①。

从以上两点看，产权是因社会空间压缩而导致的结果，陌生人的增加致使财产个体化观念加强，而与陌生人交换的必然性又促成了中立的经济符号的主导地位。“生产者的经济偏见，都源于他们跟随他们所生产的物品的坚定意志，来源于他们对自己的劳动被再次出卖时没有得到好处的剧烈感受。”② 购买缺乏精神内涵的物品就不必考虑前一拥有者的感受，物的象征性就此减弱。而小群体的命运，一种可能是被产权的工具性规则同化，即“历史只有在建立社会领域的同时，才能产生超历史的普遍性；社会领域通过它们特有的运行规律……从独特观点之间常常是无情的对抗中提取升华了的普遍本质”③。而另一种可能就是利用自身小规模的交往优势表征其自身的独特象征性。但诚如布西亚所言，需要是社会建构出来强加给个人的，如果不与大群体交往则小群体

① 〔美〕彼得·布劳：《不平等和异质性》，王春光、谢圣赞译，中国社会科学出版社1991年版，第233页。

② 〔法〕马塞尔·莫斯：《社会学与人类学》，佘碧平译，上海译文出版社2003年版，第209页。

③ 〔法〕皮埃尔·布迪厄：《实践理性》，谭立德译，生活·读书·新知三联书店2007年版，第62页。

可能永远不会产生某些需要。而如交往已成事实，小群体自己无法满足的需要也就成为事实，它与大群体的联系就再也无法割断。内群体交往的优势就会被数字、货币化不断地蚕食，尽管“人一直是另一个东西，而且他作为一台具有计算功能的复杂机器的时间并不长”①。而保护内群体价值的方式也只能是建立排外的群体产权，亦即开始用产权方式解释并建构集体的象征性，于是两种符号规则已经难以分开。从而，近代的“社会化只不过是各种差异的象征性交换向等价关系的社会逻辑的大规模过渡”②。

最后，产权的象征性与工具性之争，是规模群体分化后遗留的重要难题。在规模群体中，“有多少人将各自不同的意图推诿给其他人、群体或阶层，那么……就有多少个不同的权力结构”③。一个悖论是如果道德是非功利性的，就很容易界定出个体和集体行动的区别；而如果道德承认了功利性的合法性，一种行为的动机就很难被确定了。群体内的功利性交换盛行的结果就是资源分化，处于上层的亚群体的产权多到足以支付自身偏好的成本，但这改变不了其作为小群体的事实。亚群体产权的象征性成本体现在要虚拟出自身的非功利性倾向，同时也要使成员相信功利性是所有人的本能。这一矛盾体现在交往方式上就是：一方面，它要与群体中位置低的个体保持距离，因为这些个体规模过大，与之长期交往就会降低其象征性地位；另一方面，就是要强化个体产权观念，用这一集体观念的替代品来表达规模群体的同一性。

这样来看，个体产权就变成为自我和社会认知趋同性的符号，道德认同与社会地位被这个符号划约为一体。因为具有部分摆脱社会压力的成本，上层亚群体会有通过脱离社会以实现道德高度的冲动，但与之相悖的是，其摆脱社会的手段却是工具化行为，地位和道德认可会随其产权的贬值而消失。尽管这些小规模的亚群体在证明自身地位的逻辑上失败了，但其对象征性资本的运作却发挥了作用。出于象征性趋同的倾向

---

① 〔法〕马塞尔·莫斯：《社会学与人类学》，佘碧平译，上海译文出版社2003年版，第219页。

② 〔法〕皮埃尔·布迪厄：《实践理性》，谭立德译，生活·读书·新知三联书店2007年版，第257页。

③ 〔美〕彼得·布劳：《不平等和异质性》，王春光、谢圣赞译，中国社会科学出版社1991年版，第312页。

和对该类亚群体的向往，数量占优的下层群体将自身产权孤立的愿望会得到加强。

已经很难想象一个未分化的群体，会具备完全隔绝于社会的条件。在当代社会的规模群体中，产权的象征性已呈现为定类分化与工具性定量分化的形式交错而倾向却各异，象征性在内涵上总是有意无意地否定工具性，而在拟像的形式上却一刻也不能与工具化分离。

七　结语

综上所述，内生的小群体关系赋予了个体具体的交往方式，个体间的差异性并不作为日常考虑的问题，因而象征性交换可以保持在无意识的实践状态。而当小群体对个体的庇护失效后，如何在陌生人之间建立相通且能印记个体的符号系统就成为迫切问题。财产在莫斯那里只是个体与信仰间的一种证明，个体以群体的方式持有对财物支配的自由。而在信仰消解后，物成为原有交换留给个体的唯一遗产，产权就成为社会群体用以构建新的理念的素材。

根据本文总结出的交换形式的四个维度，我们可以对第一部分科斯命题中引申出的疑问作以下解答。

首先，个体产权的界定不仅应被视为在陌生人之间延伸自身的权力，而且更应被视为社会个体间坚守道德同一性的实践。财产既然仍然作为信仰体系中社会地位的表征，也就不会彻底地进入科斯构想的全“地方性协议”阶段。但不可否认的是，更多的社会资源将介入象征性与工具性规则间的灰色地带。

其次，象征性是群体规模历时性扩张与分化后保留下来的社会整合倾向，但这种固有倾向是以孤立的个体产权与集体产权分化的方式表达出来的，“而分化意味着它阻碍了社会结构的各个部分之间的面对面的交往，而整合则是根据社会各个部分之间面对面的交往来定义的”①。这表明了当代社会的整体性方式并不太健全，而规模组织的产权被少数

---

① 〔美〕彼得·布劳：《不平等和异质性》，王春光、谢圣赞译，中国社会科学出版社1991年版，第19页。

人控制也是其整合方向难以预测的原因之一。

再次，通过产权的稀缺性提高社会地位并获得权力的只是部分个体。但是，“一种理性的支配作为意识形态，反映了对一个社会为了生存而使用自己的历史经验作为数据的程式化解释。当理论化的解释嵌入在制度之中时，它也就变成了‘真理’”①。被合法化的产权观念使社会个体间在经济层面找到了共性，但在这样的产权认知方式中引进更多共同的社会内涵之前，其仍不能被视为一种进步，因为“存有的自由是危险的……但是拥有的自由则没有攻击性，因为这样的自由可以进入‘体制的’游戏之中，它自己却不知情”②。

最后，集体产权在象征性上投入的成本未必会带来预料中的社会共识，社会个体间的价值分歧和的地位分化，极有可能是以经济方式运作象征性并失败的结果，正是“因为主体有一个想要成为主体的要求，他便把自己形成经济所要求的客体”③。产权工具性的延伸体现的是对象征性内涵匮乏的担忧，但是，无论工具化行为在当代社会被表达得如何充分，其也只能以象征性作为灵魂——尽管象征性内涵可以被虚拟化。

总之，采用嵌入性分析的目的在于：交换是一种恒定的社会形式，即使在交换中社会事实的内涵产生了流变，整体性的社会倾向却是未曾改变的。在这个意义上，产权的观念化而非具体的个人与物的关系，提供了大规模的互不相识的社会个体间交换的机会。尽管在与莫斯总结的交换方式的对比中，当代社会的交换中有诸多的分歧难以协调，但社会个体仍然对虚拟的象征性表示了极大的热忱，实则表达着对当代大规模社会群体中艰难的整体性实践的认同。“从人类进化的这一端到另一端，并不存在两个智慧，因此，但愿我们把曾经一直是、将来也永远是的一种原则的东西作为我们生命的原则。”④ 我们从中得到的启示是：无论整体化实践的内涵尚处在何等蒙昧的状态，但这一实践中可延续的交换形式本身就表示了社会进化的可能。

（该文刊于《吉林大学社会科学学报》2017 年第 2 期，第二作者滕飞）

---

① 〔美〕林南：《社会资本》，张磊译，上海人民出版社 2004 年版，第 171 页。

② 〔法〕让·波德里亚：《物体系》，林志明译，上海人民出版社 2001 年版，第 157 页。

③ 〔法〕让·波德里亚：《物体系》，林志明译，上海人民出版社 2001 年版，第 174 页。

④ 〔法〕马塞尔·莫斯：《社会学与人类学》，佘碧平译，上海译文出版社 2003 年版，第 214 页。

“吸纳嵌入”管理：社会组织管理模式的新路径

——以浙江省N市H区社会组织服务中心为例

一 问题的提出与理论梳理

我国传统的政府管理理念认为，政府是公共事务管理、公共服务和社会福利的唯一提供者。在国家与社会的关系层面上，国家掌握着权威性资源，并因此而拥有对社会组织的强大影响和控制能力。相对来说，我国的社会自治能力还较弱，社会组织的发展受到初始条件的制约，资金与人员的缺位、结构的缺项及功能的失常是最为典型和明显的。因而对于国家表现出一种天然的依赖性，普遍渴望获取国家的制度性与社会性资源的支持。在这样一种“强国家—弱社会”的背景下，传统的社会组织管理模式面临着一些制度与管理方面的缺陷，如偏重行政干预、双重负责的管理方式导致权责不清以及社会组织培育动力不足、缺乏专业服务，等等。这些问题的存在阻碍了新形势下社会组织的发展，使得大量的社会组织游离于管理范围之外。

而在探索新的社会组织管理模式时，政府也面临着一些新的问题：一方面，政府基于“政府失灵”的困境，不能对社会组织继续延用“科层制”的治理模式。同时，政府如何发挥间接的激励作用并掌握好介入的尺度，运用政府资源对社会组织予以培育、支持、引导及规范，并建构起与社会组织之间的合作关系以培育弱小的社会组织自主地提供公共服务，也是一个亟待解决的问题。另一方面，如何在新形势下探索社会组织管理的理论解释框架，以及如何双向转换理论与实践的关系问题也是当前面临的新课题。事实上，当下对于社会组织管理模式的探讨有着多元化的学术视域，学界关于社会组织管理模式的路径选择也有着诸多见解。然而，从宏观角度俯瞰其学理渊源，大致可以看到社会组织管理模式的理论演进往往与国家和社会的关系理论有着密不可分的关系。

首先，公民社会理论是国家与社会关系研究中最先流行起来的解释模式。尤尔根·哈贝马斯指出，自愿结社的社会组织是公民社会的核心机制，通过社会平等与国家民主化的进程，社会组织维系并界定公民社会与国家的界限①。公民社会理论的可取之处在于强调独立于国家之外的社会领域，对于实现社会管理的主导权从国家向社会的转移，以及加强社会组织的独立性与自主性具有较强的理论借鉴作用。然而，面对我国社会组织缺乏传统积淀、发育迟缓及组织弱小的现状，政府直接退出社会领域既与强大的"国家主义"传统不符，也易引发"国退而民不进"，导致出现权力真空无法填补的结果。

因此，学界试图通过引进法团主义理论来为我国的社会组织管理实践提供相应的理论支持。按照斯密特（Pilippe C. Schmitter）的观点，法团主义是一个利益代表系统，它能将公民社会中的组织化利益与国家的决策结构联合起来。在结构安排之中社会组织具有垄断性，而作为交换它们受到国家的一定控制②。法团主义理论强调社会组织与国家的合作，社会组织被视为利益的聚合并被委托承担政府公共事务的责任。而从我国社会组织发展实践来看，有学者也指出，我国的社会组织监管体制所表现出的国家与社会的关系，在许多方面都与国家高度控制的国家法团主义的主要特征相符合。

然而我们发现，无论公民社会理论还是法团主义理论都根植于欧美国家的境况——国家与社会有着明晰的界限，甚至发达的社会组织可与国家博弈的基础上，而中国社会组织的兴起和发展有着与西方社会不同

① John Keane, *Democracy and Civil Society*, London, Verso, 1988, p. 14.

② Pilippe C. Schmitter, "Still the Centry of Corporatism?", in Pilippe C. Schmitter and Gerhard Lehmbruch, eds., *Trends Toward Corporatist Intermediation*, London: Sage Publications, 1979, pp. 9 – 13.

的历史脉络和现实情境[①]。鉴于我国社会组织面临的特定制度环境与复杂的类型，不同类型的社会组织可能与政府表现出不同的关系特征，无论是用公民社会理论还是法团主义理论来概括我国的情况，皆易陷入单一化的国家与社会的控制与反控制的博弈框架，并可能得出国家对社会组织的支持与控制呈线性相关的结论。但在实践中，国家通过与社会组织双向的交流与合作，在给予社会组织充分自主权的同时又能提供所需资源，这一思路则受到了一定的重视。

其次，本文试图使用“吸纳嵌入”概念来概括当前我国政府与社会组织的关系模式。“吸纳”指的是政府通过动员和整合社会资源，培育和支持社会组织的发展，使民间组织为政府所用，从而达到其增强政府公共服务能力及转移管理职能的目的，强调国家与社会的融合性。国内有的学者也曾提出过“行政吸纳服务”的理论，其所谓“吸纳”指的是政府通过支持和培育社会组织的发展，从而使社会组织的公共资源为政府所用，而作为交换，社会组织需要配合政府的政策与行为，并自觉地响应政府的组织与号召[②]。但笔者认为，仅靠“吸纳”概念对于研究社会组织管理中复杂的运行逻辑仍稍显宏观和静态，也无法说明政府作为外在环境对社会组织运作产生的动态多元化的渗入性影响。因此笔者认为还需要再引入“嵌入”概念，从而获得中观层面及动态的分析框架。

“嵌入”概念来自经济社会学中的嵌入理论。卡尔·波兰尼（Karl Polanyi）在《大转型》一书中首次提出嵌入概念，认为人类的经济活动嵌入并缠结于经济与非经济的制度之中，强调将非经济的制度包括在内是极其重要的。1985 年，马克·格兰诺维特（Mark Granovetter）在《经济行动和社会结构：嵌入性问题》一文中重新对嵌入概念进行了阐述，强调所研究的组织及其行为受到社会关系的制约，反对将其作为独立的个体进行分析[③]。在这个基础上，沙龙·祖金（S. Zukin）与保罗

① 崔月琴、袁泉：《转型期社会组织的价值诉求与迷思》，《南开学报》（哲学社会科学版）2013 年第 3 期。

② 唐文玉：《行政吸纳服务——中国大陆国家与社会关系的一种新诠释》，《公共管理学报》2010 年第 1 期。

③ Mark Granovetter, “Economic Action and Social Structure: The Problem of Embeddedness”, *American Journal of Sociology*, Vol. 91, No. 3, November 1985, pp. 481 – 510.

·狄马乔（P. Dimaggo）对这一概念进行了拓展，将嵌入分为四种类型：结构嵌入、认知嵌入、文化嵌入及政治嵌入①。这四种类型分别关注了组织在网络中的位置、认知与群体思维、共有信念与价值观、政治环境与权力结构等要素对组织行为的影响。嵌入理论虽然源于经济社会学范畴，但是笔者尝试将其引入社会组织的研究中，用以分析制度的"嵌入"——制度环境（尤其是政府）如何在制度层面影响社会组织的运行过程，并给予植入性的影响，以及社会组织如何迎合嵌入并借助其所提供的资源获得自身的发展。

纵观以往社会组织管理的理论研究，大多集中在宏大叙事层面讨论政府与社会组织之间关系的某种理想类型和认知框架，或者研究地方政府的具体政策层面的应用问题，而无法揭示出社会组织管理实践中的非线性的联系和微妙的互动。因此，本文希望通过对"N市H区社会组织服务中心"的建设与运作过程的研究，揭示政府对社会组织进行"吸纳嵌入"管理的动态过程及其内在逻辑。

二　"吸纳嵌入"管理：H区社会服务中心的经验分析

H区位于浙江省N市的市区中心，辖区面积29.4平方公里，下辖8个街道办事处、75个社区。全区总人口30万人，2012年GDP为496.18亿元，财政收入70.9亿元，现有各类社会组织1279家。"H区社会组织服务中心"（下文简称"H中心"）成立于2010年12月，为民办非企业性质，是全省首家区级枢纽型社会组织。

H中心总的运作模式为"政府扶持、民间运作、专业管理、三方受益"，其组织目标定位于为社会组织服务，即通过充分整合资源成为担任社会组织监督管理、孵化培育、组织建设及项目运作的服务平台。根据中心功能定位，设立了四个部门：一是资源开发部。负责拓展社会组织网络，与政府部门、专家学者、社会组织及企业建立并保持良好的关

① Sharon Zukin and Paul J. Dimaggo, *Structures of Capital: The Social Organization of Economy*, Cambridge: Cambridge University Press, 1990.

系，为社会组织和义工提供专业技能培训并整合公益资源。二是项目管理部。以“福彩公益金”100 万元作为公益创投起始基金，负责管理纳入 H 中心的各类社会组织参与公益创投项目工作，以及完成立项工作。三是信息服务部。主要功能是运作社会组织的服务信息平台，负责收集、整理、汇总服务对象的求助信息，发布社会组织和义工提供的服务信息，并整合服务供需信息以促进供需对接。四是项目运作部。为处于孵化期的公益创投项目单位提供办公场地，并给予培育和支持。

（一）原有社会组织管理模式面临困境：“吸纳嵌入”管理模式的缘起

N 市 H 区是历史悠久的城市老三区之一，伴随着经济发展与新兴城市化的进程，日趋异质化的人口结构使得社区居民的需求日益多元化，但政府提供的整齐划一的公共服务越来越难以满足不断增加的多样化和个性化的社会需求。而且，由于公共服务类的需求因利润空间小甚至没有利润，导致市场供给乏力，于是区政府开始探索新的公共服务资源渠道。

2008 年，区民政局投入 20 万元购买了针对青少年、残疾人、社区矫正及老年人的四项服务，由刚成立的区民政局下属的“社会工作协会”作为民办非企业性质的 NGO 承接了这四项任务。但该协会发现，H 区内并没有多少成熟且专业的公益性 NGO 可以作为外包服务的载体，所以协会的运作效果不佳，公共服务仍然要依托政府部门才能得以完成。区民政局通过调研也发现，虽然政府在社会组织管理方面可以通过提供组织资源、实物资源及政策资源等扮演积极的支持性角色，但原有的社会组织管理模式仍然存在着一些问题。一方面，当时社会组织的“双重管理”制度要求社会组织必须依托一个行政机关或事业单位作为业务主管单位，并且还要满足一定的会员数量、固定场所及活动资金等苛刻的登记门槛，导致一些社会组织无法获得合法性的身份。而且，区内的社会组织不仅数量少、规模小、活动内容单一，且大多为文体娱乐类的互益性组织。另一方面，对社会组织的管理也存在着重管理、轻服务的倾向，表现为管理手段单一、缺乏支持培育机制等。区民政局也曾考虑建立社会组织联合会以便于加强管理和指导社会组织，但由于面临着既缺乏项目支持，也没有专业机构来负责运行的困难，最后只能在街道一级简单地整理和收集了一些社区服务组织的资料，也缺乏对这些社会组织系统的监督管理[①]。这些情况表明：政府原有的社会组织的管理模式抑制了社会组织的发展，无法实现通过利用社会组织的公共服务资源完成政府职能转移的目的。

2010 年 4 月，区民政局策划成立了"公民参与中心"（即 H 中心的前身），委托区社会工作协会具体运作，协会将其定位为类似于上海浦东 NPI 的社会组织孵化器。但是由于资金原因（去上海考察发现孵化一个社会组织需花费近 30 万元）及担心孵化不力而成为政府负担，所以没有能够实施。到 2010 年 12 月，区民政局拨出一幢独立的三层小楼建立了 H 中心。创建之初重点吸收了与民政服务对象相关的社会工作协会、街道民间组织联合会及专项经费资助项目单位等来共建 H 中心。H 中心的成立标志着政府逐渐走出传统的管理方式，开始扮演支持性的角色并创新社会组织管理方式。

（二）政府与社会双层结构下的运行："吸纳嵌入"管理模式的运行逻辑

"吸纳嵌入"管理模式的前提是政府与社会组织之间应当是开放性的系统，两者是一种合作与互相依赖的关系。面对社会公共服务资源获取的不确定性，减少对外部环境的依赖性，政府通过吸纳与整合社会组织以便获取社会组织的公共资源，并利用特定的策略在政治体制、资源配置、理念等方面对社会组织的运行进行制度性的嵌入，以便低风险、高效率地完成职能转移工作。而社会组织为了从外部环境中获取资金、人力、信息资源及合法性的支持，必须与那些控制资源的外部行动者（目前来说主要指政府）进行互动与交往，其生存能力在很大程度上取决于社会组织与外部资源控制者互动的能力。因此，"吸纳嵌入"是政府的运作策略，而"应嵌与回应"则是社会组织的回应策略。

首先，本案例中政府的第一个策略就是建立 H 中心这个枢纽型社会组织以完成"吸纳"，借助这个新载体的力量，由其提供培育、管理及引导社会组织的服务，以吸纳与整合 H 区社会组织的公共服务资源，并建立起社会组织与外部环境沟通的渠道。吸纳的实质在于整合资源并

---

① 在访谈中，街道社区组织管理人员承认："当时好像觉得社区服务组织越多，社区越有面子，所以报了很多上来，其实有不少都是没什么活动的，把资料报上去后就没下文了。"

组织化。在社会组织还相对弱小时，高效社会管理的关键不在于政府的全面介入，而是通过一定的政策设计和制度安排，为多方参与社会管理的社会组织提供一个相对开放的制度结构，从而使其具有自我发展与管理的拓展空间。在2010年成立之初，区民政局希望H中心能够复制之前已成功的案例，即“81890”公共服务平台①，力求把该中心办成一个社会服务信息平台，通过整合信息资源来为社区提供服务。之后H中心开发了社会组织信息服务系统，汇总了服务对象和社会资源的供需信息，开发建成了H区的“社会组织地图”。借助这一系统，不仅便于H中心对区内社会组织的吸纳与管理，而且还可以根据居民需求就近找到相应的社会组织为其提供便利服务，实现了供需服务对接，使社会需求与公共产品提供之间实现了更高的契合。虽然在H中心的成立初期可以看到一些较为明显的整合痕迹而非增量特征，对于培育社会组织转移政府的社会服务职能的推动力尚显不足，但此举的意义在于完成了横向的一体化的组织结构。

进一步地，为了加强H中心的力量，区政府和民政局在H区的八个街道还建立了街道一级的社会组织联合会，在社区层面也建立了社区社会工作室，率先在全省构建起区社会组织服务中心、街道社会组织联合会、社区社工室这样的三级服务系统。经过这样的整合，这种多级枢纽、分类管理及分级负责的结构又具有了纵向结构式的运行实体特征，实现了建构纵向组织结构的目的，更有利于政府与社会组织的资源交流。

在“强政府—弱社会”的背景下，政府需要多元主体参与到政府主导的社会管理中，通过“吸纳”的策略，在H中心这样的枢纽型管理平台下，为解决社会管理问题而服务。而这种“吸纳”方式也同样促进了社会组织自身的发展，构建了政府与社会组织之间的网络化连接，增进了社会组织的活力。“制度性嵌入”是嵌入策略的核心内容。正如马克·格兰诺维特所认为的，社会制度只能通过社会建构的形式来形成，制度性的嵌入不仅包含政治与权力结构的嵌入，还包含着不同层

① 该公共服务平台由N市H区政府提供公共运作成本，整合加盟单位资源，通过电话、短信、网站等多种渠道无偿为市民、企业提供全方位的需求信息服务、新闻联播、焦点访谈等，380家媒体对此有过报道。

级的社会组织之间相互关系的制度化所形成的场域力量的嵌入。

事实上，我国大部分枢纽型、支持型的社会组织都是由政府自上而下建立的，这也是应对当前社会组织发展现状的积极探索方式之一。社会管理格局中的政府负责原则要求，政府在职能转移及社会组织发育迟滞的某些领域不宜过早地退出，还需要大力培育社会组织去填补政府转移出来的管理空间。政府要保证自身在社会组织管理模式运行中的成功，关键在于最有效地配置资源，降低自身所承担的相关社会公共事务的风险与成本，以提高社会需求满足的效能。一方面，为了保证对资源的控制，以确保枢纽型社会组织的运作能够实现政府的意图，政府往往在赋予资源与合法性的同时加强了控制功能。如 H 中心的人员招聘主要是来自于 H 区的社区工作人员，中心领导为原社区党支部书记，人员工资与运行费用由政府拨款，社会组织扶持资金主要来源为“福彩公益金”与社会工作专项资金，对该中心的绩效考评也主要是通过向民政局汇报工作的形式，因此具有比较显著的 GONGO① 色彩。正如 H 中心的内部人员所言，“没有政府的支持，没钱没政策，上面的职能部门无法协调，下面的社区资源也无法调动，要做政府想做的事情你才能成事”。另一方面，政府也力求通过这个组织平台向众多的社会组织输入其自身的理念取向。从 2012 年 H 中心所扶持的社会组织的类别来看，社区服务类组织占 83%。“制度性嵌入”表明，社会组织遵循着政府的“合法性的逻辑”，不断采纳制度环境加于社会组织之上的形式和做法，由此导致了组织类型与功能的趋同取向。

其次，“制度性嵌入”在案例中表现的第二个策略是间接式管理。完善社会组织管理，转移政府职能的关键在于培育出公平、透明竞争机制下成熟、独立的社会组织。如果政府对社会组织在资源、发展以及管理上介入过深，使两者关系从契约合作蜕化为直接管理关系，也就失去了社会组织发展的活力之源。而“吸纳嵌入”管理模式与传统控制模式的最大区别在于政府嵌入的方式是间接的，即政府不再直接介入社会组织的日常管理与项目运行，而是赋权于枢纽平台性质的社会组织负责对社会组织进行培育与管理。一方面，从登记管理功能上看，H 中心接手了原来由区民政部门负责的对社会组织登记的部分职能，取消了公益

---

① GONGO 指由政府组织的 NGO。

性社会组织业务主管单位的前置审批，这就缩短了审批时间，降低了社会组织获得合法身份的门槛，从而吸纳了大量游离的社会组织。另一方面，从培育与扶持功能上看，H 中心通过提供活动场地，为社会组织负责人提供专业培训、各类课程培训、组织间交流活动及案例研讨活动等，对那些尚不成熟的社会组织给予支持（见表 1）。伴随着 H 中心与社会组织间互动与交流的增加，沟通与协调规则的逐步确立，相互的共识也在逐渐增长。“制度化嵌入”意味着，不同层级的社会组织之间的相互作用在经过制度化之后会结构化为场域，这种场域伴随着对政府政策规则服从的合法性，以及社会组织专业化、规范化的要求而形成制度化的力量。

表 1　　2013 年 6 月 H 中心的活动安排（部分）

序号	活动时间	活动内容	社会组织名称
1	6 月 5 日	“出奇布艺”助残环保项目洽谈	区社工协会残障项目组；Enactus 协会
2	6 月 10 日	青少年社会工作室定位商谈会	白云街道王大姐社会工作室
3	6 月中旬	2013 年公益创投项目评审会	区社会组织服务中心
4	6 月下旬	“失独老人需求”专题调研活动	区社工协会老年项目组
5	6 月 27 日	“扬帆远航”项目小组会议	工程学院心理协会

在本案例中，“制度性嵌入”管理的间接性、赋权性最突出的表现就是公益创投项目的机制。从 2011 年开始，区政府分别投入 358 万元和 104 万元用于“福彩公益金”与社会工作专项经费，并委托 H 中心承担公益创投项目的评审及管理，以帮助社会组织的公益项目获得资金的支持。从实际效果来看，这样一种项目式管理方式有利于促进社会组织的活力，并构建起更便于沟通的平面化管理结构。从其申报、审批的过程来看，公益创投项目首先通过 H 区内的社会组织自主发掘公共性需求，然后向 H 中心申报，经过初选后 H 中心召集相关社会组织、高校专家、主管部门、媒体及社区居民代表举行评审会，评审通过并公示后要与 H 中心签订项目协议书。而在执行过程中，H 中心将对受助项目的社会组织进行运行跟踪，包括财务审计、受益者调查及绩效评估反馈等管理监督程序。如在 2012 年，101 个项目经评审获得了 218 万元的“福彩公益金”资助；52 个社区项目与重点项目获得了 164 万元资

助，扶植、培育了大批有潜力的民间社会组织（见表2）。此外，在H中心的联系下，有6家企业出资18.84万元认购了其中的8个重点公益项目，实现了公益创投与企业的首次对接。

表2　　2012年度公益创投重点推介项目表

社会组织项目类型	项目数量	社会组织项目类型	项目数量
为老服务类	14	维稳服务类	5
济困服务类	4	教育服务类	5
助残服务类	6	环保服务类	5
康复服务类	4	文化服务类	4
青少年服务类	6	合计	52

可见，社会组织与社会力量的发育，主要得益于政府自上而下的改革所释放出来的社会空间，是政府主动退出的结果，社会组织的发展受制度环境嵌入的影响极大。因此，“吸纳嵌入”管理这样一种模式，通过建立在H中心与社会组织之间的契约合作基础上的间接性、赋权式的管理，能为社会组织的发展提供更为宽松的互动环境以及更加平面化的互动平台，建立更加有效的机制以推进两者之间的合作关系。

再次，本案例中社会组织的“应嵌与回应”策略，是指其组织目标所追求的是在政府职能框架指引下的行动，表现出更强的服务性功能，承担了政府在社会服务中的部分职能。相对而言，由于社会组织的发展在很大程度上受到资金、人力资源、信息及合法性支持等方面的限制，出于对政府所提供资源的依赖，社会组织必须学习如何与政府进行合作，以获取资源并展示出社会组织自身存在的价值，这也符合社会组织的自利逻辑。

例如，H区原来的“星星的孩子家长互助论坛”是一些自闭症孩子家长自发组织建立的QQ群，用于交流如何控制自闭症孩子病情的经验。但由于没有固定场地，这个松散型组织的交流仅限于网络上。2010年末，部分家长得知新成立的H中心可以为辖区内的社会组织提供服务，便找到该中心希望能解决活动场地的问题。而H中心也恰好需要通过与社会组织的互助合作来做出成绩，双方很快进行了深入合作。在获得了活动场所和经费后，该论坛负责人接受H中心的指导成立了

“星星的孩子家长互助会”这样一个社会组织，并进入 H 中心接受孵化培育，使得其组织目标有了一定的拓展。该互助会创立之初，还只是一个典型的自闭症儿童家庭信息互助式的互益型社会组织。后来为了申请公益创投金获得资源，其组织目标与行动模式进行了相应的调整与拓展。在获得了 H 中心 4 万元公益创投金资助后，其组织目标定位于为家长提供心理辅导、专业康复培训、多样化家庭亲子活动以及向社会宣传、普及自闭症知识的公益型社会组织。

社会组织的“应嵌与回应”策略说明，社会组织的外部环境并不是一个独立的客观存在，而是社会组织与外部环境交互作用的一系列过程的结果，其组织的策略往往表现出更大的主动性。正如资源依赖学派所认为，与其把环境看作一个必须去适应的已知条件，倒不如认为环境是组织适应和改变外界的一系列过程的结果。

结　语

政府职能的转变并不是一蹴而就的，虽然不再直接为公众提供相关的社会服务，而是通过资助那些以市场化方式运作的社会服务提供者（主要是社会组织）来完成，既促进了社会组织的能力建设，也通过其强大的资源与影响力引导和管理社会组织。因此，以“吸纳嵌入”管理模式来管理社会组织，反映了政府对社会组织管理模式的新探索。其有别于传统管理模式的特点在于，强调政府与社会组织之间是一种开放性的系统，两者是合作与依赖的关系。“吸纳嵌入”是政府运作的策略，而“应嵌与回应”则是社会组织的反馈策略。

但值得注意的是，“吸纳嵌入”管理模式与“应嵌与回应”策略虽然降低了社会组织面对制度环境时的不确定性，也是社会组织用来降低对制度环境的依赖和威胁的应对之策。但在一定程度上也可能带来社会组织的自我限制，并进一步加深社会组织对制度环境的依赖性。

当然，还有一些问题需要进一步深入思考：如枢纽型社会组织作为“吸纳嵌入”管理模式的载体，如何面对“制度性嵌入”所带来的影响；社会组织在“应嵌与回应”的策略中如何保持其独立性；面对政府不断放开对社会组织管理的尺度，如何发展目前尚属于探索阶段的

“吸纳嵌入”的管理模式；等等。对于这些问题的进一步思考，将有助于我们深化与推进社会管理模式的创新研究。

（该文刊于《江海学刊》2014 年第 1 期，第二作者陈伟）

购买服务中的合谋：科层制逻辑对地方政府与社会组织合作关系的影响

一 问题的提出与理论梳理

随着近年来社会治理创新的不断深化，如何更有效地改善政府管理方式，更合理地界定政府权责，以及更高效地提供公共服务成为关注的焦点。不少地方政府都推出了向社会组织购买社会服务的举措，以此完成政府职能的转移，以实现政府、市场与社会三者之间的合理定位。政府希望以合同委托的方式，向那些被认为具有专业性的社会组织获取更高效的公共服务，这被认为是政府实现公共服务效益最大化，重塑政府的行动逻辑，为社会组织让渡参与空间并形成伙伴关系的双赢选择。

从 20 世纪末期上海市委托“基督教青年会”管理“罗山市民休闲中心”开始，北京、深圳、浙江等地开始纷纷推行政府购买服务试点工作，被认为是重要的社会管理创新措施。2011 年以来，政府购买社会组织服务在国家层面进入了制度化的推广阶段，中央政府在顶层设计层面明确要求在公共服务领域应更多地利用社会力量，加大政府购买服务的力度。

面对政府购买服务以各种形态在各地如火如荼地展开，我们不得不关注到这样一个实践问题：一方面，购买服务流程越来越精细化，购买服务的工作模式也愈加完善。然而，不同的发展模式却为什么表现出类似的共性障碍？无论是最简单的模式，即政府投入资金指定某家定点的社会组织完成某类社会服务，让后者替代政府提供服务的职能延伸模式；还是更为复杂的设立招投标与评审制度的竞争性合同外包模式，往往无法达到理想的公共服务供给绩效。另一方面，学界以往的研究倾向于关注契约主义视角，把引入规范化的市场竞争与契约管理机制，视为获得更廉价优质、更高效灵活公共服务的有效途径，但却往往忽略了政府与社会组织、政府治理过程与市场治理过程之间的本质性差异。而从购买服务过程中更微妙的政府不同层级间博弈角度对合作治理关系进行的研究就更少了。

从以上的实践与理论的视角出发，我们需要进一步探讨以下的问题：科层制逻辑下政府与社会组织关系是如何影响及构建双方的契约行为的？竞争性合同外包下合谋现象何以能够稳定存在？要立足于什么角度来建立起契合本土实践的合作关系？而对于以上待解议题的探索，首先需厘清契约主义视角下政府与社会组织关系的主要理论。

在关于政府向社会组织购买服务过程中形成的关系的探讨中，委托代理理论与管家理论构成了当前的主流理论观点。这两种理论都属于契约主义的视角，也就是强调通过竞争机制、合同来引导和调控社会组织的服务过程及控制服务质量，并完成政府与社会组织之间的权责协调。无论是埃莉诺·奥斯特罗姆（Elinor Ostrom）夫妇还是萨瓦斯（E. S. Savas）都强调，要将竞争和市场引入公共服务中以打破垄断带来的无效率[①]，而波利特（C. Pollitt）则指出，合同或者类似合同的关系能广泛地运用于市场机制，提供公共服务形成公私合作和伙伴的关系[②]。在合同基础上的政府与社会组织的关系显然呈现出强烈的市场特征，两者之间是买家与卖家的交易关系，通过合同来保障合作的顺利完成。而政府的职责就是做一个精明的买家，并通过逐步开放服务市场，控制服务质量来保证合同的有效实施。

委托代理理论认为，社会服务合同外包的形式是基于政府对社会组织的授权关系，但政府与社会组织的利益取向并不一定能保持一致，而社会服务的需求往往来自于特定的人群，服务内含于互动过程之中，其异质性强且量化评估存在困难。因此，在存在着信息不充分的情况下有

---

① Vincent Ostrom and Elinor Ostrom, "Public Choice: A Different Approach to the Study of Public Administration", *Public Administration review*, Vol. 31, No. 2, March 1971, pp. 203 - 216. 转引自〔美〕E. S. 萨瓦斯《民营化与公私部门的伙伴关系》，周志忍等译，中国人民大学出版社 2002 年版，第 100—124 页。

② Christopher Pollitt, "Clarifying convergence: striking similarities and durable differences in public management reform", *Public Management review*, Vol. 3, No. 4, December 2001, pp. 471 - 492.

引发投机行为的风险，而投机行为则会带来委托人的利益损失（Eisenhardt，1989）。在委托代理关系下，政府与社会组织的关系既有合作也有博弈，这就要求政府应当清晰地界定社会组织的服务合同，并具有严格的合同管理能力。范斯莱克（Van Slyke，2006）就曾指出，政府在合同外包社会服务时会遇到多重性的困境，其中包括：缺乏充分的竞争使政府增加了改善社会服务的成本；对因政治性因素推动的服务合同外包使政府的合同管理能力匮乏；合同的目标、内容与质量难以界定清晰，也缺乏一定的监督指标；带来独立性与专业化降低等社会组织治理的负面效果。

委托代理理论主要关注社会服务供给的竞争充分性与政府的合同管理能力，但主要依据市场逻辑来分析政府和社会组织的关系，使其理论解释力面临着诸多的挑战。如费尔南德斯（S. Fernandez）通过比较影响合同绩效的要素，发现竞争、监管及信任这三种影响因素中，最具有积极意义的是信任因素，反而竞争是否充分、监管是否完善并不具有太大的影响①。

范斯莱克在考察美国竞争性服务外包中政府与社会组织的关系时，更是提出建立在信任与共有认同基础上的、具有共同集体利益的合同关系，即“管家关系”是更为常见的模式②。与委托代理理论截然相反，管家理论的策略是社会组织与政府之间构建和维系长效稳固的信任关系，通过减少对投机行为的控制成本来达到效率目标。因此，政府购买服务的主要管理策略是基于政府与社会组织的非正式信任关系构建的互惠合作关系，而非执行严苛的合同问责。范斯莱克（2003）认为，完全意义上的竞争性外包只是一种理想模式，政府对提供服务产品的社会组织的选择，往往具有政治逻辑而非仅仅遵循经济效用最大化的原则。

近年来，“非竞争性”特征在我国社会服务购买过程中已成为学界的关注热点。田凯对政府与非营利组织信任关系的研究中指出，只有得

---

① Sergio Fernandez，“Understanding Contract Performance：An Empirical Analysis”，*Administration and Society*，Vol. 41，No. 1，March 2009，pp. 67 – 100.

② David M. Van Slyke，“Agents or stewards：using theory to understand the government – nonprofit social service contracting relationship”，*Journal of Public Administration research and Theory*，Vol. 17，No. 2，April 2007，pp. 157 – 187.

到政府的信任，大量的社会组织才能够得以迅速发展[①]。刘鹏、孙燕茹通过对社会组织管理体制和政策的梳理，提出了中国政府在社会组织管理体制方面逐步进入到嵌入式监管的观点，地方政府通过购买服务等措施将其政治偏好嵌入于社会组织的关系中，这种“非竞争性”有利于政府完善对社会组织的监管[②]。王名、乐园通过考察政府购买服务中的服务市场竞争性和社会组织独立性时指出，独立关系竞争性购买模式存在着合作基础薄弱、缺乏信任、协议约束力不强及社会组织专业性丧失等问题[③]。

以往的研究易将政府购买服务中的“非竞争性”视为服务市场发育不足、规制缺乏的结果，进而认为解决的对策是培育充分数量的活跃社会组织，规范购买服务的制度，加强政府合同管理能力。然而，这种技术性特征的取向无法解释国内购买社会服务实践中存在的复杂与微妙的互动，也无法解释“非竞争性”现象的重复及稳定出现的问题。显然，如果忽略政府购买服务时的制度的因素，以及政府在场域中形塑其与社会组织关系的能力，就很难完整地理解购买公共服务过程中的异化现象。

因此，本文依托N市S区先后两次购买社会服务的历程，通过对两种购买模式运作过程的研究，以揭示政府与社会组织购买服务的动态过程及内在逻辑。

二　竞争缺失下的“超管家关系”

S区地处N市中心，下辖8个街道办事处，常住人口近30万。S区作为中心城区其区域内经济比较发达，从经济结构来看主要以服务业为主。受到城市经济发展规划的限制，政府直接介入经济领域以提升区域

① 田凯：《政府与非营利组织的信任关系研究——一个社会学理性选择理论视角的分析》，《学术研究》2005年第1期。

② 刘鹏、孙燕茹：《走向嵌入型监管：当代中国政府社会组织管理体制的新观察》，《经济社会体制比较》2011年第4期。

③ 王名、乐园：《中国民间组织参与公共服务购买的模式分析》，《中共浙江省委党校学报》2008年第4期。

实力的切入点并不多，S区政府缺乏在经济领域投入大量资源的动力，社会管理和公共服务成为完成“政绩竞标赛”的主要任务。当然，通过对社会管理和公共服务方面的资源投入，也能提高对第三产业的吸聚效应。因此，基于提高对民众公共服务需求的回应及加强政府合法性的诉求，在进行社会管理和提供公共服务时，政府需要应对无力承担的公共服务责任与科层制组织动力不足的“责能困境”。

从S区的实际情况看，人口老龄化的压力较大。从2003年S区的年鉴数据来看，60岁以上的老人已经达到41750人，占总人口的比例为14.64%[①]。而且，修建养老院、提供养老服务的传统做法，在新的形势下面临着成本高、低覆盖、服务差等困境。因此，使用购买服务这种形式，通过政府与社会组织的协作来克服S区公共服务中的养老保障困境，就成为应对公共服务困境的理性选择。

从购买服务的经验来看，数量众多、活跃成熟的社会组织能为政府购买服务中竞争机制的引入提供良好的前提。然而，当时S区还没有可以承接居家养老服务项目的社会组织。因此，S区按照“政府扶持、非营利性机构运作、社会参与”的思路，由S区政府出资支持并指定“XG敬老协会”来提供居家养老服务。社区在本区域内招募就业困难人员担任居家养老服务员，提供对S区内600余名老人的上门服务，服务内容包括照料生活、保健医疗、精神关怀等。S区在2004年3月，选取了17个社区进行了社会化居家养老服务试点，试行为高龄、独居的困难老人购买居家养老服务。试点反馈良好后，2004年9月，居家养老服务模式开始在全区全面推行。到2005年3月，S区在全区65个社区开始全面推广政府购买居家养老服务模式。

S区的居家养老项目体现了当前地方政府公共服务供给形态的重要转向，即在原有的机构服务无法满足民众日趋膨胀与多元化的公共服务需求的背景下，政府一元化管理与公共服务需求多元化之间的矛盾推动了服务性社会组织的成长。地方政府通过成系统、有步骤地建立起各种类型的社会组织，以便于利用社会性资源解决辖区内层出不穷的异质性公共服务需求。虽然这些组织的形式比较独立，注册登记的性质也往往是民办非企业，但从实质运作来看，这样的社会组织其领导人员由政府

---

① 《N市S区统计年鉴——2003》，S区统计局2003年版。

任命，资金来源与使用受其控制，业务目标、组织形态及行动策略等方面也与政府形成了无缝契合的合作（见表1），它们与政府的关系我们称之为“超管家关系”[①]。显然，无论是资金来源、合法性资源的获取，还是发展空间的扩展，社会组织缺乏政府的支持往往会举步维艰。

表1　　XG敬老协会与政府的关系

敬老协会组织要素	与政府部门对口关系	超管家关系的表现
业务主管单位	区民政局	资助成立
领导人身份	S区前宣传部长[②]	直接任命
资金来源	区财政拨款	按服务人数拨款
组织架构	分层对应[③]	紧密嵌入与融合

注：作者自制。

相对于缺乏拨款后监督管理能力的S区民政局，街道与社区在S区的居家养老项目中在实践上与各层级的“XG敬老协会”建立起机构对口的关系。依赖街道的资源和管理权威，社会组织获得了社区内提供公共服务的垄断性地位，而社会组织与街道实际上形成了“超管家关系”，社会组织采取全面与街道合作的策略以获得街道的资源支持。即使在购买服务中，在形式上把“XG敬老协会”视为独立的个体，其行动并不受街道的直接干预，但街道的“结构性权力”[④]仍然使其倾向于实施迎合其偏好的策略，从而获得街道的积极回应并获得更多的资源和支持。

政府购买服务治理结构中原本作为重要因素的合同管理，其在科层

① 敬嘉：《社会服务中的公共非营利合作关系研究——一个基于地方改革实践的分析》，《公共行政评论》2011年第5期。

② 选择一名退休的政府官员来管理一个社会组织，无疑是政府最放心的一种策略。一来他的身份保证了政治上的正确性，也有足够的管理能力。二来这一身份还非常便于社会组织自身利益的获得。这种双重优势在购买服务过程中也显露无遗，在区里实施的居家养老项目属于区民政局的定向非竞争类的购买项目，不需要进行项目招投标的竞争程序。

③ 区将“社会化居家养老服务中心”交给XG敬老协会（总会）运作，服务中心分部交给街道的敬老协会分会运作，社区则以敬老协会名义在服务站开展具体服务。

④ 它是指在不直接干预的情况下，影响其他组织活动的能力（迪马吉奥，2008）。

制逻辑下的“超管家关系”中易于趋向无效化。即使S区民政局与“XG敬老协会”之间通过政府购买服务的形式，制定了具有明确服务目标的协议，但违反合同目标并不会被视为严重的违约，也不会依此实施惩戒。实际上，合同目标的变更一方面是由于S区民政局的决策变化，另一方面则往往是由于“XG敬老协会”在缺乏有效监管的情况下无法达成目标而让政府兜底。

这种“超管家关系”体现出在政府购买社会服务的场域中，科层制逻辑居于主导地位，政府往往在吸纳社会力量完善民生建设的过程中，将国家权力的触角深入到社会之中，进行全面的渗透。从而使社会控制能力全面提升，政策贯彻的能力得到加强。

当前，国家仍然对社会资源的控制与掌握方面给予相当的重视，具体表现在政府在形式和实践上都强调对社会介入过程中的资源吸纳与管控。因此，在购买服务场域中政府权力的来源与实施影响的形态就成为非常关键的因素。

三　碎片化治理下的合谋

因为“超管家关系”的存在，街道与社会组织呈现出相互套牢的状态，脱离这种状态的成本是双方很难承受的，而不同层级政府的偏好差异则从另一个侧面导致合谋现象的出现。“碎片化治理”告诉我们，政府实际是由有着多重目标和不同利益的各个部门机构组成的，权力的实施受到不同层级部门的制度逻辑约制[①]，谢淑丽（Shirk，1993）指出，中国的改革道路体现了一种渐进而非跳跃式的形态，其政治逻辑表现为国家政策的决策和推行是政府各部门间的互动和平衡多种利益、相互妥协下实现的。

从拨款来源与运作来看，每年政府购买“居家养老”服务的资金主要来源于区财政专项资金拨款与福利彩票公益金，实行区与街道的两级管理。在实践运作中，由S区民政局将资金划拨到街道，由街道负责

---

① 谭海波、蔡立辉：《论“碎片化”政府管理模式及其改革路径——“整体型政府”的分析视角》，《社会科学》2010年第8期。

核实服务质量与服务时间，按月将补助资金发放给相应的养老机构和居家养老服务承接单位。购买额度根据被服务老人的“失能等级”进行结算，评估结果分为重度依赖、中度依赖及轻度依赖三个等级，每年发放居家养老补贴。

由于在对资源的使用中，虽然区民政局有后续的监督和管理，但由于在组织架构上，社区工作人员直接以“XG 敬老协会”（代理方）的名义实施具体行为，因此出现了区民政局（委托方）与街道（监督方）之间的偏好差异。区政府希望通过强化委托代理关系，要求与社会组织签订完善的合同并严格遵守，以减少签约后的投机行为。而街道则希望与辖区内社会组织形成管家关系，回避严格的合同管理，按照其管制渠道施加对社会组织的影响。这种“超管家关系”使得社会组织成了执行工具，而这常常导致 S 区民政局所设定合同目标的偏离，使得资源的使用缺乏效率。一方面，社会组织长期对政府资源的高度依赖，使社会组织失去活力和自主性，缺乏自我发展的动力，导致社会服务能力减弱。同时，社会组织的运作受到街道“超管家关系”制约而带有高度的行政化取向，面对 S 区涌现的新的社会服务需求缺乏敏感，减弱了社会组织作为公共服务供给者的角色功能。另一方面，为了争取服务监督权，“XG 敬老协会”与 S 区民政局一度关系比较紧张。此后，双方通过沟通、协商，把监督权放在街道层面，更进一步加强了两者的合谋。在这样的情境下，S 区政府希望通过引入社区公益服务招投标模式，力求对这种合谋现象进行干预。

四　购买模式转向与合谋的再生

从 S 区政府的“居家养老”项目购买服务尝试的成效来看，在 S 区的大部分社会管理和公共服务领域中，社会组织起到的作用并不明显。如在居家养老服务中具体运作的“XG 敬老协会”也是在政府要求下建立的，政府与社会组织的合作实际是地方政府面对某类公共服务困境而借用社会资源的权宜之计，仅属于一种局部性合作。当然，作为工具性的购买服务形式存在一定的适用性和效果，但将其称为“治理机制”还为时尚早。作为机制，应指在地方公共事务处理中的工作系统的整体特征或制度化特征，而不是处理个别事务的方法（更不是临时的权宜之计）。一种机制应该是制度化的，并且有意识形态作为支撑，它根植于与地方事务相关的正式制度和惯例中。所以，必定要求地方政府与社会关系的格局变化，如此才会有一种对过去管理方式的替代形式①。

在2008年，S区民政局除购买“居家养老”服务外，又投入了20万元购买了针对社区中弱势群体的公共服务，涉及残障康复、青少年与老年人心理调适及社区矫正等。本来由S区刚成立的“社会工作协会”作为社会组织负责承接，但协会自身人力资源有限，且区内也缺乏足够的社会组织来进行外包，所以还只能仍然依托政府行政体制运行，没有达到职能转移的效果。该协会艰难地运作了一段时间后，2010年12月，S区整合了“社会工作协会”、“街道民间组织联合会”及专项经费资助单位等，成立了S区“社会组织服务中心”（以下简称中心），使之成为省内首家区级社会组织服务中心，来推动公益服务竞争性购买。

S区的“中心”其性质为民办非企业，组织的功能定位是服务于社会组织，为社会组织提供注册登记、孵化、项目运作、培训、互动交流等服务，以及为社会组织整合资源、参与社区建设、帮助解决各类社会问题。其主要资金来源为“福彩公益金”与财政拨款，共计投入300多万元，竞争性购买的主要形式是竞争性公益创投（见图1）。2010年成立初期，就投入“福彩公益金”和“社会工作专项经费”资助了29个项目，效果显著。从2011年到2014年间，总共举办8轮共443个项目的招投标，完成招标项目308个，总计有154个社会组织获得了项目资助（项目具体实施步骤见表2）。在完成招标的项目中，扶老助残项目占18%，妇幼保护项目占24%，文体科普项目占12%，其余为医疗卫生、环境保护、促进就业等项目②。

---

① 王诗宗，宋程成：《独立抑或自主：中国社会组织特征问题重思》，《中国社会科学》2013年第5期。

② 根据2011至2014年S区公益创投资料统计。

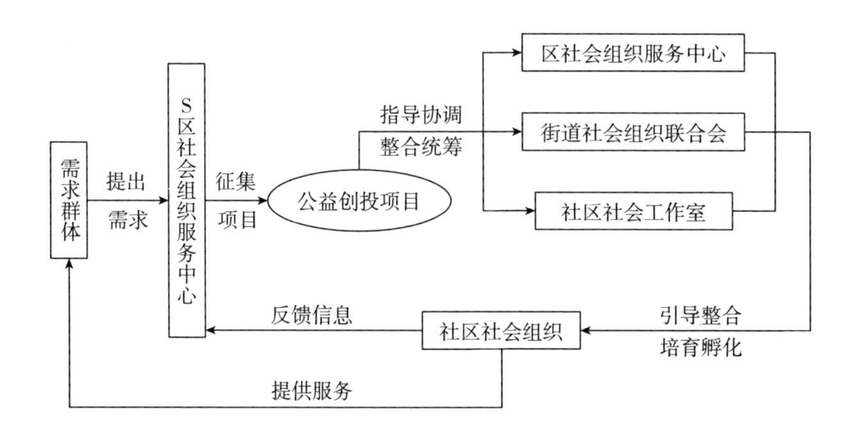

图1　竞争性公益创投流程

注：资料来源于区社会组织服务中心介绍手册

表2　项目具体实施步骤

项目实施步骤	流程内容
1. 项目征集	区社会组织服务中心召开相关会议并传达年度公益创投的活动精神，部署征集工作。另外也会通过网络媒体向社会公开征集项目
2. 项目初步筛选	告知不符合要求的社会组织限期修改或做出放弃评审的决定；初步确定重点项目；通过筛选的社区社会组织的项目交由所在街道社会组织联合会负责整合成一个项目
3. 项目评审	中心组织评审委员会，确定项目及资助额度
4. 项目优化	项目内容细化调整
5. 上报审批	中心将通过评审的项目报区民政局审批，确定项目
6. 项目认购	组织爱心企业认购项目
7. 协议签订	与项目实施单位签订项目协议
8. 项目实施	做好项目的信息报送和中期检查工作
9. 项目验收	通过结项验收完成项目

注：资料来源于《S区公益创项目活动实施通知》

按照前面的分析，“超管家关系”的存在导致在资源使用中，社会组织与街道构成了某种合谋关系，因街道与S区民政局之间存在利益的不同，导致资源的使用无法有效地达到S区民政局预设的行政目标。

2010 年启动的改革方案，其特征是市民政局试图在政府购买服务中引入委托代理关系的要素，通过服务机构之间为争取与政府签订服务合同而展开的竞争，适度控制街道与社会组织的距离以减少合谋程度，为有实力的体制外社会组织提供入场的机会。

公益创投模式的实质是想改变“超管家关系”模式下供给稳定的长期合同，改为签订政府购买服务的短期合同形式。通过引入竞争机制，以服务成本为依据，在测算服务经费的基础上确定经费投入，以减少中间环节的消耗，最终达到提升公共服务效率的目的。从确定公共服务需求的流程来看，项目征集主要通过两种形式，一是按照区“中心”的议题，由各个社区或单位提出需求，然后通过项目筛选与优化形成可行的“创投项目”。二是由社区组织独自提出项目进行申报，经 S 区民政局审核批准后下达到区“中心”发包并监督其运行。项目确定后，获得创投资金支持的中标组织需要签订项目协议，并接受专家评审、公示、运行跟踪、财务审计、受益者调查、绩效评估反馈等一系列管理监督程序。

在制度设定上，公益创投的形式能够有效地疏离街道与辖区内社会组织的合谋关系。一方面，街道对社会组织的选择权被消解。街道无法再设定依附的社会组织作为固定的合作者，辖区间的屏障被打破，所有符合公开招投标资质的社会组织都可以参与竞标。项目招投标过程也更为复杂和完善，多元化的评价主体被引入，社会组织的项目管理与项目规划能力被赋予更高的权重，这在一定程度上消解了非正式关系的影响。另一方面，街道对资金使用的自主权被削弱。区民政局的项目资金不再直接划拨到各街道民政部门，而是划拨到区“中心”进行管理。街道对辖区内社会组织项目资金使用方向的影响，也随着不断加强的财务审计监督程序而降低。为了获得项目资金支持，社会组织需要提出符合区域内公共需求的项目以通过专家审查小组的审批，中期则需要通过项目审查，以避免因偏离项目规划而被叫停，后期还需要区“中心”评估通过后才能获得资金尾款。因此，区民政局的策略实际上完成了财政集权，在直接掌控项目资金的情况下，区民政局能有效调动街道的积极性并要求街道接受监督考核。

然而，公益创投模式对于街道而言，并不意味着能够减少或者一定程度上消除政府管理的要求。街道需要学会界定项目需求，学习如何完成项目规划与合同管理，甚至需要在总体上权衡辖区内参与招投标的公共服务项目数量与性质。而为了完成项目，街道还需要帮助社会组织完成报告和评估的工作。管理特点的改变对街道的管理能力带来了挑战，也对视社会组织为依附性资源的街道带来了新的交易成本的可能性。

最突出的问题在于：合谋关系下的公共服务项目将面临竞争风险，虽然为了规避风险获得资金支持，街道提交的往往是辖区内具有比较优势的项目，但如果单一性依赖政府资源的社会组织一旦失去服务合同，就会面临生存危机，而街道之前对于该社会组织的资源投入与“非正式关系”的影响都将荡然无存。街道不得不与通过竞争进入社区的新社会组织重新磨合，调整两者的关系格局，并改变原有纵向的管理模式以适应横向的新关系特征。但是，街道缺乏适应和管理这种类型的关系能力，因此，在招投标过程中实施维持原有管家关系的策略就成为街道的理性选择。

正如前面所分析，街道需要设置进入壁垒来维系原有的“超管家关系”。一方面，为了规避竞争风险，街道会调查辖区内社会组织的主要业务方向，申报已有的或即将完成的服务项目，甚至在申报书撰写方面也会积极介入。这种高度契合性的项目与资源的倾斜很容易使体制外的社会组织知难而退。另一方面，由于街道内社会组织提供的服务其区域特性比较强，前期需要各类资源投入。而由于单个购买项目价格低、缺乏稳定长期合同等原因，很少会有社会组织在缺乏社区支持的情况下跨区开展业务。对于希望获得项目的社会组织，只能是首先考虑公共服务项目是否符合所在街道的偏好。另外，由于街道间能提供的公共服务项目大多有相似性，街道也并不愿意将本地争取到的资源为其他辖区提供政绩，这也遏制了社区内社会组织的扩展动力。

另一个值得注意的问题是：一些购买服务的经费投放项目主要集中在妇幼保护与养老助残等项目上，而街道内的社会组织即使并不具备承接的能力，为了争取到资源也会表现出更具专业的形象，粉饰性的投机策略时常被使用。表现为作为服务提供者的社会组织在选择服务对象时，会利用对社区情况比较了解的优势选择最能够显现服务绩效的群体，以此粉饰其服务成效。这一策略有利于突出宣传街道购买服务的成效，因此获得街道的默许支持。这种合谋的加深促使街道把对服务的监督、合同的管理转化成为组织活动的介入。比较典型的情况是：街道常要求社会组织提交各种活动通信、服务简报等经验性材料，并通常会有格式要求，以便街道直观了解社会组织开展公共服务的情况，又有助于街道应对不同上级职能部门的要求。街道通常会更关注活动的规模、场面、参与人的级别，而非社会组织所提供公共服务的真实质量。

可见，街道应对S区民政局的策略，主要在于重获政府与社会组织合作的话语权。偏离行为的普遍存在表明，原有制度设计的出发点并未能完全得到实现，合谋容易成为“稳定的消极形态”。

五　结论与建议

本文认为，包括合作结构中的社会组织的竞争性前提，不同层级部门之间的取向差异都会深刻地影响合作关系的形态。以科层制逻辑与市场逻辑之间碰撞的思路来探讨政府与社会组织的策略行为，可以较好地解释在中国地方层面上发生的政府购买服务的实践行为。N市S区的购买服务实践提供了一个有机连续的观察场景。在面临购买养老服务中街道存在着管家关系，而市民政局则力求通过竞争性招投标机制来实现制度变迁，使资源使用效能最大化。然而，街道通过一系列的策略维持了原来存在的超管家关系。

中国改革开放40年以来，社会管理的制度路径经历了从“总体支配型”的管控模式到“技术治理型”的共治模式，今天的地方政府治理仍然主要还在延续着“总体支配型”的模式。在政府购买服务但同时缺乏合同管理经验的背景下，往往使市场逻辑让位于科层制逻辑。地方政府按照体制惯性希望将承载服务的社会组织纳入体制中，形成“超管家关系”。但不同的层级政府间的偏好差异使上级政府试图引入竞争机制进行制度变迁，却带来了街道与社会组织之间的合谋关系，形成公共服务供给相对稳定的消极形态。

这里，我们所考察的两种类型的购买社会服务实践，拓展了以往对政府与社会组织合作关系研究中所忽略的影响要素。本文意在表明：在购买社会服务中所倡导的成本收益、绩效和灵活性等市场逻辑的背后，科层制逻辑的作用可能更为关键。对社会服务合作关系的治理包含了技术治理和政治治理的双重内涵。

首先，政府购买社会服务的目的、理念应在各层级部门间获得共识，并着力加强政府的合同管理能力，这包括细化合同条款，针对包括社会组织结构、服务的连续性、资金使用流程等关键要素制定严格的合同。同时，还要加强服务项目的审计监督，提倡引入第三方审计监督，包括加强对社会评估机构的监督，建立和完善政府购买公共服务的绩效评估制度。

其次，购买服务应该是包含政府、社会组织、被服务对象等多元主体的合作共治网络关系。购买社会服务既要吸纳社会组织的资源，也要通过制度建设和加强竞争公平，保持购买公共服务主体间的独立性。通过构建良好的制度环境来培育成熟、活跃的社会服务供给市场，这是保障竞争性购买服务模式有效开展的关键。

最后，在构建政府与社会组织的合作关系时，应当避免科层制逻辑带来的合谋影响，实现国家权力与社会自治的有机结合。这就需要加强契约交换、优势互补。确切地说，行政权力与社会自治的平衡契合是合作成功的关键，政府只有尊重社会组织的运行逻辑，才能激发社会组织的自治与服务能力。

（该文刊于《福建论坛》2015 年第 10 期，第二作者陈伟）

街头修脚工的生活叙事与身体实践

——基于重庆市 F 区的实证研究

弱势群体的生活叙事和身体实践是其生存逻辑的一体两面，且由职业性质和群体特点所决定。例如，从越轨群体方面来看，“灰色青年”是指大罪不犯、小恶不断，生活在城市边缘的青（少）年群体，其生存逻辑主要是“以物质性自我建构、以符号性资源发展、以亲缘关系拓展和以不同的场域融合等方式进行社会关系网络建构”①。从劳动力群体方面来看，街角劳力的隐性组织化使其生存逻辑具有显著的边缘化的特征，这种“群而不党”的边缘化、隐性化、半组织化的生存模式比正式组织更自由，又比无组织更有保障，它不仅是街角劳力群体与城市妥协的产物②，也是底层群体成功适应城市生活的典型范例③。在城市生活中，他们依然将农村视为身体和心灵的归属，坚守传统乡土社会的价值观念、人伦道德，在面对城市的排斥和不公正待遇时，“忍”的应对策略是其身体实践的重要原则④。

目前对弱势群体生存逻辑的研究对象大部分为男性，而女性作为传统的弱势群体，一旦落入社会底层，其生存境况会面临更严重的危机。面对危机，弱势女性也会做出必要的回应和抵抗，其生活叙事和身体实践主要表现在两方面：一是自我保护性顺从，作为性别中的“第二性”，她们的劳动被主动或被动地“隐形化”，其生存逻辑是对自我身

---

① 郭云超：《我国“灰色青年”社会关系网络研究——基于河南 T 县调查的分析》，博士学位论文，华中师范大学，2005 年，第 1—2 页。

② 彭飞：《郑州市“零散劳工”半组织化生存现状探析》，硕士论文，郑州大学，2016 年，第 1 页。

③ 赵雅轩：《边缘化生存：街角劳力隐性组织化的社会学分析》，硕士论文，吉林大学，2008 年，第 40 页。

④ 秦洁：《“忍”与农民工身份认同研究——基于对重庆“棒棒”城市生活心态的深度访谈》，《开放时代》2013 年第 3 期。

体进行有意管理，使女性化的身体更加适应相对男性化的生产过程[①]。二是开创一种抗争次文体，将抗争的焦点集中在个体身上，因为其边缘性权力并不能将个体的叙述普遍化为集体的声音[②]。

学术界对弱势群体生存逻辑的研究主要集中于农民工群体、越轨群体以及女性弱势群体等方面，对现代性话语下即将消失的传统老行当从业者的生存逻辑关注甚少。现代与传统的强烈碰撞导致传统老行当的从业工匠生存境况恶劣，在本文中，笔者将以重庆市F区的街头修脚工为研究对象，对其生存逻辑开展考察和探究。本研究利用滚雪球式访谈和参与式观察等田野研究方法，对流散于重庆市F区街头巷尾的27位修脚工展开实地调查。这些修脚工以中老年妇女为主，年龄一般在45—60岁之间。她们主要来自偏远农村，有的是早期的三峡移民，还有的是扶贫搬迁和生态保护移民或者是进城务工者。她们主要分布在城市中人流较多的地段，艰难地维持着自己的生计，是典型的城市弱势群体。

“在大众主义消费盛行的今天，人们似乎把太多的目光留给了消费和消费者，而忽视了服务于身体的劳动和劳动者是怎样的事实。”[③] 本文将研究的旨趣回归到劳动者本身，所要思考的问题是：作为社会弱势的从业者，面对城市中不同阶层的异样眼光，其生存逻辑是什么？街头修脚工的生活态度又是什么？通过对街头修脚工生活叙事与身体实践开展研究，有助于呈现她们的生存样态，展现其与社会进行互动与博弈的过程。

一　街头修脚：一种特有的地方性知识

修脚在我国历史久远，商朝甲骨文中便有了关于足病的记载，大约在清代发展成为一个专门的行业。长期以来，修脚行当被社会加以

---

① 传化公益慈善研究院、中国卡车司机调研课题组：《中国卡车司机调查报告NO2：他雇·卡嫂·组织化》，社会科学文献出版社2018版，第203页。第193—195页。

② 潘毅：《中国女工——新兴打工者主体的形成》，九州出版社2011年版，第193—195页。

③ 陈龙：《身体的劳动与劳动者——以足疗店青年女技师为例》，《青年研究》2016年第2期。

"污名化"，是传统的"下九流"行当，而其从业者则是处于社会等级末端的"弱势群体"，身份地位卑微。新中国成立以来，在南方某些城市的街头巷尾中依然存在着这种古老的街头修脚形式。从业者主要是中老年女性，她们依然被贴附着职业"污名化"的标签。改革开放以来，这些从业者还要面临着现代化专业修脚店的冲击和挤压。街头修脚是一个带有明显区域特色和地方文化的传统古老行当，街头修脚工是一个地域性的特殊群体，承载着一定的社会与文化样态，其生存状况和生活态度也具有其相应的典型性特征。

（一）地域特点以及街头修脚孕育

F区位于重庆市中西部，地貌多山地、丘陵、河谷分布；亚热带湿润季风气候明显，四季分明，水热充足，气候温暖湿润。F区是一个"没有自行车的城市"①，之所以很少见到自行车，主要是其地形所致。F区建立在长江、乌江交汇处的山坡上，狭窄的街道起源于河岸，蜿蜒崎岖，迂回狭窄，坡度大，大街小巷布满台阶，故无法骑自行车，即便相对平坦的道路上可以骑自行车，也是非常费力。长长的台阶承载了人们出行、消费等交通任务。此外，拾阶而上，在长长的台阶周围分布着商铺、杂货店，还有补鞋匠、剃头匠等生活服务小摊贩。

F区街头修脚的生成与出现并没有官方或正式的文献记载，我们只能通过老修脚工口述史的方式窥见一斑。街头修脚起源于老城人的市井生活，与地方性知识和区域文化互嵌。街头修脚作为一种地方性老行当，它的发育与F区特有的气候、地形以及人们的日常生活、人格特征密切相关：首先，典型的山城地貌，地形崎岖不平，上坡下坡台阶众多，脚部容易经受挤压和磨损；其次，气候温暖适宜，无风、无雪、无霜冻的气候环境下，人们可以比较舒适地将自己的脚部外露接受修脚服务；再次，F区人群身上南方人特质明显，生活细腻，时常关注身体，健康理疗、养生保健是日常生活中不可或缺的一部分，市场前景广阔；最后，从地域层面来看，F区地处偏远山垂，受传统儒家思想影响有限，头脑灵活，思想开放，街头修脚从业者将修脚作为一个谋生的手段，看重的是经济收入，不过于注重个人面子和自尊。

一个地区的自然气候特征对于塑造该地区民众的社会性格具有不可

---

① 〔美〕彼得·海斯勒：《江城》，李雪顺译，上海译文出版社2012年版，第29页。

否认的作用和意义，而性格和秉性对于一个人的生活方式、就业选择、人生价值等具有重要的影响。修脚行当在特殊的自然环境和社会氛围中孕育，它深深地嵌入到地方社会结构和文化传统之中，因此是呈现地方性知识的一个鲜活“文本”。

（二）生活叙事：修脚过程的呈现与深描

街头修脚一般用到的工具有修脚刀具、修脚椅、工具箱等，街头修脚最核心和最关键的工具是修脚刀。一套标准的修脚刀具包括：1 把有齿镊子、1 把蚊式止血钳、1 把小刮匙、2 把条刀、2 把轻刀、2 把片刀和 2 把抢刀。虽然每一种刀具的用途各异，但是在现实的修脚中，修脚刀具并不一定要凑齐 11 把，街头修脚工会根据自己工作的实际需要来选择刀具。各种刀具的数量也是具有一定的随意性，有的修脚工甚至只用几把刀便可以完成修脚操作。修脚刀具锈迹斑斑，仅有刀口处磨得锃光发亮、锋利无比。修脚工会将暂时不用的刀具用卫生纸包起来，防止刀口见水生锈，影响刀的锋利程度。

街头修脚工一般携带两个收纳箱，一大一小。小的用来装刀具，大的用来装修脚药品（例如酒精等），大小收纳箱套在一起，节省了空间。收纳箱是普通塑料材质，装满了修脚必需的工具和药品，修脚工将其放在修脚摊位最容易取到的位置。修脚除了修脚刀具、收纳箱之外，还需要准备修脚招牌、清水桶，附带擦鞋的修脚工还会有各种刷子、鞋油等。修脚招牌一般与修脚座椅的靠背大小一致，用纸箱的硬纸板做成，长约 50 厘米，宽约 50—70 厘米，上面写明了服务项目及价格，放置于修脚座椅靠背的后面悬挂。会使用移动支付的街头修脚工还会在椅子靠背上悬挂微信或支付宝的收款二维码，便于没有现金的顾客进行手机支付。

街头修脚工还备有一把座椅、一个矮凳和几个塑料高凳。座椅是专门为修脚顾客提供的，椅子都会有靠背，冬天会铺上坐垫，夏天会铺上凉席，目的是提高修脚顾客的舒适感。修脚工坐的是比修脚座椅更低一些的凳子、椅子或木箱，便于开展修脚服务。坐木箱的修脚工都是兼营擦鞋业务的，木箱的样式是一个长方体割去相邻两个角，并用一块模板封堵，形成一个坡面；木箱的另一边尾部开口，放擦鞋工具等杂物。木箱的斜面上设置两个木质的脚垫，便于擦鞋的顾客将脚放在脚垫上接受擦鞋服务。修脚工会用塑料桶盛大半桶清水，便于自己用餐时洗手或擦鞋时清理鞋面。

修脚工吃过早饭，便匆匆赶上公交车，每天都争取在早上七点半就到达修脚地点。对于离家较近的修脚地点，修脚工选择步行上下班，省下交通费。修脚工的修脚工具有时随身携带，有时则为了上下班轻便，将其暂存在修脚摊位周围的商店、公共厕所那里。由于修脚工具少而简单，所以修脚工不会花费太多的时间便可将摊位布置好。季节不同，修脚生意繁忙的时间段会有所不同，出摊和收摊时间也会有所改变。在酷暑难耐、闷热潮湿的夏季，街头修脚工的修脚生意集中在上午 8：00—10：00，下午 16：00—18：00；在阴冷潮湿、天寒多雨的冬季，修脚生意集中在 9：00—16：00。

街头修脚的修脚过程简捷明了，不“拖泥带水”，没有过多的礼节问候与流程规则。当顾客坐定之后，修脚工首先需要调整好自己与顾客之间的距离，以获得最佳的修脚位置。修脚工在自己的膝盖上铺上一块旧毛巾，将顾客的脚慢慢抬放到自己膝盖上。在修脚之前，首先是给脚部消毒，消毒的过程很简单，仅仅是拿着装有医用酒精的喷壶在脚上喷几下，然后修脚便算是开始了。虽然工具箱内有各式各样的刀具，但是在具体的修脚过程中，并不是每一样刀具都会用到，经验丰富的修脚工甚至整个修脚过程只用一把刀。街头修脚工向来不会太在意修脚过程的卫生问题，所以从自身的穿着打扮到锈迹斑斑的修脚刀、简陋的修脚工具再到修脚的操作过程，都会让有一点卫生意识的修脚顾客望而却步。在修脚的全过程中，修脚工不佩口罩、不戴手套，脚部的死皮和碎屑随着沙沙作响的修脚刀散落在顾客的脚上、修脚工的手上、地上以及铺在修脚工膝盖的毛巾上。

每一个修脚摊位都是高度人格化的，它的“气质”就是修脚工的气质。当修脚工的心情较好时，会主动跟修脚顾客“摆龙门阵”（重庆方言，意为聊天），其表达欲望较强，服务态度较好；如遇到与自己年龄相仿、性别相同的修脚顾客或者是“回头客”，修脚便会在一个比较轻松愉悦的氛围中完成。修脚过程一般花费 15 分钟的时间，但是对于比较难修的脚要花费更多的时间。此时，修脚工会主动提出让顾客多加几块钱，但是这种要求往往会被顾客拒绝。在经历了讨价还价的过程之后，修脚总会继续进行，不会因为价格问题而影响到修脚生意的达成。修完脚之后，修脚工给顾客清理脚部散落的死皮和碎屑，然后拿出消毒喷壶，在顾客的脚部再次喷上几下，帮助顾客把袜子穿上，一单完整的修脚生意算是完成了。待顾客离去，修脚工将毛巾上死皮碎屑抖落到地上，开始迎接下一位顾客。

从整个街头修脚的过程中，我们可以管窥街头修脚工的群体特征与生存样貌。街头修脚工谨慎、务实地适应着现实环境，她们生活贫困，没有组织性，甚至相互之间也很少有交流，当修脚工遭遇困难需要帮助时，其他修脚工大多冷眼旁观，担心卷入冲突导致自己利益受损，从而导致修脚工在进行斗争和反抗时势单力薄，无法以群体的形式开展联合抵抗，没有产生有力的话语和深远的效果。“活在脚下”的街头修脚工从事的是“不体面”的脚下手艺活，生活在社会的底层，内心万般被动和无奈，需要塑造和发展一定的行动策略和生存逻辑来维持生计。

二　身体实践：街头修脚工的生存逻辑

身体实践，是指社会中的个体在受到外界作用时，发挥自身能动性对其做出的主动回应，它类似于生存逻辑的概念。我们的社会复杂多变，生活着各种各样的群体、拥有着各种各样的行业，每一个群体都有自己的生存模式，每一个行业都有自己的行业规矩。街头修脚工是生活在社会底层的群体，自身不具备年龄、体力、性别等生理条件的优势，所掌控的社会资源不足，社会支持网络微弱。在本研究中，身体实践的概念主要是指街头修脚工作为社会底层行当，在面对现代性冲击和社会不公时，她们是如何根据自身特点与职业实践，孕育和发展特有的生存方式的。

（一）场域的利用：一种自我权利的表达

布迪厄认为，一个特定的场域不仅是行动者参与社会活动的主要场所，而且是由内在的所有成员共同创设和维护的，每一个场域具有不同且特定的运行逻辑，而且无法对其他场域的运行逻辑构成支配性影响。一个相对独立的场域代表了一个社会小世界。场域类似于一个战场，其中不仅存在着冲突，还充满着竞争。“每一个实践的社会场域（包括作为整体的社会）都可以被理解为一种竞争性的游戏或者说‘斗争的场域’，身处其中的行动者，当他们寻求自身所处位置的最优先地位时，他们的即兴行为是策略性的。”[1] 场域是充满力量的，个体在场域中展开竞争。场域的结构由游戏参与者之间的力量关系状况所决定，而游戏参与者所掌控的资本对应的是游戏中各方力量对比、游戏中的空间位置以及行动的策略性取向[2]。

在对街头修脚工的调研中，我们发现修脚摊位和修脚区域是修脚工尽力去掌握和控制的场域。她们把修脚区域视作自己的“地盘”，这是其工作和生活于此的小世界，在其所控制的场域里小心翼翼地从事着服务的生产，并对自己修脚区域进行有效的控制，拒绝一切具有挑衅性的侵犯行为。

首先，修脚工遵循“先来后到”的价值理念，将修脚的公共区域看作自己的私人空间。她们通过占据公交站牌、商场超市门口、商业街等城市中人流较大的公共场所来开展自己的修脚业务。同时，她们还划定一定的界限，阻止新来的修脚工进入。

“我们都是长期在这个摊位修脚的，谁都进不来，我们这个都是城管有名额、电话、照的有人头像。如果一个新的修脚工想来这里摆摊修脚是不行的，没得位置嘛!”（访谈对象：重百修脚工 9，54 岁，从业 7 年。）

其次，修脚工所在的场域并不是一成不变的。

“我以前在南门山那里修，但是那里生意不好，人们认识不够。于是我又换到重百那里，那时候还没有普遍开，所以生意也不是太好。最后就找了现在的这个地方，我在这个地方待了好几年了，如果这里生意撇（不好）了，我就再去找地方。”（访谈对象：兴华中路修脚工 1，52 岁，从业 18 年。）

她们由于工作和生活的需要并不满足于已经占有的场域，而是根据实际需要有效地扩展其活动范围，她们会根据生意状况以及自身情况随时进行摊位流动。如果一个场域内修脚工已经饱和，或者是生意不见起色，抑或是她们在此场域内由于修脚手艺差等导致名声扫地，便会毫不犹豫地放弃原先摊位，去开辟和探索新的市场。

再次，修脚工也十分注重场域内社会关系的建构，她们通过与周围

---

① 〔英〕迈克尔·格伦菲尔：《布迪厄：关键概念》，林云柯译，重庆大学出版社 2018 年版，第 67 页。

② 〔法〕皮埃尔·布迪厄、〔美〕华康德：《反思社会学导引》，李猛、李康译，商务印书馆 2015 年版，第 125 页。

商铺员工、街头小贩、公共厕所管理员等建立良性的互动关系，收获诸如微波炉热饭、找人暂时看摊、修脚工具暂时放置在公共厕所以及下雨天避雨等切身好处。

“我修脚的地方正好面对一个药店，我平时就给他们帮忙搬点药品、下点力，要不然他们会给我晚上打灯修脚吗？不帮忙，下雨天的时候去哪里避雨呢？我帮了忙之后，下雨天就会到他们门面的屋檐下，那里可以挡雨。”（访谈对象：易家坝修脚工 1，47 岁，从业 10 年。）

可见，街头修脚工对场域的有效控制和利用，既是一种自我权利的表达，更是一种维持生计的手段。

（二）弱者的武器：捍卫经济收入的重要手段

学术界对于农民反抗的研究，主要集中在大规模的、有组织的抗议运动。而斯科特比较关注农民日常的反抗形式，他认为大部分的社会底层农民很少会选择公开的、有组织的社会违抗和政治反动行为，因为在“强者”面前，公开激烈的反抗行动不仅过于危险，甚至会导致自我灭亡[①]。所以，农民反抗剥削的日常形式主要表现为隐蔽性、持续性的斗争，这类斗争因其具有隐蔽性，所以避免了农民集体反抗带来的风险。

首先，街头修脚工的工作场所分布于城市中繁华街头的角落，为了维持生计来源，不得不利用自身弱者的身体和反抗策略来应对外界的诸多挤压。“城管”作为基层政府权力的代表，是街头修脚工日常工作中展示自身“弱者武器”的“斗争”对象。当面临城管的驱赶时，她们最常用的应对策略是与城管“打游击”，这种策略并不是完全逃离修脚场域，而是躲在某一角落静观形势的变化。当城管“地毯式”地检查过后，她们继续回到原地“开张营业”。

她们也合理地运用自身“残缺的身体”进行有限度的“公开对抗”。采取此种策略的一般是年老多病或身患残疾的街头修脚工。她们主要的“对抗”方式是用身体拦截执法车辆，阻止城管的行动以博得同情，以求达到“网开一面”的效果。“这一态度看似是典型的‘弱者’的心态，事实上却把国家摆在了一个尴尬的位置上：由于对方并不采取对抗姿态，国家不能直接惩戒甚至粉碎它，只能继续驱逐。而

---

① 〔美〕詹姆斯·C. 斯科特：《弱者的武器》，郑广怀等译，译林出版社 2013 年版，第 2 页。

‘驱逐’需要很高的成本。”[①] 从过程看，这是一场“谁挺的时间长谁就赢”的马拉松式赛跑，城管作为驱逐者与作为逃跑者的修脚工在拉锯战中所呈现出的成本显然是不对等的，城管的清理行动需要付出较多的人力和物力，且往往是突发性和短暂性的，而修脚工难免一肚子怨气，但“挺”多长都没问题，导致你赶我逃、你撤我回的局面成为常态。

其次，新加入的修脚工进入街头修脚行业，容易受到老一代修脚工的诽谤和排挤。“先来者”往往对“后来者”冠以“不专业”“擦鞋的”等称号，并暗中鼓动顾客不要去修脚。

“她会跟到她那里修脚的顾客说我们是擦鞋的，根本不会修脚，而且修脚是自学的，没有经过专门的培训，不专业。她暗中挑拨我们与顾客之间的关系，想让我们修脚生意变撇（不好）而放弃修脚。虽然表面上不会跟我们吵架，但是心里特别不满意。”（访谈对象：南门山修脚工 1，45 岁，从业 10 年。）

后来者面对先来者的排挤与诽谤，一般的应对策略是保持沉默，并暗中不断提高自己的修脚水平，用高超的修脚手艺和良好的服务态度留住顾客。双方一般不会发生公开化的冲突与斗争，通常呈现出暗中较劲的态势。

最后，在日常修脚过程中，街头修脚工还面临着地痞路霸的欺辱和威胁。此情境下她们也会奋起反抗，但反抗的结果往往是自身利益受损，导致得不偿失而最终选择让步，甚至是支付赔偿以换取在原先摊位上继续修脚的权利。

“我斜对面一个开店的，把他小孩弄到我摊边上撒尿，我好声说这里不能尿，那人说一个修脚的有什么了不得，就在这里撒。我不是好欺负的，就和他搞，他找了两个人过来打我，我们闹到了派出所。后来那人让我拿 800 块钱了事。我说钱可以拿，但以后我还在那里摆摊!”（访谈对象：重百修脚工 5，60 岁，从业 3 年）

修脚工面对小孩在自己所控制场域内撒尿的行为据理力争，甚至不惜代价闹到派出所，以体现自己对控制场域内的权利。

可见，街头修脚工谨慎、务实的适应环境主要基于两方面原因：一是“经济的无声压力”让她们总是优先保证自己的生活来源，即“活

---

① 项飙：《跨越边界的社区：北京“浙江村”的生活史》，生活·读书·新知三联书店 2018 年版，第 248 页。

路”为第一要务，她们由于生活贫困、经济来源单一，非常担心日后因某种原因而不能从事修脚行业，所以选择自我保护性的顺从；二是街头修脚工日常反抗欺辱和管理的行为，是一种个体的自助形式和无组织行为，没有集体行动和统一的组织，在城市的某一区域内大约有三四名甚至更多的修脚工，但是由于缺乏合作性，相互之间很少有交流。常见的情况是：如果有的修脚工遭遇欺凌，其他同行大多采取冷眼旁观的态度，无法形成联合抵抗来共同维护彼此的权益，这也导致了她们在抗争时势单力薄，不能形成有效的集体行动效果。

（三）自由的工作时间：对现代规训权力的逃避

按照福柯的看法，人的肉体是驯顺的，它可以被驾驭、使用、改造和完善。在任何一个社会，权力极其严厉地控制着人的身体①。当下，随着劳动分工的固化，人们已经普遍经受了现代企业制度下的身体规训。大多数的企业和单位内存在大量的规章制度，以规范员工的日常行为，保证产品或服务生产的秩序和效率。在纪律和规训面前的自我向同质性方向发展，个体的自主性受到挑战，身体自由受到压抑。但是，随着社会的进步和多元化发展趋向，人们越来越追求个人自我发展与个性化需求，越来越不习惯于自己的身体被现代性的权力所规训。于是，自由的工作时间成为人们的向往和追求。“反规训”的出现，表明了现代化的个人对自主性和个性化的发展诉求，以及对现代企业制度下对人身自由控制的逃避与违抗。每个人都向往无拘无束、自由自主的工作和生活，但是在纪律的规训下，人们只能将自己的身体交给工作机构，将自己的行为调适为更加适应各项生产的要求。

街头修脚虽然作为一个不体面、不为人所讨好的行当，但也正是因为它可以为女性提供自由的工作时间，弱势女性比较容易接受街头修脚的行当。修脚工的自由工作时间是一种个人对工作时间的自我选择，由于修脚工是一种自我雇佣的劳动形式，所以其工作时间具有灵活性和可选择性的特点。她们之所以对自由的工作时间如此看重，主要有两方面的原因：一是她们大多来自于农村，日常的农业生产和田间劳作对出工的时间要求不太严格，所以传统的农民身份使她们很难适应时间和制度

---

① 〔法〕米歇尔·福柯：《规训与惩罚》，刘北成、杨远婴译，生活·读书·新知三联书店1999年版，第154—156页。

的规训。二是她们大多家境贫寒，家庭人口较多，一般都有高龄老人需要赡养，或有幼小的孙辈需要照顾。

“修脚这个工作不累，比较自由，出来不出来自己说了算，累的时候可以早回去，少修几双脚，身体得行的时候，就多修几双脚。这样在街头想走就走，想来就来，来去自由。能找点钱就找点钱，找不到钱就算了。”（访谈对象：马鞍修脚工 3，62 岁，从业 7 年。）

从传统社会到现代社会，男性与女性在劳动分工中越来越平等化与均衡化，女性得到不断解放。但是在农村，“男主外女主内”的社会传统仍然很难改变，家庭女性承担了家务劳动、抚养后代、赡养老人的主要职责。随着女性职业化的不断发展，事业与家庭如何兼顾是每一位现代女性必须深刻思考的问题。自由的工作时间让修脚工既可以靠修脚补贴家用，又可以兼顾履行对家庭的责任。

（四）参考群体：在比较中寻求自我安慰

参考群体（也称参照群体或重要他人）“提供了一个个体用来评价自己和他人的比较框架”①。“参考群体理论突出的焦点是：在形成行为和评价方面，人们常常使自己取向于他们自身之外的群体。然而，重点方面的转移会很容易被误解为：只有非隶属群体对于参考群体行为才具有重要性；这是一个不能很快被消除的误解。”②

首先，现代社会的市场属性激发了人们无限的欲望。但是，社会现实又使人们无法仅仅依靠自己的能力完全满足自身欲望。所以，在“想得到”和“能得到”之间，在“现实地位”和“理想地位”之间形成了无法跨越的鸿沟。人们要想在生活中获得满足感和幸福感，以及提升职业认同，一般会选择一个稍逊于己，或与自己同质性相似的个人或群体作对比。

街头修脚工通过与参考群体的比较，来获得一定意义上的自我认同。而修脚工眼中的参考群体，不仅包括她本身所隶属的群体内成员，还包括非隶属的群体内成员。隶属群体内的参照个体选择主要包括两类：一类是由擦鞋匠转化而来的修脚工，她们入行时间较短，且没有经

---

① 〔美〕罗伯特 · K. 默顿：《社会理论和社会结构》，唐少杰、齐心等译，译林出版社 2015 年版，第 456 页。

② 〔美〕罗伯特 · K. 默顿：《社会理论和社会结构》，唐少杰、齐心等译，译林出版社 2015 年版，第 487 页。

过正规的培训，即“非专业街头修脚工”；另一类是入行时间较长，且接受过专门的培训，即“专业街头修脚工”。此外，街头修脚摊位周围还有许多伴生性群体，包括擦鞋匠、修理匠及小商贩等。非隶属群体内参考成员的选择，不仅包括以上几种伴生性群体，还包括街头修脚工所熟悉的环卫工人、门卫等群体。通过自我群体比较及他者的评价和态度，她们收获了自我认知，感知自我在隶属群体或非隶属群体内的社会位置，而这种位置的决定因素往往是经济收入和工作自由度。

不管是隶属群体内参考成员的选择，还是非隶属群体内参考成员的选择，修脚工一般会选择手艺不如自己，收入低于自己的参考群体或个体进行比较，从而实现自我认同的建构。

“这个人吧，不能比，人比人，气死人。自己什么实力自己还不知道吗？你说让咱现在去外出干工厂，我们能行吗？不行啦，年龄大了，也没有文化，没人要。现在干这个修脚我就很知足，最起码比他们单纯擦鞋的、打扫卫生的、扫大街的要好吧。”（访谈对象：兴华中路修脚工 4，51 岁，从业 4 年。）

其次，修脚工自我认同的程度，不仅通过与周围群体的参照和对比来获得，也与其自我安慰有关，如果仅看重他人的评价，缺少自我调适与自我安慰，那么就会容易形成自我焦虑。一个人较高的自尊感受不完全受制于时时鞭策我们的理想以及为实现理想所采取的所有努力和行动，还与我们实际的现状同我们对自身期待之间的比例密切相关，即：自尊 = 实际的成就/对自己的期待[①]。简而言之，一是通过自我努力获得事业成功，二是降低自己的期望值。具体到修脚工层面，修脚工自我认同的建构不仅需要依靠自己的努力去获取职业声望，还需要通过参考群体的选择来降低自我期望值。

三　街头修脚工生存逻辑的延伸与思考

（一）传统行当的现代生存危机

随着社会的不断发展，人们的生活水平和个性化需求不断提升，养

① 〔英〕阿兰·德波顿：《身份的焦虑》，陈广兴、南治国译，上海译文出版社 2007 年版，第 49 页。

生保健行业兴起，修脚逐渐演变为修脚店、足疗馆等现代化服务形式，它们相较于街头修脚更加专业卫生、实惠周到，修脚的感官体验更舒适。越来越多的人走进修脚店进行修脚，街头修脚工面临着生存危机。那么，街头修脚工的日常行为逻辑能否长久地帮助她们摆脱现代化的冲击？

在现代性视域下，每一类弱势群体都在探索一种适应社会的生存逻辑，从而不断收获维持生计的经济资源。我们生活在一个现代化的时代，现代化对传统老行当造成的巨大冲击不可阻挡，街头修脚工自身所具备的资本条件和社会条件难以有效地抵御各种风险。街头修脚工的日常行为表达了修脚工对生存现状的焦虑，或者是对未来职业命运的一种迷惘，街头修脚工的日常行为呈现可以说是面对现代化的一种自我挣扎与自我反思。她们的思维方式、营生理念已经落入俗套且不合时宜，她们可能不会使用智能手机、手机支付等现代化的工具和手段，甚至技术都是传统的而非现代的。现代性视域下的社会处处充满风险，街头修脚工的未来命运是未知的，但同时又是确定的。要改变街头修脚工的生活境况和生涯模式，必须对其日常行为方式甚至是技术进行现代性改造与重塑。

（二）“后扶贫时代”城市弱势群体的生存愿景

F区属于山城，山多地少，可耕用的土地少，又加之交通不便，地表崎岖不平，导致可耕用的土地碎片化，进而耕种土地要付出更多的成本和体力。此外，粮食的市场价格持续走低，经济作物市场价格不稳定等因素导致农民从土地中获得的收益越来越少。他们不得不离开乡土，到城市谋生。来到城市，底层农民工群体是城市的漂泊者，他们面对着巨大的经济压力，租房、生活、子女教育等都是生活中巨大的经济开支。流散于城市角落的进城农民工，“离土又离乡”，他们在城市自力更生，生活艰辛。他们离开了乡村，却又不属于城市，被排除在扶贫政策之外。

由弱势群体所构成的“小社会”是“社会治理的薄弱环节，他们承担了社会改革与经济发展的风险和牺牲”，对生活于城市底层的街头修脚工生存逻辑的研究，“有助于了解其社会心态与生活状况，优化社会治理，促进社会和谐”[1]。赋予弱势群体充分的社会尊严，重视他们在历史发展进程的主体作用，改善其生存环境，不断提高弱势群体的生活水平，整个社会才能够和谐有序地发展。在具体的扶贫攻坚、乡村振兴过程中，如何将流散于城市角落、艰难营生且难以实现城市融入的农民工纳入其中，是新时代扶贫工作需要考虑的问题。城市弱势群体应该成为“后扶贫时代”的政策和实践关照。

（三）性别与劳动分工

经过实地调查发现，街头修脚工与修脚店修脚从业者存在明显的性别、年龄差异。为什么街头修脚工大部分是中老年女性，而修脚店内的修脚技师却大部分是中青年男性，女性很少？

从主观角度来看，修脚店对修脚工实行身体规训，具有严格的上班时间和规章制度，然而，传统文化所形成的“女主内”的思维定势牵制着女性，让她们不能下定决心脱离家庭，这种内心对家庭的责任感和失责的愧疚感使她们慎重选择修脚店从业。从市场选择方面来看，修脚店内的按摩项目需要修脚工持久的体力储备，男性相对于女性更有优势，所以，修脚店里的修脚工更多为中青年男性。街头修脚仅有修脚项目，不提供脚部按摩服务，所以对街头修脚工的体力和年龄要求较低；同时，在路边露天修脚，每天遭受风吹日晒，在男性看来这样的工作并不体面，所以极少出现街头男性修脚工。

需要注意的是，修脚店内女修脚技师又不可或缺，于是形成了修脚店内男性修脚工多于女性修脚工的劳动性别分布格局。修脚店内不得不配备少量的女性修脚工，因为现代人特别重视身体的保护和隐私，对于女性顾客来说，有时会比较顾忌男性修脚技师为其修脚和按摩，认为男性修脚技师与其进行肌肤接触是一种“冒犯”，所以她们会选择女性修脚工。显然，修脚的性别分工并不是性别歧视所致，而是自我和市场选择的结果。

（四）内生性的职业认同

现代社会“对我们的生活世界所造成的最大的紧张与焦虑，并不是经济与技术发展的问题，而是价值认同的问题，是克服对本体的安全和

---

① 王文涛：《“脚下”的人生：修脚工身份地位变迁的社会史考察》，《青海民族研究》2019 年第 3 期。

存在性焦虑，在充满冲突和断裂的多元社会中对自我重新定位”[1]。对于街头修脚工等弱势群体而言，自身所具有的发展资本不足以满足和应对现代社会视域下市场对劳动力的基本要求。她们无法改变现状，只能自我保护性顺从，其内心的焦虑和不安全感无法释怀，自我认同亟须重构。

街头修脚工的职业认同是一种内生性问题，即一种自我建构的结果，是一种自我安慰和自我满足。由于不具备心智、年龄、性别以及体力优势，只能被动选择身份地位较低、工作收入微薄的街头修脚行当。身体上的劣势和无能为力产生了相应的职业认同。

四 小结

首先，生存逻辑与自我认同的建构，是修脚工自我获得感的一体两面。一方面，她们自身条件是弱势的，面对现代化的市场竞争与地方政府的管制，必然要发展出一套“量身定做”的生存逻辑以延续其“职业生涯”。然而，这种生存逻辑和策略往往是个体化的。加之自身背负着“污名化”的职业标签，无疑在谋取生计与职业期望之间存在着差异，这也导致她们的自我认同是模糊的，期望值偏低。另一方面，修脚工作为弱势群体，经济基础较差，心理承受能力弱，存在着管制的“度”与“反抗”的边界问题，这关乎弱势群体的生存状况与社会认知。

其次，“现代化把人变成为现代化的主体的同时，也在把他们变成现代化的对象。换言之，现代性赋予人们改变世界力量的同时也在改变人自身”[2]。修脚店、足疗馆等新的修脚方式加速发展，提供了更为专业、价格实惠、卫生的服务，不断地冲击和挤压着传统街头修脚的生存空间。同时，人们也愈加注重养生保健的感官享受与舒适体验，越来越多的普通市民走进修脚店、足疗馆，街头修脚这一行当面临着消亡的可能性，其后果既是“经济—社会”现象的消解，也是一种文化现象的

---

① 赵静蓉：《文化记忆与身份认同》，生活·读书·新知三联书店 2015 年版，第 3 页。

② 〔德〕乌尔里希·贝克：《自反性现代化》，赵文书译，商务印书馆 2001 年版，第 4 页。

缺失。

最后，从学术角度看，街头修脚行当作为一种典型的地方性知识，具有区域性文化特征，或者说是一种地方文化名片，值得我们去深入研究。抛开经济与社会因素，保存和挖掘这种地方文化名片和修脚工的集体记忆，既是一种学理传承，同时也是对地方文化的保存与建构。显然，这种思考超越了单一的描述性话语，加入了结构性的反思于其中。

（该文刊于《社会建设》2020 年第 6 期）

简论社会发展的自组织特征

一

20 世纪 70 年代以来，以耗散结构理论、协同学说以及超循环理论为主要理论框架的非平衡态系统科学兴起，发展至今，已涉及物理、化学、生物、数学、经济、社会等领域，给我们提供了一种认识自然和社会的新的方法论框架和原则。

非平衡态系统科学又称为自组织理论，它主要研究系统在一定条件下能够自行产生的组织性和相干性的自组织现象，即系统如何经由涨落而从混乱无序状态走向宏观稳定有序的新状态。

从自组织的理论观点来看，“发展”与“进化”这两个概念具有不同的内涵，虽然二者都表达着一种动态过程。“进化”主要是表征着一种有序化、优化的动态过程，是一种目的论优先的过程。一般说来，“进化”的过程受控于外在目的。如生物进化就是受自然选择的调控，虽然生物系统内部也存在着影响进化进程的潜在因素如“遗传漂变”，但最终决定因素还在于自然选择的作用。由自然选择机制决定哪些“遗传漂变”可以上升为表现形态。“发展”概念则不同，它表达着一种生成过程。所谓生成过程是指它不是一种预设目的的展开过程，而是一种生成目的的实现过程。发展的方式既表现为无序的部分自组织整化为系统，也表现为已近衰亡的旧系统走向分化、解体。所以说，“发展”的过程并非一味地趋向有序化的过程，而是呈现为有序与无序、和谐与非和谐交织演进的过程。“发展”的目的并非事先已经设定好的东西，而是随着其过程的展开，逐渐由潜在走向实现的过程。

那么，社会发展作为社会整体系统的生成、变化过程，是不是一种自组织过程？换句话说，自组织理论作为一种源于自然科学领域的特殊理论，有其社会科学方法论的意义吗？具体说来，自组织理论能否作为一种类比方法应用于社会系统的宏观运行过程研究。

社会系统作为人类实践活动的物质载体及精神样式无疑不同于自然系统。自然系统的进化受外在规律支配，系统内生物个体只能被动地接受自然命运的安排，而无权过问整个系统的命运。社会系统是由人的群体活动而构成的庞大的、复杂的巨系统，人是社会系统的主体，人的目的性要求与社会系统的发展与演变直接相关。作为社会主体的人的行为、意愿、意志和目的都形成于社会系统之中并实现和表达于社会系统中。所以，它们必然会直接或间接地影响或作用于该系统的进化与发展。可见，社会系统的复杂程度远非自然系统所能比拟，不能简单地、机械地搬用自组织理论，应深入地分析社会系统作为自组织过程的成立条件。

从系统论的发展历史看，系统论从创立之初就已经开始向社会科学领域渗透。“一般系统论”的创立者、奥地利学者贝塔朗菲（Luduig Von Bertalanffy）就初步地认识到了系统论的社会科学方法论的意义。但是，贝塔朗菲的系统理论只是谈到了社会系统的局部领域应用“系统方法”的可能性，而没有从宏观社会整体结构去分析和研究。也就是说，他并没有从“系统方法”的视角研究社会系统是如何保持其有序稳定结构以及如何演化的内在机制。

70年代以来，耗散结构理论、协同学说、超循环理论、突变理论的兴起，逐步形成了非平衡态系统科学。它进一步阐明了自然系统演化的内在机制，即“非平衡是有序之源”以及“通过涨落而达到有序”的思想。深化和拓展了贝塔朗菲一般系统论的理论视野，其前沿领域已经广泛地深入到社会科学各个领域之中。事实上，系统科学作为一种综合性的、整体性的交叉理论已经跨越了自然科学和社会科学的鸿沟，“使得我们把所谓硬科学和较软的生命科学关联起来，甚至还会和社会过程关联起来”[①]。系统哲学家拉兹洛（Ervin Laszlo）在其“广义综合理论”的视野中，几乎包容了宇宙中所有可能的进化方式，“它将从追

---

① 〔美〕阿尔文·托夫勒：《科学与变化》，载〔比〕伊·普里戈津、〔法〕伊·斯唐热《从混浊到有序——人与自然的新对话》前言。上海译文出版社2005年版，第13页。

溯宇宙中的物质进化开始，继之以生物圈中的生命进化，最终用历史上人类社会的进化（发展的型式）来结束”①。拉兹洛的工作表明系统科学不仅可以处理微观社会学的有关问题，而且还可用于研究宏观社会系统的运行过程。他指出，“在人类文化和社会历程中的进化也绝不亚于地球上生物历程中的进化”②。此外，美国学者埃里克·詹奇（Erich Jantsch）也在考察了“新三论”的基础上，从广义进化的角度研究了社会科学领域中的许多问题，从宇宙初创到精神现象、文化进步乃至伦理、艺术、管理和人的创造性等无一不包容在其研究的视野。

可以认为，系统科学的创立及其发展无疑对社会科学的深入研究具有重要的方法论意义，给我们描绘了一幅社会状态和社会运行的系统图景。但这不等于说系统科学方法对社会科学研究就具有普遍性意义。赫尔曼·哈肯（Hermann Haken）就曾指出，人类的知识是有界限的，不可能是无限度的扩展。他说：“我们越来越清楚地认识到，在自然科学中，且不说在哲学和社会科学领域中，有些问题即使不是完全不可解，也是不可能毫无疑义地解决的。”③

二

进一步的问题是，人类社会系统符合自组织系统的条件吗？在我们看来，答案是肯定的。

第一，社会系统是一个开放系统。开放性是自组织系统维系其稳定状态的必要条件。社会作为系统总是要与其环境（社会环境、自然环境）处于相互作用之中，总要同其环境进行物质、能量和信息的交换。通过这些交换，维持社会系统的正常运行。可以说，社会系统的开放性是以其结构性为前提的。虽然对社会系统而言，系统的层次性是相对

① 〔美〕拉兹洛：《进化——广义综合理论》，闵家胤译，社会科学文献出版社1988年版，第59页。

② 〔美〕拉兹洛：《进化——广义综合理论》，闵家胤译，社会科学文献出版社1988年版，第1页。

③ 〔德〕赫尔曼·哈肯：《协同学：大自然构成的奥秘》，凌复华译，上海译文出版社1995年版，第238页。

的、有条件的，但系统的开放性却是无条件的。事实上，无论是自然生态系统、社会系统乃至宇宙系统都是开放系统，绝对的封闭系统在地球系统中是不存在的，它只是人类在研究问题时所采用的一种理论化状态，一种处理问题的方式。

第二，社会系统具有高度的复杂性。它内部包含许多不同等级的子系统，形成了一个庞大的、错综复杂的社会系统体系。社会系统的复杂性表现在两个方面。其一，结构层次的复杂性。具体表现为结构层次多重化与结构形态多样化。从社会系统的纵向角度看，其结构组成是分层递进的，由结构等级最低的子系统一直到等级最高的结构系统，构成了一个庞大的社会整体。结构层次多重化保障了社会系统的有序性和协调性。另外，从社会系统的横向角度看，其结构又表现为不同的形态。如钱学森同志将人类社会系统划分为经济社会形态系统、意识社会形态系统、政治社会形态系统。这三大形态系统还可以划分为更为具体的子系统。结构形态的多样化反映了社会系统样式的复杂性。其二，子系统之间相互作用的复杂性。社会系统内各子系统的相互作用是十分复杂的，非自然系统所能比拟。其复杂性在于人的目的性作用参与其中，表现为社会系统内部既存在结构系统间的相互作用，也存在结构系统与（人的）目的之间的相互作用。而自然系统中则不存在系统内在目的对系统自身的干扰作用。尽管伴随着自然系统的进化（如生物进化），生物个体的主动性也在不断地增加，但是，这种主动性不等于人的自我意识。没有自我意识的关照也就不能称其为主体性，更谈不上影响自然系统的状态。

第三，社会系统的运行具有不可逆性与生成性。不可逆性即社会系统的运行是时间一维性的，其时间一维性表现为社会系统的运行过程具有不可重复性。如奴隶社会、封建社会随着人类社会历史的演变，只能是一种历史陈迹而不可能再现。这也正是人类社会特有的特征。社会系统演化的生成性是指其发展、演化的进程不是一种预设目的的展开、表达过程，而是一种潜在的、不确定目的的实现过程。潜在目的不是一种先在目的而只是一种可能性目的，至于可能性目的能否转换成现实目的则是不确定的过程。事实上，对于人类社会而言，不存在一种终极目的作为路标。

第四，社会系统内部存在非线性相干作用。所谓非线性相干作用不是指子系统间在数量上的简单叠加，而是相互制约、相互耦合的效应。如前所述，社会系统是人所组织建构起来的，它不是自然界“自然”发展的结果，而是人的思维的物化表现，意识的产物。而意识活动的效果不是一种叠加作用，也就是说作为社会的整体意识不是具体的个体意识的加和，而是体现为相互制约、相互影响、相互干涉的张力状态。一般说来，社会系统内部的政治系统、意识形态系统、文化系统都具有意识活动的特征，即都具有目的性因素。也正是目的性因素使得社会系统要比自然系统更加复杂。

三

社会作为“人们交互作用的产物”（马克思），必然有其生成、发展的规律性特征。如前所述，社会系统作为一个多变量、高度复杂、多重相干作用的巨系统，具备了构成自组织系统（本文指耗散结构）的条件。因而，它的演化（与发展同义使用）具有自组织过程的特征。

一般认为，任何一个社会系统都可以分为两个部分，即社会结构系统与社会目的系统。结构系统体现了社会系统的稳定性、整体性的有机性。结构系统内各子系统间的内在联系及其相互作用构成了社会系统的规律性。目的系统在社会系统内往往指一些具有调控功能的系统。作用调控系统体现了社会系统的目的性要求，它通过发出信息、命令和指令等具有导向性、意向性的要求来调控结构系统的状态。当然，我们还可以根据其他的原则对社会系统做出不同的划分类型。

社会系统的演化十分复杂，对任何相对独立的社会系统而言，其演化必然与其系统状态直接相关。它可以表现为以下三个阶段。

第一，“决定秩序相阶段”。社会系统表现为具有决定论特征。其内部各子系统间的相互作用以线性特征为主。各子系统间的关系呈现为动态平衡状态。各子系统间的相互作用是向心的“会聚”作用，使系统的状态稳定在一定水平上。在决定论状态期间，社会系统中的目的系统与结构系统处于“协同”关系之中。结构系统的功能在于使社会系统的稳定。目的系统的作用则在于调控、监督结构系统状态的稳定与否，同时还要抑制社会系统内部产生的不利于系统稳定的微小“涨落”。尽管社会系统内微小“涨落”不断产生，但由于决定论期间社会系统的状态以线性特征为主，系统内约束力较强，可以制约以及消除这些涨落。

第二，当社会系统处于“相变”阶段。所谓“相变”阶段是指该社会系统的状态处于远离平衡状态，使得系统的状态极不稳定。在“相变”时期，社会系统内的决定论特征逐渐瓦解，张力关系被破坏，社会系统的约束力失控。社会系统的系统行为变得难以预测，目的系统的调控、监督功能逐渐减弱，结构系统的执行、实施功能也逐渐丧失。社会系统的状态呈现为随机性特征占主导地位，系统的状态呈现为不确定性特征。

第三，新的“决定秩序相”的形成阶段。在这一阶段，随着社会系统内“涨落”的自由度的不断增大，使得某一个“涨落”可由于外部环境的干扰以及内部随机性条件的影响而被“放大”成一个“巨涨落”，由它构成了新生的社会系统的生长点，从而建立起新的结构体系的社会系统。系统重新进入决定论状态，而完成了社会系统的状态的重组。

由上述分析可见，社会系统的自组织过程十分复杂，既存在结构系统的运作与失稳，也存在目的系统的调控与失控，以及外界环境的干扰作用。通过对社会系统自组织过程的分析，我们可以得出如下启示：

第一，社会系统的演化不是一种直线式的机械决定论过程，而是决定论与非决定论相互出现的发展过程。整个人类社会的变迁的过程实际上就是决定论与非决定论交互发展的过程。第二，社会系统的规律性在于社会系统的自组织性。这里所指的规律性是指社会系统演化的机制及其本质规定。其自组织性表现为各子系统之间的相互作用的总体特征。虽然社会系统也受到外界环境的影响，但其影响程度与社会系统所处的状态有关。第三，社会系统的演化与人的目的性的要求相关联。人的目的性要求通过目的系统体现出来，表现为总体性人的目的性要求。但并不等于说人的目的性就是社会系统的目的性，二者的统一要依系统的状态而定。也就是说，社会系统的演化既不是完全与人的目的性无关的“自在”过程，也不是完全受人的目的性左右的“自为”过程；既不是命运安排的结果，也不是人的主观性随意左右的产物。第四，一般说来，社会系统的演化并不等于社会发展的含义。社会系统的演化既包含社会发展的过程，也包含社会退步的过程。社会发展的含义是指社会系统中结构与功能优化的演化阶段。

总之，系统理论对于社会系统的动态运行具有一定的方法论意义，应当值得我们深入研究和探讨。

（该文刊于《社会科学探索》1998 年第 3 期）

简析中国农村私营企业中的家族关系

目前，在中国农村私营企业中，普遍存在着以家庭、血缘和亲缘关系为纽带的家族关系。据调查，在这些私营企业中，企业的所有者、管理人员和员工之间几乎都存在着某种亲属关系，在许多企业中都可以看到“血亲管理”的现象。这种非常普遍的现象，值得我们深入研究。

一　农村私营企业家族关系的表现形式

第一，企业资金来源家族化。20 世纪 80 年代以来，在改革开放的新形势下，我国农村私营企业又重新出现和发展起来。在早期，组建和发展企业所需要的资本主要是由家族成员共同出资组成。而每个成员的资本多数是通过辛勤劳动和节欲等形式积累起来的。企业的财产也由出资的家族成员共同拥有。

第二，企业盈利分配、亏损和债务分担的家族化。在农村私营企业经营过程中，当企业盈利时，所赚取的利润一般采取两种方式在家族成员之间进行分配。一是按每个家族成员的出资比例共同分配。根据每个家族成员的出资多少决定其收入状况。二是按出资的家族成员人数平均分配，利润均分。当企业亏损时，亏损和企业债务额一般也采取按家族成员出资比例共同分担或按出资的家族成员人数平均分担的形式，由每个家族成员以各自的财产承担清偿责任。

第三，企业管理人员家族化。农村私营企业内部的管理人员主要是由家庭成员、有血缘关系和有较近亲缘关系的家族成员担任的。这些管理人员的职责一是带领和指导员工从事生产活动，二是在企业内对员工的行为进行监督和管理。

第四，企业员工家族化。我国农村私营企业一般规模较小，特别是在初期所能容纳的劳动力不多。而且农村剩余劳动力基本在每个家庭都存在，寻找再就业的机会困难。这使得农村私营企业主和管理者在录用员工时基本上都优先考虑与自己有血缘、亲缘关系的家族成员，这是由农村独特的亲情关系和较为封闭的社会条件决定的。结果每个企业都有属于家族成员的员工。

第五，企业决策家族参与化。一般说来，农村私营企业重大的生产经营决策都是由家族成员（指出资者、血缘和亲缘关系较近的成员）共同参与讨论，集思广益。或者由其中的经营能人决策，或由家族中长辈决定，或由家族成员共同商议决定。

第六，企业人事管理方式家族化。农村私营企业内部的人事管理体制，往往是按照家族的伦理道德关系确立的等级制度建立的。该成员在家庭中的地位一般也决定了他在企业中的地位。这种情况在企业建立初期尤为明显。

二 农村私营企业家族关系产生的历史渊源和现实基础

从历史的发展过程看，我国农村私营企业存在的家族关系并不是偶然的，而是有其历史渊源和现实基础的。

第一，从历史渊源看，中国传统社会是以相对封闭、自给自足的农业自然经济为主要特征的。家庭构成了社会的基本单位。它具有生产、生活、教育、娱乐和防卫等功能。中国传统的农业生产是以家庭为单位而进行的。家庭成员共同从事生产劳动和生活劳动，户外劳动和户内劳动，形成了精耕细作的小规模集约化经营方式。此外，传统社会的手工业和商业也是以家庭为基础组织起来的，一般以“夫妻型”“父子型”的家庭手工业和小商小贩的形式出现。这种以家庭为核心单位，以家庭成员之间相互协作为基础从事农业、手工业和商业的观念根深蒂固，在历史发展过程中，通过世代相传、社会认可而成为许多家庭的生存方式。

第二，就我国的现实基础而言，新中国成立以来，经过合作化运动，人民公社化运动以及社会主义教育运动的冲击，农村以家庭为单位的生产方式基本消失。20 世纪 70 年代末期，我国开始了农村经济改革。又重新恢复了以家庭为单位的生产形式及功能，极大地调动了农民的生产积极性。饱受束缚的农民以高涨的热情、以家庭为单位投入到农业、工业和商业活动中，形成了以家庭农业、家庭工业、家庭餐饮业和家庭运输业等为代表的家庭生产形态。随着一部分家庭生产单位收入的增多，积累的增加，其生产经营规模也在不断地扩大。原先只依靠少数家庭成员从事经营已显得人力不足。生产规模的扩大要求人力的增加。对农村而言，首选目标只能是可信度高的有血缘和亲缘关系的亲属。吸收他们共同从事经营，既可以提高生产效率，又可以给他们提供就业的机会，一举两得。随着私营企业的逐步建立，这种家庭生产形态的方式便移植到私营企业中来，形成了私营企业中的家族关系。可见，农村经济改革对家庭生产功能的再度恢复，在一定意义上也是农村私营企业家族关系产生的现实基础。

三　农村私营企业中家族关系现象的利弊分析

对农村私营企业家族关系的认识，我们不能搞两极对立的认识方式，即要么认为它是积极的而大加赞扬；要么认为它是消极的而轻易否定。应客观、具体、辩证地分析。

从农村私营企业家族关系现象的积极方面看，主要表现在：（1）家族关系现象的存在有利于减轻企业的内耗，避免相互扯皮现象出现，做到令行禁止。（2）企业决策的制定者和执行者之间的利益是一致的，目标是同一的，这可以一定程度上减少决策执行过程中出现的矛盾，使得企业主和员工能同心协力，有着一定的向心力和凝聚力。（3）企业员工队伍比较稳定，流动性低，保证了企业生产经营活动的连续性。（4）企业员工由于利益目标的统一，员工生产积极性较高，主动性和创造性较强，有利于工作效率的提高。（5）能较好地协调家庭成员的行动，最大限度地利用时间，节省原材料，降低成本。

从私营企业家族关系现象的消极方面看，表现为：（1）企业的家族屏障使非家族员工难以进取，很难进入决策核心。因而往往缺乏对企业发展的热情，只满足于短期打工行为，不利于人才的使用以及合理流动。(2) 由于企业所有者和管理人员多限于血缘、亲缘关系的亲属，虽然利于管理，可信赖程度高，但是，大多因其亲属成员经历、经验、知识结构颇为相似，在处理企业的经营及管理时易陷入孤陋寡闻、缺乏信息源乃至盲目决策等误区，降低了决策的成功率，不利于企业的发展。(3) 血缘、亲缘关系的存在，使得企业所有者与员工之间碍于亲情而难以在企业中实行铁面无私的现代科层制原则。(4) 在企业生产经营规模扩大时，易产生家族成员在财产、权力分配上的矛盾纠纷。如果处理不当，往往导致家族关系的破裂，最终导致企业瓦解。(5) 在企业中容易出现以家族伦理宗法制度取代国家法律的现象。家族的宗法制度在一定程度上左右并控制着员工的行为乃至利益，从而使国家的法律得不到有效的实施。例如，天津大邱庄发生的私设家族公堂、暴力致死人命的案例就是一个典型例证。

四　正确引导农村私营企业中的家族关系现象

中国传统的家族本位思想在农村根深蒂固。在家族本位思想的文化氛围中以及农村私营企业所处的独特的地域环境情况下，血亲关系优先或一人发财家族沾光的习俗，决定了农村私营企业中家族关系现象在一段时期内仍然会延续下去。企业的所有权尤其是经营权继续在家族中传承下去。但这种家族关系现象的存续，对我国农村私营企业的发展是非常不利的。海外华人私人企业的兴衰史已经证明了这一点。第一代人是创业者，第二代人有些还能继承上一代人的经验和威望守业如旧，而企业往往衰败于第三代承接者手中。最有代表性的例子是美国王安电脑公司的兴衰历程。王安奋斗数年创立起名声显赫的电脑公司，在其儿子接手的两年间，就因经营和管理不善，在激烈的竞争中节节败退，几乎达到濒临崩溃的境地。被迫于 1992 年申请破产法保护。后来由于大胆启用非家族成员担任公司领导人，时隔仅一年，又重新崛起。“王安现象”给我们提供了一面反思的镜子。说明从长远和发展的观点看，企业中家族关系现象的存在，是不利于企业发展的。

所以，对于农村私营企业中家族关系现象的存在，我们不应任其自然发展，而应进行正确的引导。一是鼓励和提倡农村私营企业的所有权和经营者分离。所有权可以由亲属传承和延续，但经营权和管理权尽可能不在家族成员范围内传承，使企业的经营活动逐步由亲情化向理性化发展。选择有才华的能人充任企业的领导，掌握经营权和管理权。只有这样，才能真正发展企业，不毁于庸才手中。二是逐步在农村私营企业内部建立和完善科层制，净化企业的人文环境。摆脱和减少亲情关系而强调、注重能力。通过对员工能力的了解和业绩的考核来决定和取舍他们在企业的位置和发展。逐步克服企业内部用人唯亲唯情的弊端。三是逐步引导农村私营企业进行以有限责任公司为主要形式的公司化改造，使农村私营企业实现投资主体多元化、管理方式科学化。这既有利于克服农村私营企业内部管理混乱、基础工作薄弱、财务制度不健全、企业承担风险较大、投资者利益得不到应有保护等弊端，也有利于用现代科学的管理方式淡化农村私营企业中的家族观念、家族关系的影响。

总之，农村私营企业要发展、进步，必须摆脱家族文化意识的束缚，用科学的、现代的管理思想取代传统的、狭隘的、保守的管理方式，使企业真正走出家族关系的怪圈，向社会化、现代化的企业目标迈进。

（该文刊于《经济纵横》1997 年第 3 期，第二作者于惠春）

后　记

以一定的学术研究领域作为专题，将自己一段时期内的研究成果汇集出版，对我而言应当是一种阶段性的学术总结。近些年来，我在环境社会学、环境伦理学、经济社会学等领域发表了一些研究成果，但主要的研究方向还是聚焦于环境与社会的关系，所以我将专题论集定名为“环境社会学探究”。

应当说，哲学社会科学对于环境问题的研究属于方兴未艾的探索，始于 20 世纪 70 年代末期。我是从 1994 年开始专注于环境问题的研究的，二十多年来陆续发表了四十多篇学术论文。上述论文分别发表在《江海学刊》《学习与探索》《社会科学战线》《吉林大学社会科学学报》《光明日报》《福建论坛》等期刊，有些论文还在学界获得一定的学术反响。我从中选择了三十五篇论文，并将其分为三个专题，即：“对环境‘伦理性’的理论探究”“环境社会学理论与实证研究”“制度与组织研究”，从不同的学科角度探讨了环境与社会关系的一些重要议题。上述成果的问世，得到了各位期刊编辑的大力支持与批评指正。在本书即将付梓之际，对上述刊物的编辑们表示衷心的感谢。在此，我还要感谢哲学社会学院给我提供了一个良好的学术环境和氛围，尤其在成果出版方面所给予的支持和帮助。同时，在本书的出版过程中，中国社会科学出版社朱华彬编辑付出了辛勤的劳动，特此表示由衷的谢意！

在整理与编辑这些成果的过程中，笔者也意识到，环境社会学作为一门新兴的学科，尚处于发展与完善之中，还面临着诸如学科边界的厘清，理论本土化的探究，以及理论与实践相结合等问题。作为学者，应当对“社会事实”保持一种持续的热忱与关注力，同时在理论与实践之间保持一种审慎的和必要的思维张力。

林兵

2021 年 10 月 1 日于吉林大学